教育部职业教育与成人教育司推荐教材
中等职业教育技能型紧缺人才教学用书

冷热源系统安装

(建筑设备专业)

本教材编审委员会组织编写

主　编　汤万龙
主　审　张闻民　张忠旭

中国建筑工业出版社

图书在版编目（CIP）数据

冷热源系统安装/本教材编审委员会组织编写.—北京：中国建筑工业出版社，2008
 教育部职业教育与成人教育司推荐教材．中等职业教育技能型紧缺人才教学用书．建筑设备专业
 ISBN 978-7-112-08605-4

Ⅰ.冷… Ⅱ.本… Ⅲ.①制冷系统-建筑安装工程-职业教育-教材②供热系统-建筑安装工程-职业教育-教材 Ⅳ.TU833 TU831.6

中国版本图书馆 CIP 数据核字（2008）第 048746 号

本书共分为热源系统和人工冷源系统两大部分，着重介绍锅炉房系统和冷源系统的基本组成和工作原理，系统设备及附件的构造等基本知识及系统施工图、系统安装与调试及验收等安装技能，并配以相应的实训课题与习题，以便于学生更好地掌握运用知识要点。

本书还可供相关专业的工程技术人员和技术工人学习参考。

* * *

责任编辑：齐庆梅　王美玲
责任设计：赵明霞
责任校对：关　健　刘　钰

教育部职业教育与成人教育司推荐教材
中等职业教育技能型紧缺人才教学用书

冷热源系统安装
（建筑设备专业）

本教材编审委员会组织编写
主　编　汤万龙
主　审　张闻民　张忠旭

*

中国建筑工业出版社出版、发行（北京西郊百万庄）
各地新华书店、建筑书店经销
霸州市顺浩图文科技发展有限公司制版
北京富生印刷厂印刷

*

开本：787×1092 毫米　1/16　印张：14　插页：1　字数：350 千字
2008 年 7 月第一版　2008 年 7 月第一次印刷
印数：1—2500 册　定价：**23.00** 元
ISBN 978-7-112-08605-4
（15269）

版权所有　翻印必究
如有印装质量问题，可寄本社退换
（邮政编码 100037）

本教材编审委员会名单

主　任：汤万龙

副主任：杜　渐　张建成

委　员：（按拼音排序）

陈光德　范松康　范维浩　高绍远　侯晓云　李静彬
李　莲　梁嘉强　刘复欣　刘　君　邱海霞　孙志杰
唐学华　王根虎　王光遐　王林根　王志伟　文桂萍
邢国清　邢玉林　薛树平　杨其富　余　宁　张　清
张毅敏　张忠旭

出版说明

为深入贯彻落实《中共中央、国务院关于进一步加强人才工作的决定》精神，2004年10月，教育部、建设部联合印发了《关于实施职业院校建设行业技能型紧缺人才培养培训工程的通知》，确定在建筑（市政）施工、建筑装饰、建筑设备和建筑智能化四个专业领域实施中等职业学校技能型紧缺人才培养培训工程，全国有94所中等职业学校、702个主要合作企业被列为示范性培养培训基地，通过构建校企合作培养培训人才的机制，优化教学与实训过程，探索新的办学模式。这项培养培训工程的实施，充分体现了教育部、建设部大力推进职业教育改革和发展的办学理念，有利于职业学校从建设行业人才市场的实际需要出发，以素质为基础，以能力为本位，以就业为导向，加快培养建设行业一线迫切需要的技能型人才。

为配合技能型紧缺人才培养培训工程的实施，满足教学急需，中国建筑工业出版社在跟踪"中等职业教育建设行业技能型紧缺人才培养培训指导方案"（以下简称"方案"）的编审过程中，广泛征求有关专家对配套教材建设的意见，并与方案起草人以及建设部中等职业学校专业指导委员会共同组织编写了中等职业教育建筑（市政）施工、建筑装饰、建筑设备、建筑智能化四个专业的技能型紧缺人才教学用书。

在组织编写过程中我们始终坚持优质、适用的原则。首先强调编审人员的工程背景，在组织编审力量时不仅要求学校的编写人员要有工程经历，而且为每本教材选定的两位审稿专家中有一位来自企业，从而使得教材内容更为符合职业教育的要求。编写内容是按照"方案"要求，弱化理论阐述，重点介绍工程一线所需要的知识和技能，内容精炼，符合建筑行业标准及职业技能的要求。同时采用项目教学法的编写形式，强化实训内容，以提高学生的技能水平。

我们希望这四个专业的教学用书对有关院校实施技能型紧缺人才的培养具有一定的指导作用。同时，也希望各校在使用本套书的过程中，有何意见及建议及时反馈给我们，联系方式：中国建筑工业出版社教材中心（E-mail：jiaocai@cabp.com.cn）。

中国建筑工业出版社
2006年6月

前　言

为深入贯彻落实《中共中央、国务院关于进一步加强人才工作的决定》精神，2004年10月，国家教育部、建设部联合印发了《关于实施职业院校建设行业技能型紧缺人才培训工作的通知》，确定在建筑施工、建筑装饰、建筑设备和建筑智能化等四个专业领域实施技能型紧缺人才培训工程。本书是依据中等职业教育建设行业技能型紧缺人才培养培训指导方案的指导思想及《冷热源系统安装》课程教学基本要求编写的。

本书共分为热源系统和人工冷源系统两大部分，着重介绍锅炉房系统和冷源系统的基本组成和工作原理，系统设备及附件的构造等基本知识及系统施工图、系统安装调试与验收等安装技能。

冷热源系统安装是建筑设备工程技术专业的主干课程。因此，在编写过程中结合中等职业教育的特点，力求浅显，通俗易懂，突出实用性、实践性、适应性特点，并引入最新规范。

本书由新疆建设职业技术学院汤万龙主编并统稿。其中，模块1中单元1、单元2由新疆建设职业技术学院宋新梅编写；模块1中单元3、单元4由南京职业教育中心郭岩编写；模块1中单元5，模块2中单元9、单元10由江苏广播电视大学江惠红编写；模块1中单元6，模块2中单元8由汤万龙编写；模块1中单元7由新疆建设职业技术学院郭海霞编写；模块2中单元11由新疆建设职业技术学院郭海霞和湖南省衡阳铁路工程学校刘继忠共同编写。

本书由新疆建设职业技术学院张闻民和西南工程学校张忠旭主审。

由于编者水平有限，不妥之处，敬请批评指正。

目 录

模块 1 热源系统

单元 1 锅炉设备的基本知识 ······················ 1
  课题 1　锅炉房设备的组成及锅炉分类 ··············· 1
  课题 2　锅炉基本参数及型号标记 ·················· 4
  实训课题 ·································· 10
  思考题与习题 ······························· 10

单元 2 锅炉基本构造与热平衡 ···················· 11
  课题 1　锅炉热平衡 ···························· 11
  课题 2　锅炉的主要受热面 ······················ 15
  课题 3　锅炉的辅助受热面 ······················ 19
  课题 4　锅炉构架与炉墙 ························ 22
  实训课题 ·································· 23
  思考题与习题 ······························· 23

单元 3 锅炉燃烧设备 ··························· 24
  课题 1　锅炉的燃料 ···························· 24
  课题 2　燃煤锅炉的燃烧设备 ···················· 29
  课题 3　燃油（燃气）锅炉的燃烧设备 ············· 37
  实训课题 ·································· 46
  思考题与习题 ······························· 46

单元 4 锅炉的炉型 ····························· 48
  课题 1　火管锅炉与卧式水火管锅炉 ··············· 48
  课题 2　热水锅炉 ······························ 52
  实训课题 ·································· 62
  思考题与习题 ······························· 62

单元 5 锅炉辅助设备 ··························· 64
  课题 1　运煤、除渣系统设备 ···················· 64
  课题 2　送、引风系统设备 ······················ 68
  课题 3　水、汽系统设备 ························ 69
  课题 4　锅炉安全附件 ·························· 77
  课题 5　锅炉房管道的布置与敷设 ················ 78
  实训课题 ·································· 79
  思考题与习题 ······························· 79

单元 6　供热锅炉房施工图	80
课题 1　供热锅炉房工程制图的基本规定	80
课题 2　供热锅炉房平面图与剖面图	83
课题 3　供热锅炉房流程图	87
课题 4　供热锅炉房施工图识图举例	89
实训课题	94
思考题与习题	101
单元 7　锅炉及附属设备的安装调试与验收	102
课题 1　快装锅炉的安装程序与方法	102
课题 2　锅炉辅助受热面的安装	105
课题 3　锅炉辅助设备的安装	110
课题 4　锅炉安全附件的安装	115
课题 5　锅炉系统的试运行	122
课题 6　燃油（燃气）常压热水锅炉的安装	124
课题 7　燃油（燃气）常压热水锅炉的试运行	130
课题 8　锅炉的竣工验收	132
实训课题	133
思考题与习题	134

模块 2　冷 源 系 统

单元 8　蒸气压缩式制冷系统	135
课题 1　蒸气压缩式制冷系统的组成与原理	135
课题 2　制冷剂与载冷剂	137
课题 3　蒸气压缩式制冷系统设备	142
实训课题	162
思考题与习题	162
单元 9　吸收式制冷系统	164
课题 1　吸收式制冷系统的组成与原理	164
课题 2　吸收剂与制冷剂	165
课题 3　溴化锂吸收式制冷系统设备	167
实训课题	176
思考题与习题	176
单元 10　制冷系统施工图	177
课题 1　制冷系统施工图的基本规定	177
课题 2　制冷系统施工图识图举例	178
实训课题	184
思考题与习题	184
单元 11　制冷系统的安装调试与验收	185
课题 1　制冷系统的布置及敷设	185

课题2　冷水机组的安装 ………………………………………………… 192
　　课题3　其他设备及管道的安装 …………………………………………… 201
　　课题4　制冷系统的试运行 ………………………………………………… 207
　　课题5　制冷系统竣工验收 ………………………………………………… 213
　实训课题 ………………………………………………………………………… 214
　思考题与习题 …………………………………………………………………… 214
主要参考文献 ………………………………………………………………………… 215

模块 1　热 源 系 统

随着经济社会的不断发展，工农业生产、采暖、通风、空调等方面需用大量的载热体（蒸汽和热水）以满足生产和生活的需要。我们将能够生产载热体（蒸汽和热水）的系统称为热源系统，如锅炉房系统、太阳能系统、热泵系统等。目前广泛应用的热源系统主要是锅炉房系统，它是利用燃料燃烧时释放的热能加热工质水，生产具有一定温度和压力的蒸汽或热水的换热设备。

单元 1　锅炉设备的基本知识

知 识 点：锅炉房设备的组成及分类；锅炉的基本参数及型号。
教学目标：了解锅炉的作用及锅炉的分类方法；熟悉锅炉房的组成；掌握锅炉基本参数的含义、型号标记方法，并能正确识读。

课题 1　锅炉房设备的组成及锅炉分类

1.1　锅炉房设备的组成

锅炉房设备包括锅炉本体及其辅助设备两部分。

1.1.1　锅炉本体

锅炉本体由"锅"和"炉"两大部分组成。

所谓"锅"，就是用于盛水并将高温烟气的热量传给锅内的低温水，将其加热成所需热水或蒸汽的汽水系统。"锅"是由锅筒（汽锅）、水冷壁、凝渣管、对流管束、蒸汽过热器、省煤器、集箱（联箱）、下降管、汽水分离装置、排污装置、汽温调节装置等组成的，其作用是承受内部或外部作用压力、构成封闭系统。

所谓"炉"，就是将燃料的化学能转化为热能的燃烧设备。"炉"是由炉墙、炉膛、炉前煤斗、煤闸门、炉排、除渣板、分配送风装置和炉顶等组成的燃烧空间，其作用是使燃料充分地燃烧。由于燃料的种类和性质的不同，炉子的构造也不一样。

1.1.2　锅炉辅助设备

锅炉辅助设备是保证锅炉安全、经济和连续运行必不可少的组成部分，它包括锅炉房的通风系统、燃料供应及除灰渣系统、水汽系统和仪表控制系统。

（1）通风系统　其作用是连续不断地供给炉内燃料燃烧所需的空气，并从炉膛内引出燃烧产物——烟气，以保证锅炉正常燃烧。通风系统设备包括送风机、引风机、风道、烟囱等。

(2) 燃料供应及除灰渣系统　其作用是保证供应锅炉连续运行所需的符合质量要求的燃料，并将锅炉燃烧产物——灰渣，连续不断地除去，并运至灰渣场。它包括燃料储存、运输、加工设备及除灰渣设备等。

(3) 水、汽系统　其作用是供给锅炉经过水处理后的符合锅炉水质要求的给水，并将锅炉生产的蒸汽或热水送往热用户，以保证锅炉正常运行。它包括水泵、水箱、管道、水处理设备、分汽缸等。

(4) 仪表控制系统　其作用是对温度、压力、流量、液位等热工参数进行测量和实现参数的自动控制，保证锅炉安全运行。

图 1-1 所示为 SHL 型燃煤锅炉的锅炉房的组成。

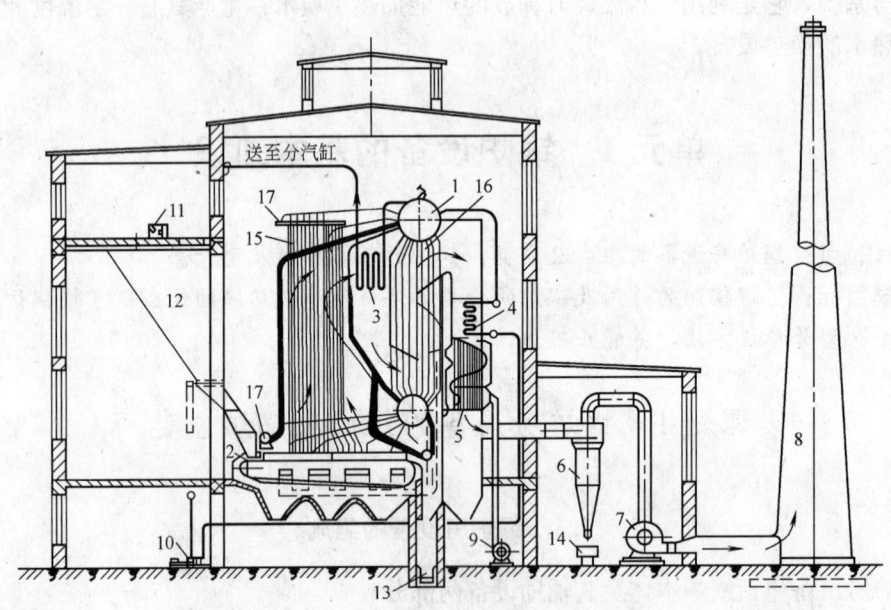

图 1-1　SHL 型燃煤锅炉的锅炉房的组成
1—锅筒；2—链条炉排；3—蒸汽过热器；4—省煤器；5—空气预热器；6—除尘器；
7—引风机；8—烟囱；9—送风机；10—给水泵；11—皮带输送机；12—煤仓；
13—刮板除渣机；14—灰车；15—水冷壁；16—对流管束；17—集箱

1.2　锅炉的分类

1.2.1　按锅炉的用途分类

锅炉按用途可以分为工业锅炉、动力锅炉两大类。

工业锅炉一般是指用于供热通风工程中生产热水或蒸汽的锅炉。

动力锅炉是指生产高压蒸汽用于驱动原动机的锅炉，如火电站的蒸汽锅炉、蒸汽机用锅炉等。

1.2.2　按锅炉生产的热介质种类分类

锅炉按所生产的热介质的种类不同可分为热水锅炉和蒸汽锅炉。

热水锅炉是指生产高温水或低温水的锅炉。

蒸汽锅炉是指生产高压蒸汽或低压蒸汽的锅炉。

1.2.3 按锅炉出口热介质压力的高低分类

锅炉按出口热介质压力的高低可分为常压热水锅炉、低压锅炉、中压锅炉、高压锅炉。

常压热水锅炉是指在任何情况下锅筒水位线处的压力（表压力）为零的锅炉。

低压锅炉是指锅炉额定出口热介质压力（表压力）不大于 2.5MPa 的锅炉。

中压锅炉是指锅炉额定出口热介质压力（表压力）等于 3.82MPa 的锅炉。

高压锅炉是指锅炉额定出口热介质压力（表压力）等于 9.8MPa 的锅炉。

1.2.4 按锅炉所用燃料的种类分类

锅炉按所用燃料的种类不同可分为燃煤锅炉、燃油锅炉、燃气锅炉和混合燃料锅炉。

燃煤锅炉是指以煤为燃料的锅炉。

燃油锅炉是指燃用轻柴油、重油等液体燃料的锅炉。

燃气锅炉是指燃用天然气、液化石油气等气体燃料的锅炉。

混合燃料锅炉是燃用煤、油、气等混合燃料的锅炉。

1.2.5 按锅炉的燃烧方式不同分类

锅炉按燃烧方式的不同可分为火床燃烧（层燃）锅炉、火室燃烧（悬浮燃烧）锅炉、流化床燃烧（沸腾燃烧）锅炉和旋风炉。

火床燃烧（层燃）锅炉是指燃料被层铺在炉排上进行燃烧的锅炉。

火室燃烧（悬浮燃烧）锅炉是指燃料被喷入炉膛空间呈悬浮状燃烧的锅炉。

流化床燃烧（沸腾燃烧）锅炉是指燃料在布风板上被由下而上送入的高速空气流托起，上下翻滚进行燃烧的锅炉。

旋风炉是指粗煤粉或煤屑被强大的空气流带动，在卧式或立式旋风筒内旋转燃烧、液态排渣的锅炉。

1.2.6 按锅炉通风方式分类

锅炉按通风方式的不同分为自然通风锅炉、机械送风锅炉、机械引风锅炉、平衡通风锅炉。

自然通风锅炉是指利用烟囱中热烟气与外界冷空气的密度差所形成的热压作用力来克服锅炉通风流动阻力的锅炉。

机械送风锅炉是指在锅炉送、引风系统中仅设置送风机来克服烟道、风道阻力的锅炉。

机械引风锅炉是指在锅炉送、引风系统中仅设置引风机来克服烟道、风道阻力的锅炉。

平衡通风锅炉是指在锅炉送、引风系统中同时设置送、引风机来克服烟道、风道阻力的锅炉。

1.2.7 按锅炉循环方式分类

锅炉按炉内热介质循环方式的不同分为自然循环锅炉、强制循环锅炉。

自然循环锅炉是利用下降管与上升管或锅炉管束中热介质的密度差所产生的压力来克服管道阻力，促使热介质循环流动的锅炉。

强制循环锅炉是利用循环水泵提供的压力克服管道阻力，促使热介质循环流动的锅炉。

1.2.8 按锅炉结构分类

锅炉按构造形式的不同分为水管锅炉、水火管锅炉、火管锅炉及铸铁锅炉。

水管锅炉是指受热面布置在炉墙围护结构内，水、汽、汽水混合物等介质在管内流动受热，高温烟气在管外冲刷放热的锅炉。

水火管锅炉是指具有锅壳容纳水、汽，锅壳内部布置烟管受热面，炉膛介质在锅壳外，炉膛内布置水冷壁的锅炉。

火管锅炉（又称锅壳锅炉）是指具有锅壳容纳水、汽，并兼作锅炉外壳、烟管受热面和炉胆布置在锅壳内部、炉胆（火筒）为燃烧室的锅炉。

铸铁锅炉是指用铸铁制造的锅片组合而成的锅炉。

1.2.9 按锅炉出厂形式分类

锅炉按其本体出厂形式的不同分为快装锅炉、组装锅炉、散装锅炉。

快装锅炉是指锅炉本体整装出厂的锅炉。

组装锅炉是指锅炉本体出厂时，制造成若干个组合件，在安装现场拼装成锅炉整体的锅炉。

散装锅炉是指锅炉本体出厂时为大量的零件和部件，在安装地点按锅炉厂设计图进行安装，形成锅炉整体的锅炉。

课题2　锅炉基本参数及型号标记

为了区别锅炉的结构特征、燃烧方式、燃料种类、容量大小、参数高低及其型号，就需要用锅炉的参数来表示，以便于锅炉设计、制造、选型、运行、维修和管理的标准化。

2.1　锅炉的基本技术参数

锅炉的基本技术参数是指锅炉蒸发量和热功率、蒸汽（或热水）的额定参数、受热面蒸发率或受热面发热率、锅炉的热效率及金属耗率、耗电量。

2.1.1 蒸发量和热功率

（1）蒸发量

对于蒸汽锅炉，用额定蒸发量表明锅炉容量的大小。蒸发量又称锅炉的出力，是指蒸汽锅炉每小时所生产的额定蒸汽量，常用符号"D"来表示，单位是"t/h"。供热锅炉蒸发量一般为 0.1~65t/h。锅炉铭牌上所标蒸发量为锅炉的额定蒸发量。所谓额定蒸发量是指蒸汽锅炉在额定压力、温度（出口蒸汽温度与进口水温度）和保证达到规定的热效率指标条件下，每小时连续生产的最大蒸汽产量。

（2）热功率

对于热水锅炉，用额定热功率表明锅炉容量的大小。热功率是指热水锅炉连续生产的最大产热量，常用符号"Q"来表示，单位为"MW"。锅炉铭牌上所标产热量为锅炉的额定热功率。所谓额定热功率是指热水锅炉在额定压力、温度（出口水温度与进口水温度）和保证达到规定的热效率指标的条件下，每小时连续生产的最大产热量。

运行中的热水锅炉，通过各种仪表可以分别测出锅炉的热水流量、出水温度、出水压力、进水温度、进水压力等参数。

热水锅炉的热功率可由下式计算：

$$Q=0.000278q_{m}(h_{cs}-h_{js}) \tag{1-1}$$

式中 Q——热水锅炉的热功率（MW）；
q_m——热水锅炉的每小时送出的热水量（t/h）；
h_{cs}——热水锅炉出口热水的焓值（kJ/kg）；
h_{js}——热水锅炉进口热水的焓值（kJ/kg）。

蒸汽锅炉的热功率与蒸发量之间的关系，可由下式表示：

$$Q=0.000278D(h_{q}-h_{gs}) \tag{1-2}$$

式中 Q——蒸汽锅炉的热功率（MW）；
D——蒸汽锅炉的蒸发量（t/h）；
h_q——锅炉出口蒸汽的焓值（kJ/kg）；
h_{gs}——锅炉给水的焓值（kJ/kg）。

2.1.2 蒸汽（或热水）的额定参数

（1）蒸汽锅炉额定参数

生产饱和蒸汽的锅炉参数是指上锅筒主蒸汽阀出口处的额定饱和蒸汽流量、饱和蒸汽压力（表压力）。

生产过热蒸汽的锅炉参数是指过热器出口集箱主蒸汽阀出口处的额定蒸汽流量、蒸汽压力（表压力）和过热蒸汽温度。

（2）热水锅炉的额定参数

热水锅炉的参数是指高温热水供水阀出口处的额定热功率、压力（表压力）、热水温度及进口处的水温度。

供热锅炉的容量参数为了满足生产工艺对蒸汽（或热水）的要求，同时也为了便于锅炉房的设备、锅炉配套设备及锅炉本身的标准化，要求有一定的锅炉参数系列，我国工业蒸汽锅炉参数系列（GB/T 1921—2004）见表1-1，热水锅炉参数系列（GB/T 3166—2004）见表1-2。

2.1.3 受热面蒸发率或受热面发热率

锅炉的受热面是指汽锅和附加受热面等与烟气接触的金属表面积，即烟气和水（或蒸汽）进行热交换的表面积。受热面的大小，工程上一般以烟气放热的一侧来计算，用符号"A"表示，单位为"m^2"。

（1）受热面蒸发率

受热面蒸发率是指蒸汽锅炉每平方米受热面每小时产生的蒸汽量。用符号"D/A"表示，单位为"$kg/(m^2 \cdot h)$"。

由于烟气在流动的过程中不断放热，使得烟气温度不断降低，因此，各受热面处的烟气温度水平不相同，其受热面蒸发率也有很大差异。对于整台锅炉而言，受热面蒸发率是一个平均指标，一般蒸汽锅炉的受热面蒸发率 D/A 小于 30~40kg/(m²·h)。

由于锅炉产生的蒸汽压力和温度各不相同，为了便于比较，常把锅炉的实际蒸发量 D 换算为标准蒸发量 D_{bz}。这里引入了标准蒸汽的概念，标准蒸汽是指压力（绝对大气压）为101325Pa的干饱和蒸汽，其焓为2676kJ/kg。将锅炉的实际蒸发量换算为标准蒸发

工业蒸汽锅炉额定参数系列　　表 1-1

额定蒸发量 (t/h)	额定蒸汽压力(表压力)(MPa)											
	0.1	0.4	0.7	1.0	1.25			1.6		2.5		
	额定蒸汽温度(℃)											
	饱和	饱和	饱和	饱和	饱和	250	350	饱和	350	饱和	350	400
0.1	△	△										
0.2	△	△	△									
0.3		△	△									
0.5		△	△	△								
0.7			△	△								
1			△	△								
1.5												
2				△	△	△		△				
3				△	△	△						
4				△	△	△		△	△			
6					△	△	△	△	△	△		
8					△	△	△	△	△	△		
10					△	△	△	△	△	△	△	△
12					△	△	△	△	△	△	△	△
15					△	△	△	△	△	△	△	△
20					△	△	△	△	△	△	△	△
25						△	△		△		△	△
35						△	△		△		△	△
65												

注：① 表中的额定蒸发量，对于小于 6t/h 的饱和蒸汽锅炉是指 20℃给水温度情况下的额定蒸发量；对于大于或等于 6t/h 的饱和蒸汽锅炉或过饱和蒸汽锅炉是指 105℃给水温度情况下的额定蒸发量。
② "△"表示存在。

热水锅炉额定参数系列　　表 1-2

额定热功率 (MW)	额定出水压力(表压力)(MPa)											
	0.4	0.7	1.0	1.25	0.7	1.0	1.25	1.0	1.25	1.25	1.6	2.5
	额定出水温度/进水温度(℃)											
	95/70				115/70			130/70		150/90		180/110
0.05	△											
0.1	△											
0.2	△											
0.35	△											
0.5	△											
0.7	△				△	△						
1.05	△				△	△						
1.4	△				△	△						
2.1	△				△	△						
2.8	△	△	△	△	△	△	△	△	△			
4.2	△	△	△	△	△	△	△	△	△			
5.6	△	△	△	△	△	△	△	△	△			
7.0	△	△	△	△	△	△	△	△	△			
8.4			△	△		△	△	△	△			
10.5			△	△		△	△	△	△			
14.0						△	△	△	△	△	△	
17.5						△	△	△	△	△	△	
29.0								△	△	△	△	△
46.0										△	△	△
58.0										△	△	△
116.0											△	△
174.0											△	△

注："△"表示存在。

量,这样受热面蒸发率就以 D_{bz}/A 表示,其换算公式为:

$$D_{bz}/A = \frac{10^3 D(h_q - h_{gs})}{2676 A} \tag{1-3}$$

式中 A——受热面面积（m^2）。

其余符号同式（1-2）。

蒸汽锅炉的受热面标准蒸发率为 D_{bz}/A,一般小于 $40 kg/(m^2 \cdot h)$。

(2) 受热面发热率

受热面发热率是指热水锅炉每平方米受热面面积每小时生产的热量,用符号 Q/A 表示,单位为"MW/m^2"或"$kJ/(m^2 \cdot h)$"。也是一个平均值的概念,一般热水锅炉的受热面发热率 Q/A 小于 $0.02325 MW/m^2$ 或 Q/A 小于 $83700 kJ/(m^2 \cdot h)$。

受热面蒸发率或受热面发热率越高,则表示锅炉的换热好,锅炉所耗金属量少,锅炉结构也紧凑。

2.1.4 锅炉热效率

锅炉热效率是指锅炉有效利用的热量占输入锅炉总热量的百分数。热效率是锅炉的重要指标之一。

2.1.5 金属耗率和耗电量

(1) 金属耗率

锅炉金属耗率是指相应于锅炉每吨蒸发量所耗用的金属材料的重量,单位为"$t \cdot h/t$"。工业锅炉金属耗率指标一般为 $2 \sim 6 t \cdot h/t$。

(2) 耗电量

锅炉耗电量是指生产每吨蒸汽耗用电的度数,单位为"$kW \cdot h/t$"。在计算锅炉耗电量时,除了锅炉本体外,还应计算锅炉所有的辅助设备,包括煤的破碎及制粉设备的电耗量。工业锅炉耗电量指标一般为 $10 kW \cdot h/t$ 左右。

2.2 锅炉型号标记

根据《工业锅炉产品型号编制方法》（JB/T 1626—2002）,工业锅炉产品型号由三部分组成,各部分之间用短横线相连。

锅炉型号的第一部分包括三段,表示锅炉本体形式、燃烧方式和锅炉容量。

第一段用两个汉语拼音字母代表锅炉本体形式,代号见表 1-3；第二段用一个汉语拼音字母代表锅炉燃烧设备或燃烧方式,代号见表 1-4；第三段用阿拉伯数字表示锅炉容量（蒸发量或热功率）。

锅炉型号的第二部分表示蒸汽（或热水）的参数,有一段、两段和三段之分,两段或三段者各段中间用斜线分开。对于生产饱和蒸汽的锅炉只有一段；对于生产过热蒸汽的锅炉有两段；对于热水锅炉则有三段。第一段用阿拉伯数字表示蒸汽锅炉的额定蒸汽压力（表压力）,而对于热水锅炉则表示允许工作压力（表压力）；第二段用阿拉伯数字表示蒸汽锅炉的额定过热蒸汽温度,对于热水锅炉则表示额定出水口温度；第三段表示热水锅炉额定进水口温度。

锅炉本体形式代号　　　　　　　　　　　　　　　　　　　　　表1-3

火管锅炉		水管锅炉	
锅炉本体形式	代号	锅炉本体形式	代号
立式水管	LS(立、水)	单锅筒立式 单锅筒纵置式	DL(单、立) DZ(单、纵)
立式火管	LH(立、火)	单锅筒横置式 双锅筒纵置式	DH(单、横) SZ(双、纵)
卧式内燃	WN(卧、内)	双锅筒横置式 纵横锅筒式	SH(双、横) ZH(纵、横)
卧式外燃	WW(卧、外)	强制循环式	QX(强、循)

锅炉燃烧设备或燃烧方式代号　　　　　　　　　　　　　　　　表1-4

燃烧方式	代号	燃烧方式	代号
固定炉排	G(固)	下饲式炉排	A(下)
固定双层炉排	C(层)	往复推饲炉排	W(往)
活动手摇炉排	H(活)	沸腾炉	F(沸)
链条炉排	L(链)	半沸腾炉	B(半)
抛煤炉排	P(抛)	室燃炉	S(室)
倒转炉排加抛煤机	D(倒)	旋风炉	X(旋)
振动炉排	Z(振)		

锅炉型号的第三部分表示燃料种类，汉语拼音字母与罗马数字并列书写。用汉语拼音字母代表燃料类别，用罗马数字代表燃料类别的品种编号，表1-5所列为燃料种类代号。

燃料种类代号　　　　　　　　　　　　　　　　　　　　　　　表1-5

燃料品种		代号	燃料品种	代号
劣质煤	Ⅰ类劣质煤	LⅠ	木柴	M
	Ⅱ类劣质煤	LⅡ	稻糠	D
无烟煤	Ⅰ类无烟煤	WⅠ	甘蔗渣	G
	Ⅱ类无烟煤	WⅡ	柴油	Y_C
	Ⅲ类无烟煤	WⅢ	重油	Y_Z
烟煤	Ⅰ类烟煤	AⅠ	天然气	Q_T
	Ⅱ类烟煤	AⅡ	焦炉煤气	Q_J
	Ⅲ类烟煤	AⅢ	液化石油气	Q_Y
褐煤		H	油母页岩	Y_M
贫煤		P	其他燃料	T
型煤		X		

我国工业蒸汽锅炉产品型号编制方法如图1-2所示；我国工业热水锅炉产品型号编制方法如图1-3所示；我国工业燃油燃气锅炉产品型号编制方法如图1-4所示。

常压热水锅炉产品型号也是由三部分组成，与热水锅炉产品型号表示方法基本相同，

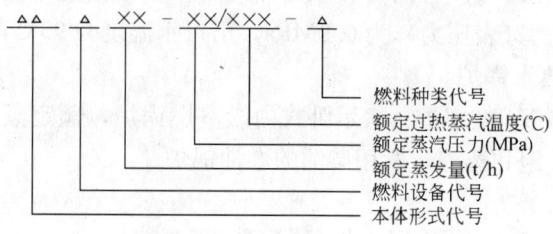

图 1-2 蒸汽锅炉产品型号

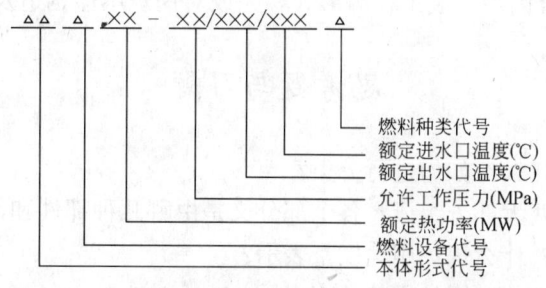

图 1-3 热水锅炉产品型号

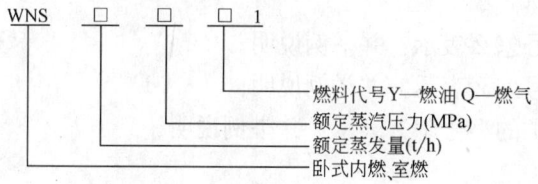

图 1-4 燃油燃气锅炉产品型号

所不同的是在第一部分的第一段锅炉本体形式代号汉语拼音字母前面，加一个表示常压锅炉代号的拼音字母C；第二部分由两段组成，分别表示常压热水锅炉出口水温度和进口水温度。

工业锅炉、燃油燃气锅炉型号标记示例：

(1) SHL20-1.25/250-WⅡ型锅炉：表示双锅筒横置式链条炉排锅炉，额定蒸发量为20t/h，额定工作压力（表压力）为1.25MPa，出口过热蒸汽温度为250℃，燃用Ⅱ类无烟煤的过热蒸汽锅炉。

(2) QXW2.8-1.25/95/70-AⅠ型锅炉：表示强制循环往复推饲炉排锅炉，额定热功率为2.8MW，额定工作压力为1.25MPa，出口水温度为95℃，进口水温度为70℃，燃用Ⅰ类烟煤的热水锅炉。

(3) SZS7-1.0/115/70-Q_T型锅炉：表示双锅筒纵置式室燃锅炉，额定热功率为7MW，额定工作压力（表压力）为1.0MPa，出口水温度为115℃，进口水温度为70℃，燃用天然气的热水锅炉。

(4) LHS0.5-0.7-Y_C型锅炉：表示立式火管（锅壳式）室燃锅炉，额定蒸发量为0.5t/h，额定工作压力（表压力）为0.7MPa，饱和蒸汽，燃用柴油的饱和蒸汽锅炉。

(5) CWNS1.4-95/70-Q₁型锅炉：表示常压卧式内燃室燃锅炉，额定热功率为1.4MW，额定工作压力（表压力）为0.0MPa，出口水温度为95℃，进口水温度为70℃，燃用焦炉煤气的常压热水锅炉。

(6) WNS1.5-1.6-Y_C型锅炉：表示卧式内燃室燃锅炉，额定蒸发量为1.5t/h，额定蒸汽压力为1.6MPa，饱和蒸汽，燃用柴油的燃油锅炉。

实 训 课 题

参观锅炉房或结合锅炉安装工程等形式，完成对锅炉本体构造及锅炉房系统的认识。

思 考 题 与 习 题

1. 锅炉的作用是什么？如何进行分类？
2. 锅炉本体由哪两大部分组成？各个部分又是由哪几种部件和设备组成？
3. 什么叫蒸发量？什么锅炉用蒸发量表示？
4. 什么叫热功率？什么锅炉用热功率表示？
5. 蒸汽锅炉的热功率与蒸发量怎么换算？
6. 什么叫锅炉的热效率？
7. 蒸汽锅炉的型号怎么表示？并举例说明。
8. 热水锅炉的型号怎么表示？并举例说明。
9. 燃油（气）锅炉的型号怎么表示？并举例说明。

单元 2 锅炉基本构造与热平衡

知 识 点：锅炉的热平衡、锅炉的主要受热面、锅炉的辅助受热面、锅炉的构架与炉墙。
教学目标：了解锅炉热平衡的目的和方法，熟悉锅炉的基本构造、各设备的作用、工作原理。

课题 1 锅炉热平衡

锅炉的热平衡是指输入锅炉的热量与从锅炉输出的热量（包括有效利用的热量与损失的热量）之间的平衡，如图 2-1 所示。通过对热量平衡的分析，可以确定锅炉的热效率和燃料消耗量，并了解影响锅炉热效率的因素，寻求提高热量利用的途径。

1.1 热平衡方程式

由图 2-1 可列出热平衡方程式：

$$Q_r = Q_1 + Q_2 + Q_3 + Q_4 + Q_5 + Q_6 \quad (2\text{-}1)$$

式中 Q_r——输入锅炉的热量（kJ/kg）；
Q_1——锅炉有效利用的热量（kJ/kg）；
Q_2——排烟热损失（kJ/kg）；
Q_3——气体未完全燃烧热损失（kJ/kg）；
Q_4——固体未完全燃烧热损失（kJ/kg）；
Q_5——散热损失（kJ/kg）；
Q_6——灰渣物理热损失（kJ/kg）。

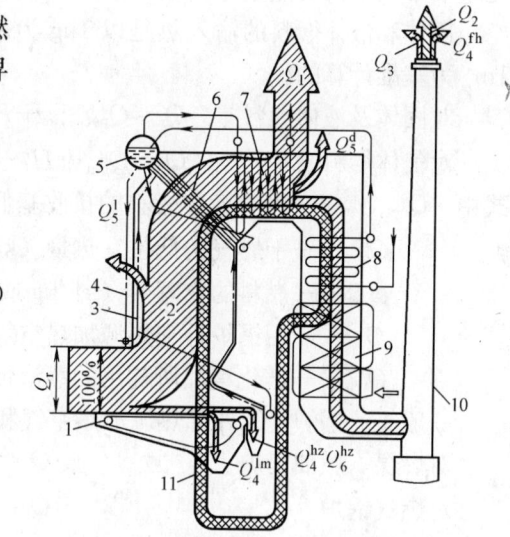

图 2-1 锅炉热平衡示意图
1—链条炉排；2—炉膛；3—水冷壁；4—下降管；5—锅筒；6—凝渣管；7—过热器；8—省煤器；9—空气预热器；10—烟囱；11—预热空气的循环热流

在图 2-1 中编号 11 显示预热空气的循环热流，此部分热量来自于燃料燃烧放热，在空气预热器中由烟气将这部分热量带入空气，随空气带入炉膛，成为烟气中焓的组成部分，如此在锅炉内部循环不已，与从外部向锅炉输入的热量和从锅炉向外部输送的热量无关，因此，在热平衡方程式中不予考虑。

式（2-1）的等号两边分别除以 Q_r，则有效利用热与各项热损失可用占输入锅炉总热量的百分数表示。即

$$100\% = q_1 + q_2 + q_3 + q_4 + q_5 + q_6 \quad (2\text{-}2)$$

式中 $q_1 = \dfrac{Q_1}{Q_r} \times 100\%$——锅炉有效利用的热量占输入锅炉热量的百分数（%）；

$q_2 = \dfrac{Q_2}{Q_r} \times 100\%$ ——排烟热损失的百分数（%）；

$q_3 = \dfrac{Q_3}{Q_r} \times 100\%$ ——气体未完全燃烧热损失的百分数（%）；

$q_4 = \dfrac{Q_4}{Q_r} \times 100\%$ ——固体未完全燃烧热损失的百分数（%）；

$q_5 = \dfrac{Q_3}{Q_r} \times 100\%$ ——散热损失的百分数（%）；

$q_6 = \dfrac{Q_6}{Q_r} \times 100\%$ ——灰渣物理热损失的百分数（%）。

1.2 输入锅炉的热量

输入锅炉的热量 Q_r 包括燃料自身拥有的热量（含燃料燃烧放出的热量和燃料的物理热）、燃烧所需空气量拥有的热量、用锅炉外部热源加热空气带入炉内的热量、用蒸汽雾化重油带入炉内的热量等。

固体和液体燃料的输入热是以 1kg 为基准计算的，气体燃料的输入热以标准状态下 1m³ 为基准计算的。

对固体及液体燃料　　　$Q_r = Q_{net,v,ar} + H_r + Q_{wr} + Q_{wh}$ （2-3）

对气体燃料　　　$Q_r = Q_{net}^g + H_r + Q_{wr}$ （2-4）

式中　$Q_{net,v,ar}$ ——固、液体燃料的接收基低位发热量（kJ/kg）；

Q_{net}^g ——干燃气的低位发热量（kJ/m³）；

H_r ——燃料的物理热（kJ/kg 或 kJ/m³）；

Q_{wr} ——用锅炉外部热源加热空气时带入炉内的热量（kJ/kg 或 kJ/m³）；

Q_{wh} ——雾化重油所耗用的蒸汽带入炉内的热量（kJ/kg）。

一般工业锅炉，无外部热源加热空气和燃料，如果又不用蒸汽雾化重油时，则：

对燃煤、燃油锅炉　　　$Q_r = Q_{net,v,ar}$ （2-5）

对燃气锅炉　　　$Q_r = Q_{net}^g$ （2-6）

1.3 锅炉有效利用热量

锅炉有效利用热量 Q_1 是根据锅炉容量、热介质的参数（压力、温度）进行计算的。

$$Q_1 = \dfrac{Q_{gl}}{B} \quad (2\text{-}7)$$

式中　Q_1 ——锅炉有效利用热量（kJ/kg 或 kJ/m³）；

B ——每小时燃料消耗量（kg/h 或 m³/h）；

Q_{gl} ——锅炉每小时有效吸收热量（kJ/h）。

1.3.1 蒸汽锅炉每小时有效吸热量

（1）生产饱和蒸汽时

$$Q_{gl} = (D + D_{zy})\left(H_{bq} - H_{gs} - \dfrac{rw}{100}\right) + D_{ps}(H_{bs} - H_{gs}) \quad (2\text{-}8)$$

式中 D——锅炉饱和蒸汽流量（kg/h）；
D_{zy}——自用蒸汽量（kg/h）；
H_{bq}——饱和蒸汽的焓（kJ/kg）；
H_{gs}——锅炉给水的焓（kJ/kg）；
H_{bs}——饱和水的焓（kJ/kg）；
r——汽化潜热（kJ/kg）；
w——蒸汽湿度（%）；
D_{ps}——排污水量（kg/h）。

（2）生产过热蒸汽时

$$Q_{gl}=D_{gq}(H_{gq}-H_{gs})+D_{zy}\left(H_{bq}-H_{gs}-\frac{rw}{100}\right)+D_{ps}(H_{bs}-H_{gs}) \qquad (2\text{-}9)$$

式中 D_{gq}——过热蒸汽流量（kg/h）；
H_{gq}——过热蒸汽的焓（kJ/kg）；
其余符号同式（2-8）。

1.3.2 热水锅炉每小时有效吸热量

$$Q_{gl}=G(H_{cs}-H_{js}) \qquad (2\text{-}10)$$

式中 G——热水锅炉循环水流量（kg/h）；
H_{cs}——热水锅炉出水的焓（kJ/kg）；
H_{js}——热水锅炉进水的焓（kJ/kg）。

1.4 锅炉的各项热损失

锅炉运行时，进入炉膛的燃料很难完全燃烧，未燃烧的可燃成分所折合的热损失为锅炉未完全燃烧热损失；炉内燃料燃烧所放出的热量也不可能全部被有效利用，有的热量被排出炉外的烟气、灰渣带走，有的则经过炉墙、锅炉附件散失掉。可见，运行中的锅炉存在各种热损失。降低锅炉的热损失，可以提高锅炉的有效利用热，使锅炉更经济地运行。

1.4.1 排烟热损失

排烟热损失 Q_2 是指离开锅炉末级受热面的烟气，由于其焓值高于进入锅炉的空气的焓值而造成的热损失，它是锅炉热损失中最大的一项。

影响排烟热损失大小的关键是排烟焓值，而排烟焓值取决于排烟温度和排烟容积。

排烟温度越高，排烟热损失越大。一般排烟温度每升高 15~20℃，排烟热损失约增加 1%。排烟温度的确定受多方因素制约，排烟温度升高，排烟热损失增加，锅炉热效率降低，燃料消耗量增加；反之，排烟温度降低，锅炉尾部受热面（省煤器、空气预热器）传热温差较小，受热面积增加，则金属耗量增加；此外排烟温度降低，会造成尾部受热面金属腐蚀。因此，最佳的排烟温度应通过技术经济比较来确定。工业锅炉的排烟温度一般取 150~200℃。

排烟容积增大，会使排烟热损失增大。如果炉膛出口过量空气系数偏高、炉墙及烟道漏风严重、燃料水分含量大，则排烟容积增大，从而增加了排烟热损失。因此，在锅炉安装施工时应注意炉墙、烟道砌筑的严密性，在运行中注意控制炉膛的过量空气系数，堵塞炉墙及烟道的漏风处。值得注意的是当燃烧结焦性弱而细末又多的煤时，为了减少飞灰热损失，应保持煤中适当的水分。

1.4.2 气体未完全燃烧热损失

气体未完全燃烧热损失 Q_3 是由烟气中存在未燃尽的可燃气体 CO、H_2、CH_4 等，这部分热量未被有效利用而随烟气排入大气，造成热损失。

影响气体未完全燃烧热损失的因素有燃料性质（挥发分含量）、炉膛过量空气系数、炉内温度和空气动力工况等。保持炉膛足够的高温和适量的过量空气系数，注意炉内一、二次风的配比和强烈混合，以保证火焰充满整个炉膛，是降低气体未完全燃烧热损失的有效措施。

锅炉在正常运行工况下，气体未完全燃烧热损失一般很小。

1.4.3 固体未完全燃烧热损失

固体未完全燃烧热损失 Q_4 是由于燃料颗粒在炉内未燃烧或未能燃尽而直接排出炉外，由此而引起的热量损失。通常有灰渣热损失、飞灰热损失、漏煤热损失三部分组成。

影响固体未完全燃烧热损失的因素有许多，如燃料性质、燃烧方式、过量空气系数、炉排构造、炉膛构造及炉内空气动力工况等。保持炉内足够的高温、保证一、二次风的良好配比和适时、充分、强烈的混合，可以有效地降低固体未完全燃烧热损失。

固体未完全燃烧热损失是燃煤锅炉的主要热损失之一。

1.4.4 散热损失

散热损失 Q_5 是指锅炉的介质（烟气）与工质（汽、水、汽水混合物、空气）的热量，通过炉墙、烟风道、构架、锅筒及其附件的外表面向大气散发而造成的热损失。

散热损失的大小主要取决于锅炉散热表面积的大小、外表面温度以及周围空气的温度。

1.4.5 灰渣物理热损失

灰渣物理热损失 Q_6 是指燃煤燃烧后形成的灰渣，从锅炉排出所带走的热量损失。

灰渣物理热损失的大小与锅炉形式、燃料性质以及排渣率等因素有关。

1.5 锅炉热效率

锅炉中被有效利用的热量 Q_1 占输入锅炉总热量 Q_r 的百分比，称为锅炉热效率，用符号 η 表示。

锅炉热效率是锅炉的热经济性指标，它反映了锅炉设备的先进性、锅炉运行的经济性及运行操作的技术水平。

锅炉热效率可通过热平衡试验的方法确定。测定的方法有正平衡法和反平衡法两种，用正平衡法测定的锅炉效率称正平衡效率，用反平衡法测定的锅炉效率称反平衡效率。

1.5.1 正平衡法

正平衡方法是指用试验方法，测出锅炉的有效利用热 Q_1 和输入锅炉的热量 Q_r，用下式计算锅炉热效率

$$\eta = \frac{Q_1}{Q_r} \times 100\% \tag{2-11}$$

正平衡法测定的主要项目有：燃料发热量及工业分析、燃料及供燃烧用的空气温度、蒸汽的温度、压力、流量、给水、热水锅炉出水的流量、压力和温度、锅筒压力等。

正平衡法简单易行，适用于小型锅炉热效率的测定。

1.5.2 反平衡法

反平衡方法是指通过试验，逐项测定锅炉各项热损失，再按下式计算锅炉热效率

$$\eta_2 = q_1 = 1 - (q_2 + q_3 + q_4 + q_5 + q_6) \tag{2-12}$$

用反平衡法测定的主要项目有：燃料发热量及工业分析、燃料元素分析、气体成分分析、各种灰渣量及其可燃物含量、烟气分析、燃料及供燃烧空气温度、灰渣排出温度及各烟道中烟气温度、外界环境温度、送风机进、出口风温、大气压力及雾化用蒸汽压力、温度、流量等。

对于工业锅炉一般以正平衡测定锅炉热效率，同时进行反平衡试验；对于手烧炉可只进行正平衡试验。

1.6 燃料消耗量

1.6.1 燃料消耗量 B 的计算

在锅炉热效率确定以后，即可按下式计算燃料消耗量

$$B = \frac{Q_{gl}}{\eta Q_r} \times 100\% \tag{2-13}$$

式中　B——锅炉每小时消耗的燃料（kg/h 或 m³/h）。

1.6.2 燃料消耗量 B_j 的计算

考虑到固体未完全燃烧热损失 q_4 的存在，使入炉燃料消耗量 B 中实际参与燃烧反应的量减少，因此在锅炉燃烧产生物（烟气量）计算、送风量计算及烟气对受热面的放热计算中，应采用考虑 q_4 影响的计算燃料消耗量 B_j，并用下式计算

$$B_j = B\left(1 - \frac{q_4}{100}\right) \tag{2-14}$$

式中　B_j——每小时计算燃料消耗量（kg/h 或 m³/h）。

但应注意在燃料运输系统计算时，仍要按实际燃料消耗量 B 考虑。

课题2　锅炉的主要受热面

锅炉的主要受热面是指锅筒、水冷壁管、对流管束。由锅筒、水冷壁管、对流管束、集箱和下降管等可组成一个封闭的汽水系统。

2.1 锅炉及其内部装置

2.1.1 锅筒

锅炉的锅筒又称汽包。锅筒是用钢板焊制而成的圆筒形受热面，它由筒体和封头两部分组成。

工业锅炉筒体长度约为2～7m，锅筒直径为0.8～1.6m，壁厚约为16～46mm。锅筒两端的封头用钢板冲压而成，并焊在圆形筒体上组成锅筒。为了安装和检修锅筒内部装置，在封头上开有椭圆形人孔，人孔盖板用螺栓从筒体内侧向外侧拉紧。

近代锅炉按锅筒分类，有双锅筒锅炉和单锅筒锅炉。双锅筒锅炉有一个上锅筒、一个下锅筒；单锅筒锅炉只有一个上锅筒。

锅筒由上升管与下降管连接起来构成水循环回路。

一般蒸汽锅炉上锅筒的内部装置如图2-2所示。

在蒸汽锅炉上锅筒上留有与蒸汽管、安全阀、水位计等附件连接的接口。在锅筒下半部，连接有对流管束或水冷壁管等管子。

下锅筒内有排放水垢的定期排污装置。

2.1.2 锅筒的内部装置

（1）汽水分离装置

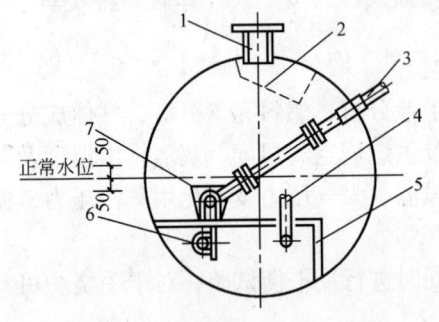

图2-2 蒸汽锅炉上锅筒内部装置
1—蒸汽出口；2—均汽孔板；3—给水管；4—连续排污管；5—支架；6—加药管；7—给水槽

汽水分离装置的主要作用是在上锅筒内实现汽水分离，以提高蒸汽干度，保证蒸汽品质，满足用户要求。

工业锅炉对蒸汽品质的要求不同，选用分离装置也不同。汽水分离装置有粗分离装置和细分离装置两种。

1）粗分离装置：粗分离装置有旋风分离器、进水挡板、水下孔板等。

旋风分离器主要利用离心力的分离原理，同时也利用汽、水的密度差（即重力分离）和汽水两相流体中水与蒸汽黏性不同（即水膜分离）原理进行汽水分离。图2-3所示为锅内立式旋风分离器工况示意图。

锅内立式旋风分离器筒体用2～3mm薄钢板制成，筒体常用直径为290mm。

进水挡板的作用是消除汽水混合物进入时的动能，并借助工质转弯时的惯性力，实现汽水分离，如图2-4所示。进水挡板用3～5mm厚的钢板制成，安装在汽水混合物引入管的进口处。

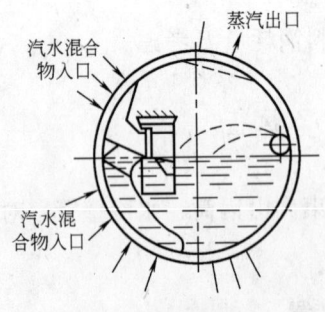

图2-3 锅内立式旋风分离器

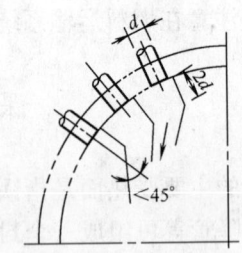

图2-4 进水挡板

水下孔板是布置在锅筒水空间中的平孔板，如图2-5所示。靠小孔的节流作用实现汽水分离。孔板用3～5mm厚的钢板制成，孔径为8～12mm，安装于锅筒正常水位下150～200mm处。

2) 细分离装置：细分离装置有均汽孔板、集汽管、百叶窗分离器、钢丝网分离器和蜗壳式分离器等。

均汽孔板是利用多孔板的节流作用使蒸汽空间的负荷沿锅筒长度和宽度方向均匀分布，防止蒸汽负荷局部集中，充分有效地利用锅筒蒸汽空间，降低蒸汽的上升速度，有利于重力分离，同时，均汽孔板还可以阻挡细小水滴，起到细分离的作用。

均汽孔板由3~4mm厚钢板制成，孔径一般为10mm，通过小孔的蒸汽流速为12~15m/s。装在锅筒顶部，如图2-6所示。

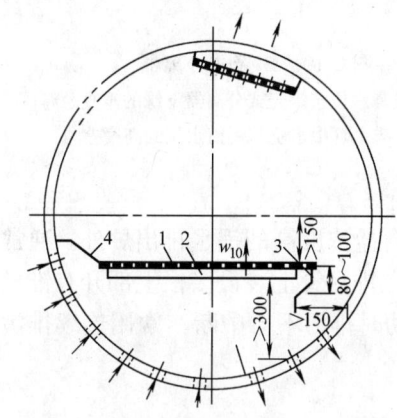 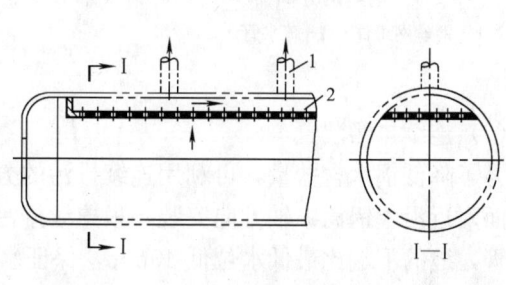

图 2-5　水下孔板　　　　　　　　　图 2-6　均汽孔板
1—水下孔板；2—加固筋；3—侧封板；4—导板　　1—饱和蒸汽引出管；2—均汽孔板

集汽管有缝隙式和多孔式两种。图2-7所示为缝隙式集汽管。它是装于锅筒内沿锅筒长度方向布置在汽空间顶部，两端封死的装置。

百叶窗分离器是由许多块波形板相间排列组成，水平布置在锅筒顶部的汽水分离装置，如图2-8所示。

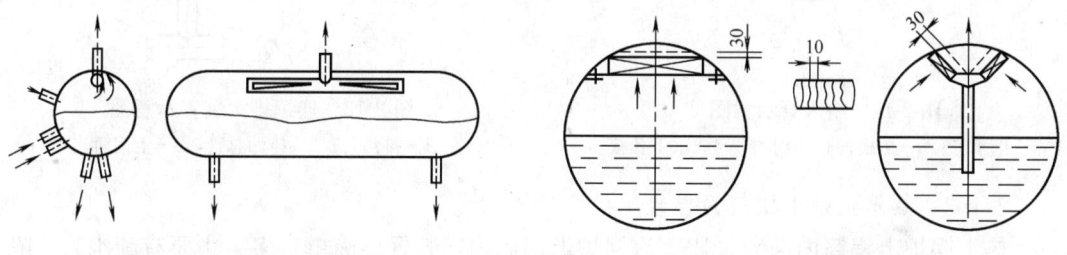

图 2-7　缝隙式集汽管　　　　　　　　图 2-8　百叶窗分离器

钢丝网分离器由两片拉网钢板内夹数层钢丝网组合组成。因其制造工艺简单，流动阻力小，故应用较为广泛，如图2-9所示。

蜗壳式分离器由缝隙式集汽管及其外加的蜗壳组成，如图2-10所示。适用于对蒸汽品质要求较高的工业锅炉。

（2）上锅筒给水装置

给水管的作用是将锅炉给水沿锅筒长度均匀分配，避免过于集中而破坏正常的水循环，同时为避免给水直接冲击锅筒壁，造成温差应力。给水管设置在给水槽中，如图2-11所示。

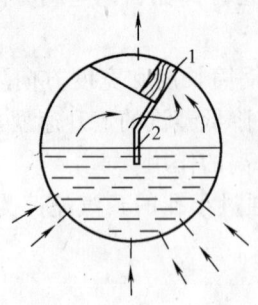

图 2-9　钢丝网分离器
1—钢丝网组件；2—疏水管

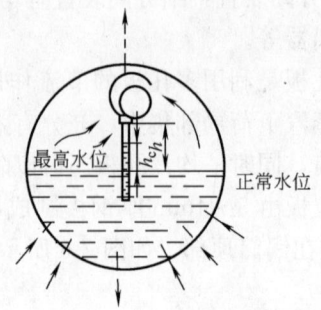

图 2-10　蜗壳式分离器
h—锅筒最高水位至蜗壳式分离器下缘的垂直距离；
h_c—疏水管中水位与锅筒水位的高度差

(3) 连续排污装置

为了降低锅水含盐量，可利用连续排污的方法将含盐浓度高的锅水排出炉外。通常在蒸发面附近沿上锅筒纵轴方向安装一根连续排污管。在排污管上装设多根上部开有锥形缝的短管，缝的下端比最低水位低 40mm，保证水位波动时排污不会中断。常用连续排污装置如图 2-12 所示。

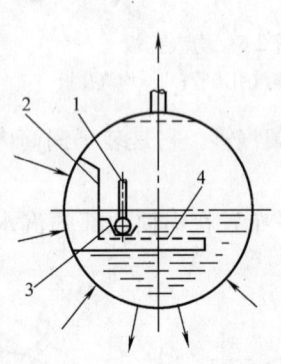

图 2-11　给水管示意图
1—给水管；2—挡板；3—给水槽；4—水下孔板

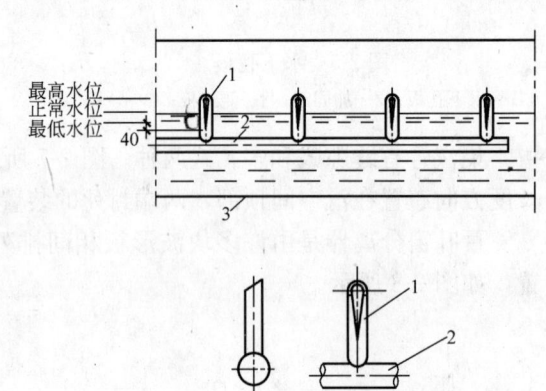

图 2-12　连续排污装置示意图
1—排污管；2—排污总管；3—上锅筒

2.1.3　热水锅炉上锅筒内部装置

热水锅炉上锅筒内部装置比蒸汽锅炉上锅筒内部装置要简单得多。主要有配水管、隔水板、热水引出管。

(1) 配水管

配水管的作用是将锅炉回水分配到特定位置以保证锅炉正常的水循环。配水管的结构一般是将分配管的端头堵死，在管侧面开孔，开孔方向正对下降管入口。

(2) 隔水板

自然循环热水锅炉是靠水的密度差进行循环的，为了在锅筒内形成明显的冷、热水区，使锅炉回水尽量少与热水混合，并防止热水直接进入下降管，通常在热水锅炉内根据其作用，在不同位置上加装隔水板。

(3) 热水引出管

对于水汽两用锅炉，热水引出管一般在上锅筒最低水位线以下50mm的热水区呈水平布置。对锅筒内充满水的自然循环的热水锅炉，一般是从上锅筒热水区垂直引出，并在引出管前加集水管，在集水管上沿圆周方向开$\Phi 8 \sim \Phi 12$mm的小孔，以使抽出的热水沿锅筒长度方向比较均匀。

2.2 水冷壁管

水冷壁管垂直布置在炉膛四周的壁面侧，作用是吸收高温烟气的辐射热，减少熔渣和炉内高温烟气对炉墙的破坏。

水冷壁管通常采用外径为51mm、60mm，壁厚3.5～6.0mm的无缝钢管。水冷壁管一般均为上部固定，下部能自由膨胀。

连接水冷壁管的上下集箱由直径较大的无缝钢管制成，集箱两端设有操作孔，以便清除水垢用。下集箱上还设有定期排污管，用于排除锅水中沉积的水渣和锅炉放空时使用。

2.3 对流管束

对流管束布置在锅炉的烟道中，受到高温烟气对流冲刷而使管内介质受热，因此，也称为对流受热面。

对流管束通常由连接上下锅筒的管束构成，管材一般为无缝钢管，管径一般为51～63.5mm，管束的排列有顺列和错列两种方式。

烟气冲刷管束的方向有横向冲刷和纵向冲刷两种。

课题3 锅炉的辅助受热面

锅炉的辅助受热面是指蒸汽过热器、省煤器和空气预热器。对工业锅炉这些受热面常根据生产工艺的实际需要和锅炉运行的经济性来决定是否设置。因此，在工业锅炉中将这些受热面称为辅助受热面。

3.1 蒸汽过热器

蒸汽过热器是将干饱和蒸汽进一步加热变成具有高于饱和温度的过热蒸汽的装置。使用过热蒸汽是为满足生产工艺对蒸汽温度的特殊要求，减少蒸汽在输送过程中的冷凝损失。因此，在有些工业锅炉中安装蒸汽过热器用以供应过热蒸汽。

蒸汽过热器按其传热方式有对流式、辐射式和半辐射式三种。工业锅炉中一般采用对流式过热器。

对流式过热器由蛇形管束和与其连接的进、出口集箱构成，其结构形式有立式和卧式两种，图2-13所示为立式蒸汽过热器。

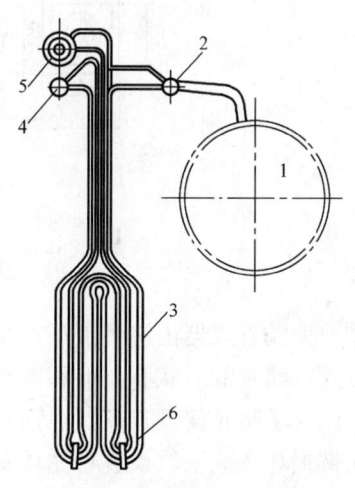

图2-13 立式蒸汽过热器
1—锅筒；2—进口集箱；3—蛇形管；
4—中间集箱；5—出口集箱；6—夹紧箍

工业锅炉的过热器一般采用20碳素钢，外径为32mm、38mm和42mm的无缝钢管，管壁厚根据压力不同，可选用2.5～4mm厚。

3.2 省 煤 器

省煤器是利用锅炉尾部烟气来预热锅炉给水的热交换设备。它能有效地降低锅炉排烟温度，提高锅炉热效率，节约燃料，因此称为省煤器。

省煤器按所制造材料的不同有铸铁省煤器和钢管省煤器；按给水预热程度的不同有沸腾式省煤器和非沸腾式省煤器。

3.2.1 铸铁省煤器

铸铁省煤器使用的最为普遍，主要是因为它的耐磨性和抗腐蚀能力强，特别是对于未除氧的锅炉给水最为适宜，但其承压能力不如钢材。因此，一般用于工作压力 $P \leqslant 1.6$MPa 的低压锅炉，且为非沸腾式省煤器，其出口水温应低于相应工作压力下饱和温度30℃以上，以保证工作的安全性和可靠性。铸铁省煤器及鳍片管如图2-14所示。

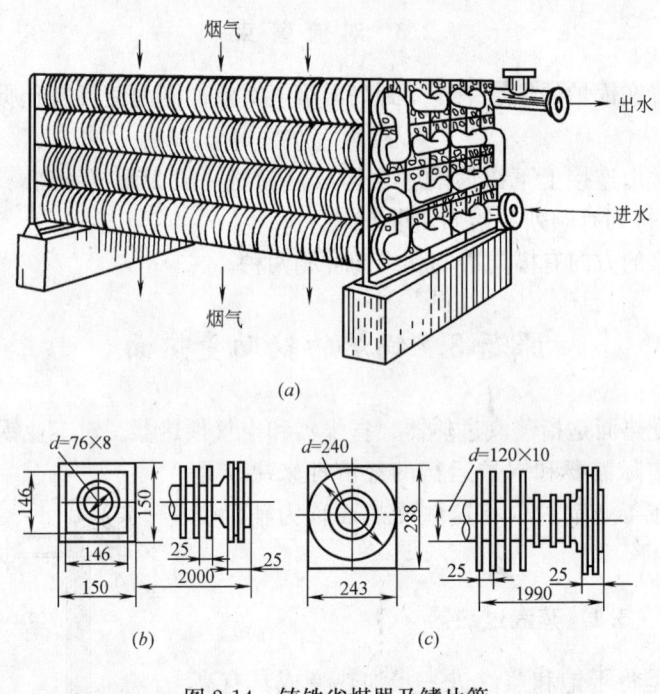

图 2-14 铸铁省煤器及鳍片管
(a) 铸铁省煤器；(b) A型鳍片管；(c) B型鳍片管

铸铁省煤器由许多带鳍片管的铸铁管组成，各管之间用弯头连接，管与管之间为串联方式，鳍片的形状有方形和圆形两种。

为了防止铸铁省煤器在锅炉启动、停止运行和低负荷运行过程中，得不到很好的冷却而被损坏，应采取设置再循环管、旁路烟道、安全阀等措施，如图2-15所示。

(1) 设置再循环管

如图2-15 (a) 所示，上锅筒下部与省煤器进口集箱之间的连接管，称为再循环管，该管是不受热的。锅炉启动时，打开再循环管上的阀门，由于省煤器内的水温很高，水在

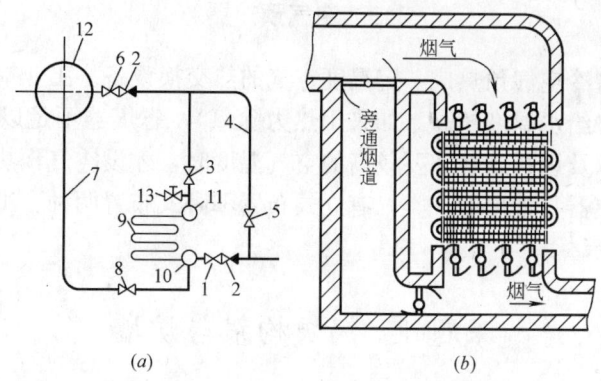

图 2-15 铸铁省煤器的管路连接与旁路烟道图
(a) 管路连接；(b) 旁路烟道
1—给水截止阀；2—止回阀；3—省煤器出口阀；4—旁路给水管；
5—旁路给水阀；6—锅筒前给水阀；7—再循环管；8—再循环阀；9—省煤器；
10—省煤器进口集箱；11—省煤器出口集箱；12—锅筒；13—安全阀

上锅筒与省煤器之间形成自然循环，从而使省煤器管壁得到冷却。

(2) 设置旁路烟道

设置旁路烟道的原因是蒸汽锅炉启动点火时，锅炉无需给水，此时，省煤器内的水不流动，而管外烟气温度却逐渐的升高，省煤器内的水会随之沸腾汽化，而烧坏省煤器。

设置旁路烟道就是使烟气绕过省煤器，以保护其不被烧坏。正常运行时，省煤器烟道的上下挡板关闭，烟气全部流进省煤器烟道；锅炉启动点火时，挡板开关位置与正常运行时相反，烟气全部流进旁路烟道，省煤器不受热，如图 2-15 (b) 所示。

(3) 设置安全阀

如图 2-15 所示，在省煤器出口管路的止回阀前（或进口管路的止回阀后）安装安全阀，安全阀的始启压力应调整为装设地点介质工作压力的 1.1 倍，既起到保证省煤器正常运行，又起到保护省煤器安全的双重作用。

3.2.2 钢管省煤器

钢管省煤器是由许多平行的蛇行无缝钢管组成，各蛇行管的进、出端分别与进、出口集箱相连接。省煤器可以是沸腾式的，也可以是非沸腾式的。当锅炉工作压力 $P \geqslant 2.45 \text{MPa}$ 时，必须采用钢管省煤器。

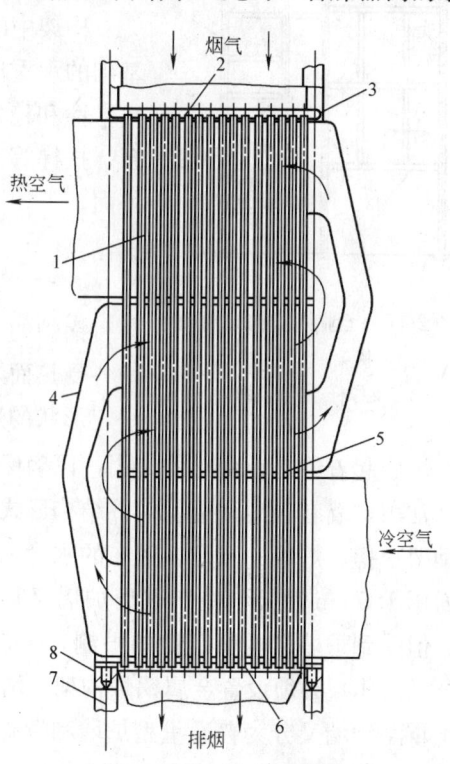

图 2-16 立式钢管式空气预热器结构示意图
1—管子；2—上管板；3—膨胀节；4—空气连通罩；
5—中间管板；6—下管板；7—构架；8—框架

3.3 空气预热器

空气预热器是将冷空气预热成一定温度空气的热交换设备。工业锅炉中一般不设置空气预热器。只有锅炉给水温度较高（如采用热力除氧），省煤器不足以将排烟温度降低到经济排烟温度以下以及燃料燃烧需要较高的空气温度时，才设空气预热器。

钢管式空气预热器是常用的一类，有立式布置和卧式布置两种。工程中多数采用立式布置，如图 2-16 所示。

课题 4　锅炉构架与炉墙

4.1　锅炉的构架

工业锅炉中支撑锅筒、联箱、受热面管子、平台及扶梯的钢结构称为锅炉构架。锅炉构架不仅承受锅炉本体荷载，同时使锅炉本体各部件固定并维持它们的相对位置，抵御外界加给锅炉的各种其他负荷。因此，锅炉构架应满足锅炉本体结构布置和工作条件的要求。

工业锅炉多采用框架式构架，它一般是梁与柱刚性连接的空间框架，如图 2-17 所示。

构架中的立柱是垂直于地面并将锅炉本体荷载传给锅炉基础的承重构件。其他辅助梁和支撑杆件除保证构架自身的整体性和稳定性外，还可维持炉墙的稳定性和固定锅炉平台、扶梯等。承重的立柱和横梁必须布置在炉墙和烟道的外面。

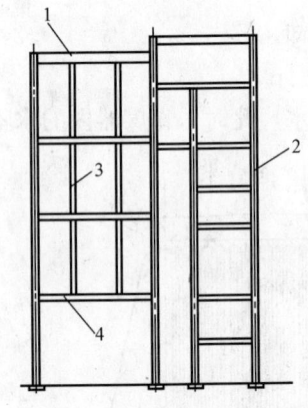

图 2-17　工业锅炉构架简图
1—横梁；2—立柱；
3—支撑杆；4—辅助梁

4.2　锅炉的炉墙

锅炉的炉墙是锅炉本体的重要组成部分。通过炉墙将锅炉各受热面及燃料与外界隔绝开来，形成封闭的炉膛和构成一定形状的烟道。

炉墙起着绝热、密封的作用，以确保锅炉运行的安全性和经济性。

常用炉墙有轻型和重型两种结构形式。快装锅炉一般用轻型炉墙。炉墙的重量由锅炉的钢架承担。炉墙一般是在密布的水冷壁管外侧，砌有耐火砖，其外包有轻质保温层，最外面用 1.5mm 钢板包住。重型炉墙又称基础炉墙，锅炉全部重量均由锅炉基础直接承担。但受到炉墙结构稳定性的限制，砖筑炉墙的高度一般不超过 12m。对大型工业锅炉（10～35t/h）必须设置金属锅炉构架，增强炉墙的稳定性。

重型炉墙又分为普通重型炉墙和带有保温层有绝热性能的重型炉墙。前者用于烟道温度低于 600℃ 的省煤器以后的区域，后者用于炉膛、过热器及对流管束烟道区域。

普通重型炉墙由两层组成，内层为耐火黏土砖，外层为机制红砖。其结构如图 2-18 所示。

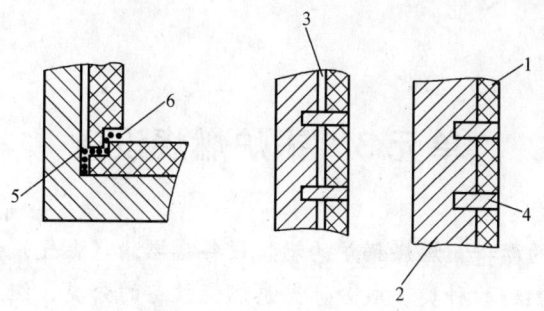

图 2-18 普通重型炉墙结构示意图
1—耐火黏土砖；2—红砖；3—空气夹层；
4—牵连砖；5—膨胀缝；6—石棉绳

实 训 课 题

结合锅炉模型进行教学，参观锅炉安装工程，有条件时可结合锅炉房设备安装进行实训教学。

思考题与习题

1. 什么是锅炉热平衡？建立锅炉热平衡方程式有何意义？
2. 锅炉热平衡方法有哪两种？各有什么特点？
3. 锅炉的热损失有哪几项？影响各项热损失的主要因素是什么？
4. 排烟温度是否越低越好？为什么？
5. 锅炉的主要受热面有哪些？
6. 蒸汽锅炉汽水分离装置的作用是什么？常用汽水分离装置有哪几种？
7. 锅炉的辅助受热面有哪些？
8. 为保证铸铁省煤器在锅炉启动、停运或低负荷运行时不被破坏，应采取哪些措施？
9. 某锅炉生产干饱和蒸汽压力为 0.85MPa（相对压力），给水温度为 50℃，平均耗煤 378kg/h（$Q_{net,v,ar}=21563$kJ/kg），蒸发量 6t/h，试计算锅炉的热效率。
10. 一台蒸发量为 2t/h 的锅炉，生产的饱和蒸汽压力为 1.25MPa，锅炉的给水温度为 50℃，在没有安装省煤器时测得 q_2 为 15%（$B=500$kg/h，$Q_{net,v,ar}=18842$kJ/kg），加装省煤器后对测得 q_2 为 8.5%，问装省煤器后每小时节省多少煤？其节煤率最少为多少？

单元3 锅炉燃烧设备

知 识 点：锅炉的燃料、燃煤锅炉的燃烧设备、燃油（燃气）锅炉的燃烧设备。
教学目标：了解燃料的种类、成分，熟悉燃烧设备的分类、组成，掌握锅炉燃烧设备的结构构成及工作原理。

课题1 锅炉的燃料

1.1 燃料的化学成分

锅炉的燃料主要是煤，在有条件的情况下也使用燃油或燃气。这些燃料都是有机体的碳化物或碳氢化合物，在高温下能与空气中的氧发生燃烧反应，放出大量的热能。锅炉常用燃料的基本成分有碳（C）、氢（H）、硫（S）、氧（O）及氮（N）等元素，此外还包含一定数量的水分（W）和灰分（A）。但燃料不是这些成分的机械混合物，而是一种极为复杂的化合物。

1.1.1 碳

碳是燃料的主要可燃成分。1kg碳完全燃烧时放出34020kJ的热量。与其他可燃成分比较，碳元素的着火温度较高，故含碳量越多的燃料（如无烟煤），在炉子中越不容易着火燃烧。燃料中的碳不是以单质形态存在，而是与氢、硫、氧、氮等组成高分子有机化合物。在煤中碳的含量随煤形成年代的增长而增加，占可燃成分的百分比为50%～95%。

1.1.2 氢

氢是燃料中另一个重要的可燃成分。1kg氢完全燃烧时能放出126000kJ的热量，比碳更高，也易于着火燃烧。故含氢量多的燃料（如重油及天然气），不仅发热量高，而且容易着火燃烧。但含氢量多的燃料，特别是重碳氢化合物多的燃料，在燃烧过程中容易析出碳黑而冒黑烟，造成大气污染。燃料中氢的含量占可燃成分的百分比在煤中约为2%～8%，在重油中约为12%～13%。

1.1.3 硫

硫是燃料中的一种有害成分。1kg硫完全燃烧时能放出10920kJ的热量。硫的燃烧产物是二氧化硫和三氧化硫气体，与烟气中水蒸气相遇能化合成亚硫酸和硫酸，凝结在锅炉金属受热面（如省煤器、空气预热器）上会产生腐蚀。二氧化硫及三氧化硫由烟囱排入大气时，会对人体和动植物带来危害。煤中硫可分为有机硫和无机硫两大类，无机硫又分为硫化铁硫和硫酸盐硫两种。有机硫和硫化铁硫能参加燃烧，放出热量，合称为可燃硫；硫酸盐硫不参加燃烧，也不能放出热量，故算在灰分中。在煤中硫约占可燃成分的0%～8%。因我国燃料中硫酸盐硫含量很小，一般所谓全硫含量即指可燃硫含量。

1.1.4 氮及氧

氮及氧是燃料中的不可燃成分。由于它们的存在，使燃料中可燃成分降低，燃料燃烧时放出热量减少。煤中含氮量一般较少，不超过可燃成分的1%～2%。在大气压下燃烧时，氮不进行氧化，在烟气中呈游离状态。煤中含氧量随燃料种类不同而异，变化范围较大，最多可达可燃成分的40%。

1.1.5 水分

水分是燃料中的主要杂质之一。由于它的存在，不仅降低燃料中可燃成分的含量，而且在燃烧过程中因水分汽化而吸收一部分热量，降低炉膛温度，使燃料着火困难，故越湿的燃料越难着火。同时由于水分在燃料燃烧后形成烟气中的水蒸气，排烟时将大量热量带走，因而降低锅炉效率。各种固体燃料的水分含量差异很大，可以在5%～60%范围内变动。液体和气体燃料中的水分一般很少。煤中的水分由外水分和内水分两部分组成。内水分又称固有水分，是吸附或凝聚在煤炭内部一些毛细孔中的水分；外水分是在开采、运输、贮存及洗选过程中煤炭表面留存的水分。外水分和内水分的总和称为全水分。对于固体燃料而言，水分的存在不仅使燃料热值减少，而且影响燃料的着火、燃烧。燃用高水分煤时燃烧室易腐蚀和堵灰。从地下开采出的石油一般含水分较多，但在交付运输前经过脱水处理，其含水量不大于2.0%；在贮存、装卸和运输过程中水分又可能增加；经过炼制水分还会变化，所以燃料油中水分随产地及炼制条件的不同而不同。通常锅炉燃料油中含水分1%～3%左右。一般来说，油中水分是有害的，过高的水分会促使管道或设备腐蚀，增加排烟热损失和输送能耗。不均匀的水分含量还会导致炉内火焰脉动，甚至熄火。所以燃料油需脱水。专门处理的乳状均匀混在油中的水分，不仅不破坏火焰稳定性，还可提高燃烧效率。气体燃料中只含有很少量的水蒸气。如高炉煤气经洗涤塔洗涤后只含有0.1～1.0g/m^{3}的饱和水。

1.1.6 挥发分

煤、油叶岩等固体燃料被加热到一定温度时，所释放出的气态物质（主要是CO_2、CO、H_2、C_nH_n等）称为挥发分。所以挥发分并非煤中固有的物质，而是在特定条件下，燃料受热分解的产物。挥发分的多少大致地代表着煤的碳化程度，关系着煤的加工利用性质。从燃烧角度讲，挥发分高的煤，容易着火燃烧。故挥发分是煤炭分类的重要指标之一。

1.2 固体燃料的种类和成分

固体燃料有煤、油叶岩以及木柴等。固体燃烧的应用以煤为主，由于我国煤炭资源大部分是烟煤，因此煤炭工业部门近年提出按煤挥发分和结焦特性来分类。固体燃料按其物理、化学特性分为无烟煤、烟煤、褐煤和油叶岩四大类。此外，工业锅炉设计的煤种可分为矸石和石煤、褐煤、无烟煤、贫煤、烟煤五类。

1.2.1 无烟煤

碳化程度最深的煤，含碳量最多，一般$C_{ar}>50\%$，最高可达95%；灰分不多，一般$A_{ar}=6\%～25\%$；水分较少，一般$W_{ar}=1\%～5\%$。发热量很高，一般在25000～32500kJ/kg。挥发分含量很少，通常小于10%，挥发分释出热量较高。焦炭没有粘结性，着火和燃尽均较困难。燃烧时没有烟，火焰较短呈青蓝色。无烟煤的表面有明亮的黑色光泽，机械强度高。储藏时稳定，不易自燃。

1.2.2 烟煤

碳化程度低于无烟煤，含碳量 $C_{ar}=40\%\sim60\%$，少数可达 75%；一般灰分不多，$A_{ar}=7\%\sim30\%$；水分较少，$W_{ar}=3\%\sim18\%$，但个别产地的烟煤中灰水含量可能还要高些。烟煤发热量高的又称为贫煤。除贫煤外烟煤的着火、燃烧均较容易。烟煤的结焦性各不相同，贫煤焦结性呈粉状，而优质烟煤呈强结焦性，多用于冶金工业，劣质烟煤常用作锅炉燃料。

1.2.3 褐煤

碳化程度低于烟煤，含碳 $C_{ar}=40\%\sim50\%$；灰分和水分很高 $A_{ar}=6\%\sim50\%$，$W_{ar}=20\%\sim50\%$。褐煤生成的年限较短，呈褐色或黑色，外表似木质，无光泽，重度约 $1.04\sim1.25\text{g/cm}^3$，含碳量 30%左右，含挥发物超过 40%，含水分和灰分多，发热量不高，燃烧时火焰长。由于含挥发物多，且挥发物的析出温度较低，所以着火及燃烧均不困难，但是容易风化和自燃，在长途运输与贮存时需要采取相应的措施。

1.2.4 石煤和煤矸石

石煤是含灰分特别高的煤。煤矸石是夹带有矸石等矿物杂质的煤。它们的含灰量都在 50%以上，发热量低，在一般锅炉上无法单独燃烧，必须与其他煤种掺烧，或者制成细小的颗粒在沸腾炉中燃烧。

1.3 液体燃料的种类和性质

在锅炉内燃烧的液体燃料主要是重油和渣油，也有小型锅炉燃用煤油、柴油、原油、液化气残液油（混合油）。以下介绍各类燃油的性质、黏度、凝固点、内燃点等有关特性参数。

1.3.1 普通燃料油的性质

(1) 黏度

黏度表示流体流动性能的好坏，黏度越大，流体流动性越差。黏度对燃烧和运输有很大影响。黏度大，在管道内输送阻力增加，装卸和雾化都有困难，因而需要加热。黏度与温度有关，温度提高后黏度就降低。重油的黏度通常用恩氏黏度"E"表示，即以 200 毫升试验重油在温度为 t℃时从恩氏黏度计中流出的时间，与 200 毫升温度为 20℃的蒸馏水从同一黏度计中流出的时间之比，叫做重油在 t℃时的恩氏黏度。燃油黏度的大小反映燃油流动性的高低，对于高黏度油，为了顺利地运输和良好地雾化，必须将油加热到较高的温度。

(2) 凝固点和沸点

燃油丧失流动能力时的温度称凝固点，它是以倾斜 45°试管中的样品油经过一分钟后，油面保持不变时的温度作为该油的凝固点。燃油凝固点高低与石蜡含量有关，含蜡高的油凝固点高。此外油中胶状沥青状物质具有阻滞析蜡的性能。所以油经过脱蜡后，凝固点降低；反之，除去胶状沥青状物质后，油凝固点升高。凝固点高低关系着燃油在低温下的流动性能。在低温下输送凝固点高的油时应给予加热。不同产地的石油的凝固点值相差很大，如大庆原油凝固点为 $24\sim32$℃，大庆重油为 $33\sim48$℃，克拉玛依原油则为 50℃。

燃油是由各种烃所组成，因此沸点是某一范围的值，无恒定值。凡是分子量低的组分沸点就低。石油分馏正是利用各组分沸点的不同而实现的。

（3）闪点和燃点

当油温升高，油面上油气——空气混合物与明火接触而发生短暂闪光时的油温称为闪点。闪点与燃油的组成关系密切，燃油中只要含有少量分子量小的成分，其闪点将显著降低。油沸点愈低，其闪点也愈低。压力升高闪点升高。按照闪点测定方法的不同，可分为开口杯法闪点和闭口杯法闪点。开口杯法比闭口杯法闪点高 15～25℃。闪点是防止油发生火灾的一项重要指标。敞口容器中油温接近或超过闪点就会增加着火危险性，应使敞口容器中油温低于闪点至少 10℃，在压力容器中则无此限制。不同产地油的闪点也不同，如大庆原油敞口闪点为 28～39℃，胜利油田重油的敞口闪点为 140～200℃。

燃点是油面上油气——空气混合物遇到明火就可连续燃烧（持续时间不少于5s）的最低油温。燃点高于闪点 10～70℃。当达到燃点时，油面上油气浓度已经达到火焰可以传播的程度，遇明火，火焰传播到整个油面上，明火撤去，仍可继续燃烧，以至引起火灾。所以闪点、燃点低的油应特别注意防火。

1.3.2 锅炉用燃料油的性质

（1）重油

重油是由裂化重油、减压重油、常压重油等按不同比例调制成。根据80℃时运动黏度可分为 20、60、100 和 200 号四个牌号。牌号的数目大致等于该油在 50℃时的恩氏黏度。20 号重油用在小型油喷嘴的燃油锅炉上，60 号重油用在中等出力喷嘴的燃油锅炉上，100 号和 200 号重油用在具有预热设备的大型喷嘴的锅炉上。

（2）渣油

石油炼制过程中排出的残余物不经处理，直接作为燃料，习惯上称之为渣油。渣油没有统一的质量指标。渣油可以是减压重油、裂化重油或常压重油。渣油与重油相似，黏度大，流动性差，相对密度大，脱水困难，闪点、沸点较高。应用渣油时一般均需预热，以利输送和雾化。

（3）原油

经过脱水处理，未经炼制的石油称为原油。原油中含有各种轻质低沸点馏分，因此原油的黏度、相对密度都较小，其闪点和燃点也比重油低很多。如大庆原油的敞口闪点比大庆重油敞口闪点低 160～170℃以上。所以原油的贮存、运输特别注意它的防火安全措施。原油含有大量轻质馏分，作为燃料油应用是不合理的，它不宜作为锅炉燃油。

（4）柴油

柴油可分为轻柴油和重柴油，利用常压蒸馏和减压蒸馏均可获得柴油。轻柴油为柴油机燃料，在锅炉上只作点火用；重柴油为中、低速柴油机燃料，在个别电厂只作锅炉低负荷时的助燃燃料。以柴油为燃料的锅炉是小型锅炉。

1.3.3 燃油的燃烧

要使燃油达到完全燃烧的目的，必须将重油预热加温以降低黏度，然后用油泵加压（一般在油泵加压后再度加温至该油种闪点以下 4℃），利用喷油嘴将油喷入炉膛使油雾化成微小油粒，由于油的沸点低于燃点，油粒吸收炉膛内热量迅速蒸发分解而成油气并与进入炉膛的空气充分混合，形成可燃性气体，这种气体在炉膛内达到着火温度（油的燃点）

时，即开始着火燃烧并直至燃尽。

油在炉膛空间燃烧，由于炉膛的容积和高度有一定的限制，因此燃油在炉膛内燃烧的时间也是受到限制的，这就要求油的雾化效果好。雾化效果好，油粒小，就燃烧快；若雾化效果差，油粒大，油粒还来不及完全汽化就会脱离火焰掉落下来，或者还未充分燃烧就随同烟气进入对流烟道，造成不完全燃烧而冒黑烟。所以对燃油锅炉来说，油的预热加温和雾化效果的好坏是燃油能否达到完全燃烧的关键。

对于黏度低的油，不需雾化，可直接点燃，减少了加温过程。

1.4 气体燃料分类及性质

1.4.1 气体燃料的种类及其组成

气体燃料可以分为天然气体燃料和人工气体燃料。天然气体燃料有气田气和油田伴生气，前者是从纯气田中开采出的可燃气，后者是在石油开采过程中获得的可燃气。两种天然气体燃料的主要成分都是甲烷和少量的烷烃、烯烃，以及二氧化碳、硫化氢和氮气等。热量在 $35\sim55MJ/m^3$ 之间。

人工气体燃料的种类繁多，根据获得方法的不同，锅炉可能使用的人工气体燃料有：液化石油气、高炉煤气、焦炉煤气和发生炉煤气等。液化石油气是在石油热裂化或催化裂化过程中获得的可燃气。商业上的石油气主要是由饱和与未饱和烷烃所组成。不同产地液化石油气的成分不尽相同，有的以丙烷为主，有的以丁烷为主。通常在液化石油气中还掺入少量具有臭味的有机硫化物，作为漏气警告。工业上多用丙烷石油气作为燃料，丁烷石油气供家庭使用。高炉煤气是一种低品位的可燃气，它是高炉中焦炭部分燃烧和铁矿石部分还原作用所产生的煤气。组成中以一氧化碳为主，同时含有60%（容积百分数）左右的氮，故发热量仅在 $3.6\sim4.0MJ/m^3$ 之间。高炉煤气中含有很多的灰尘（约 $20\sim25g/m^3$），在送往用户前必须经过净化处理。用旋风除尘装置处理后，煤气中约含有 $1\sim2g/m^3$ 的灰；用电除尘装置处理后高炉煤气中基本上不含灰。因发热量过低，高炉煤气只宜与其他热值高的可燃气或燃料一起混烧。焦炉煤气是焦炭气化所得的煤气，组成中以氢为主。如焦炭气化成煤气时，除氢以外还含有较多的CO。焦炉煤气中 N_2、CO_2 等不可燃组分较少，所以它的发热量是高炉煤气的数倍。发生炉煤气是煤在发生炉中部分氧化燃烧而获得，其可燃组分主要是CO和氢，二氧化碳和氮气约占体积的50%以上，因此热值仅高于高炉煤气。发生炉煤气的成分与被气化的燃料的性质有关。含高挥发分的烟煤气化后煤气中 CH_4 含量可增加；多水分煤或气化时通入水蒸气，则煤气中一氧化碳和氢含量增加。

按照气体燃料的发热量高低，又可分为高热值气体燃料和低热值气体燃料。气田气、油田伴生气和液化石油气均属于高热值气体燃料。焦炉煤气、高炉煤气和发生炉煤气均属于低热值气体燃料。

1.4.2 常用气体燃料

常用的气体燃料有天然气、高炉煤气、焦炉煤气和液化石油气等。

（1）天然气

天然气的主要充分是甲烷，其体积分数为80%～90%；其次是乙烷、丙烷等碳氢化合物和少量硫化物、氮、二氧化碳及水分。一般主要有三种：气井气、油田伴生气和矿井气。天然气的低位发热量为 34440～35700kJ/m³。天然气是一种优质的工业燃料,燃烧很方便,燃烧效率很高。同时天然气也是一种重要的化工原料。

(2) 高炉煤气

高炉煤气是炼钢高炉的副产品,主要可燃成分是 CO＝20％～30％,H_2＝5％～15％;其杂质较高,CO_2＝5％～15％,N_2＝45％～55％;发热量很低,为 4200～6300kJ/m³。高炉煤气中的水分一般是饱和的,灰分含量可达 60％～80％,所以在使用前应该加以净化。

(3) 焦炉煤气

焦炉煤气是冶金企业炼焦的副产品,含有大量的氢和甲烷,H_2＝46％～61％,CH_4＝21％～30％;含有少量的氮和二氧化碳,N_2＝7％～8％,CO_2＝3％。焦炉煤气是一种发热量较高的人工气体燃料,杂质少,发热量大约 16380～17220kJ/m³。

(4) 液化石油气

主要来自炼油厂的催化裂化装置。主要成分是丙烷、丙烯、丁烷和丁烯。发热量约为 92100～121400kJ/m³。液化气以液态储存在容器中,由于其相对密度是空气的 1.5 倍,在空气中不易散去,因此应该保证使用液化石油气环境通风良好,以防火灾和爆炸事件的发生。

课题 2　燃煤锅炉的燃烧设备

燃煤锅炉的燃烧设备是燃煤锅炉的主要组成部分,属于"炉"的部分,其作用是使燃煤进行燃烧并将燃烧释放的热量供给"锅"内的水吸收。

2.1　手　烧　炉

手烧炉的炉排有固定炉排和摇动炉排两种。

2.1.1　固定炉排

固定炉排通常由条状炉条组成,少数由板状炉条组成。炉条一般用普通铸铁或耐热铸铁制成,具有能耐较高的温度,不易变形,价格便宜等优点。

条状炉条可由单条、双条或多条组成,如图 3-1 (a) 所示。立式锅壳锅炉的炉排外形是圆的,为便于装卸,大多用三条大炉条拼成。炉排的通风截面比(炉排的通风孔隙面积之和与炉排面积之比)约为 20％～40％,冷却条件较好,适于燃烧高挥发分、有粘结性的煤。由于孔隙大,通风阻力小,一般不需送风机,但漏煤较多。

板状炉条是长方形的铸铁板,如图 3-1 (b) 所示。板面上开有许多圆形或长圆形上小下大的锥形通风孔,以减少嵌灰和漏煤,板下部有增加强度和散热的筋。炉排的通风截面积比约为 10％～20％,适用于燃烧低挥发分、低灰熔点的煤。

固定炉排需要人工加煤清渣除灰,司炉人员的劳动强度较大。在固定炉排基础上,发展了一种摇动炉排。这种炉排仍为人工操作,燃烧方式和燃烧特点与固定炉排相同。

2.1.2　摇动炉排

摇动炉排是由许多可以转动的炉排片组成,如图 3-2 所示。每块炉排片下面都连有转动短杆,各转动短杆再用总拉杆连在一起,并由炉前的手柄来控制。当需要松动煤层时,

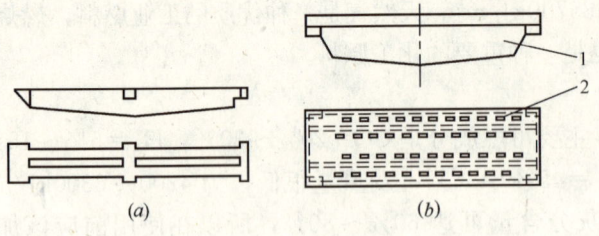
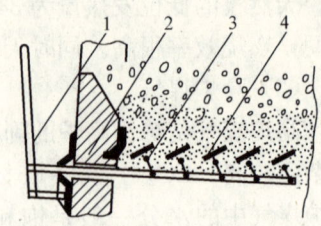

图 3-1 固定炉排
(a) 条状炉条；(b) 板状炉条
1—炉条；2—通风孔

图 3-2 摇动炉排
1—手柄；2—总拉杆；
3—转动短杆；4—炉排片

只要将手柄轻轻推动几下，便可使炉排底部的灰渣层松动，从而减小通风的阻力。出渣时，将手柄推动角度加大，使炉排转动 30°以上的倾斜角，炉排片之间的距离拉开 100mm 以上的宽度，灰渣即从炉排片间隙落入灰渣斗。摇动炉排与固定炉排相比，减轻了清渣时的繁重体力劳动，但炉排间隙容易被大块渣卡住，因此不适用于结焦性强的煤。最好使用高灰分的煤，因为高灰分的煤形成的灰渣比较疏松，容易通过摇动炉排除掉。

2.2 链条炉排

链条炉排是一种较好的机械化燃烧设备，其结构如图 3-3 所示。煤从煤斗内依靠自重落到炉排上，随炉排自前向后缓慢移动。煤层的厚度由煤闸板升降的高度进行调节，空气从炉排下面送入，与煤层运动方向相交。煤在炉膛内受到辐射加热，依次经过预热、干燥、挥发分析出、着火燃烧和燃尽等各个阶段。灰渣则随着炉排移动到后部，经过挡渣板（即老鹰铁）落入后部水冷灰渣斗，由除渣机排出。

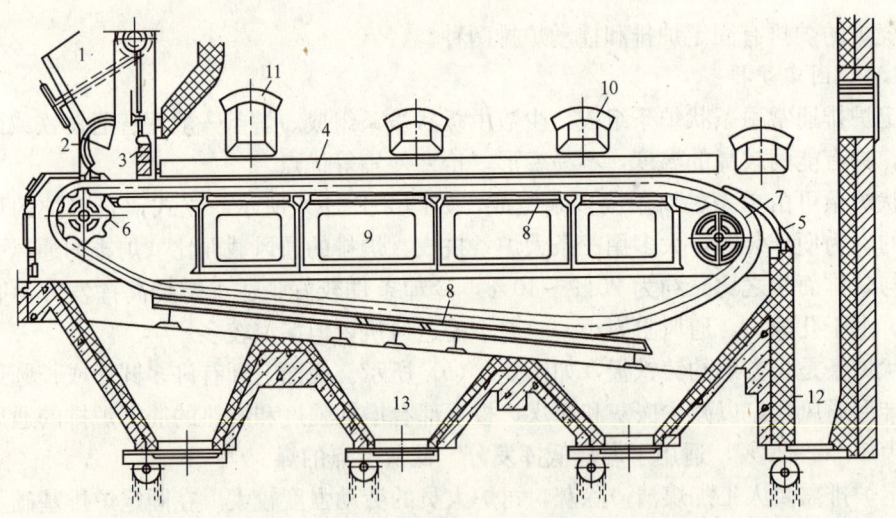

图 3-3 链条炉排结构
1—煤斗；2—扇形挡板；3—煤闸板；4—防焦箱；5—老鹰铁；6—主动链轮；7—从动轮
8—炉排支架上下导轨；9—风室；10—拨火孔；11—入孔门；
12—灰渣斗；13—漏灰斗

链条炉排的种类很多,按其结构形式一般可分为链带式、横梁式和鳞片式三种。

2.2.1 链带式炉排

链带式炉排属于轻型炉排,炉排片分为主动炉排片和从动炉排片两种,如图3-4所示。用圆钢拉杆串联在一起,形成一条宽阔的链带,围绕在前链轮和后滚筒上。主动炉排片担负传递整个炉排运动的拉力,因此其厚度比从动炉排片厚,由可锻铸铁制成。一台蒸发量4t/h的锅炉,由主动炉排片组成的主动链条共有三条(两侧和中间)直接与前轴(主动轴)上的三个链轮相啮合。从动炉排片,由于不承受拉力,可由强度低的普通灰铸铁制成。

链带式炉排的优点是:比其他链条炉排金属耗量低,结构简单,制造、安装和运行都较方便,常用于快装锅炉。缺点是:炉排片用圆钢串联,必须保证加工和装配质量,否则容易折断,而且不便于检修和更换;长时间运行后,由于炉排片互相磨损严重,使炉排间隙增大,漏煤损失增多。

2.2.2 横梁式炉排

横梁式炉排的结构与链带式炉排的主要区别在于采用了许多刚性较大的横梁,如图3-5所示。炉排片装在横梁的相应槽内,横梁固定在传动链条上。传动链条一般是两条(当炉排很宽时,可装置多条),由装在前轴(主动轴)上的链轮带动。

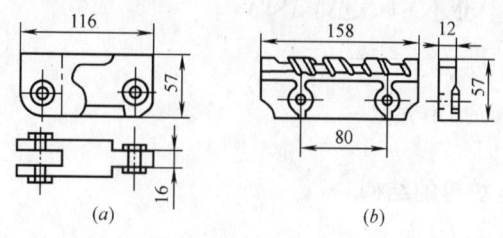

图3-4 链带式炉排
(a)主动炉排片;(b)从动炉排片

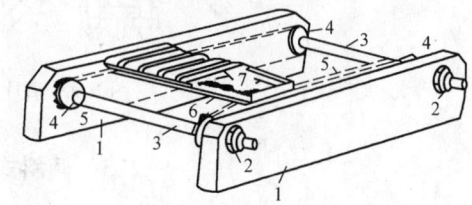

图3-5 横梁式炉排
1—炉排挡板;2—轴承;3—轴;4—链轮;
5—链条;6—支架(横梁);7—炉排片

横梁式炉排的优点是:结构刚性大,炉排片受热不受力,而横梁和链条受力不受热,比较安全耐用;炉排面积可以较大;运行中漏煤、漏风量少。缺点是:结构笨重,金属消耗量大;制造和安装要求高;当受热不均匀时,横梁容易出现扭曲、跑偏等故障。

2.2.3 鳞片式炉排

鳞片式炉排通常由3~12根互相平行的链条组成,每根链条用铆栓将若干个由大环、小环、垫圈、衬管等元件组成的链条安在一起,如图3-6所示。炉排片通过夹板组装在链条上,前后交叠,相互紧贴,呈鱼鳞状,其工作过程如图3-7所示。当炉排片行至尾部向下转入空行程后,便依靠自重依次翻转过来,倒挂在夹板上,能自动清除灰渣,并获得冷却。各相邻链条之间,用拉杆与套管相连,使链条之间的距离保持不变。

鳞片式炉排的优点是:煤层与每个炉排面接触,而链条不直接受热,运行安全可靠;炉排间隙很小,漏煤很少;炉排片较薄,冷却条件好,能够不停炉更换;由于链条为柔性结构,当主动轴上链轮的齿形略有参差时,能自行调整其松紧度,保持啮合良好。缺点是:结构复杂,金属耗量多;当炉排较宽时,炉排片容易脱落或卡住。

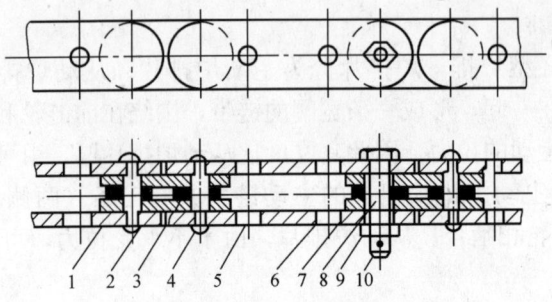

图 3-6 鳞片式炉排的链条结构
1—大环；2—小环；3—垫圈；4—铆栓；5—大孔（穿拉杆）；
6—小孔（装夹板）；7—套管；8、9、10—紧固件

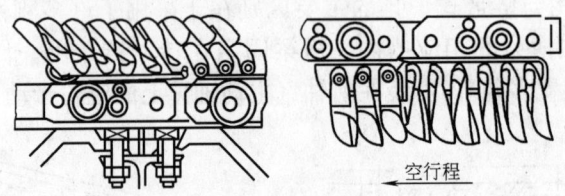

图 3-7 鳞片式炉排的工作过程

2.3 倾斜式往复炉排的结构

倾斜式往复炉排的结构如图3-8所示，主要由固定炉排片、活动炉排片、传动机构和往复机构等部分组成。

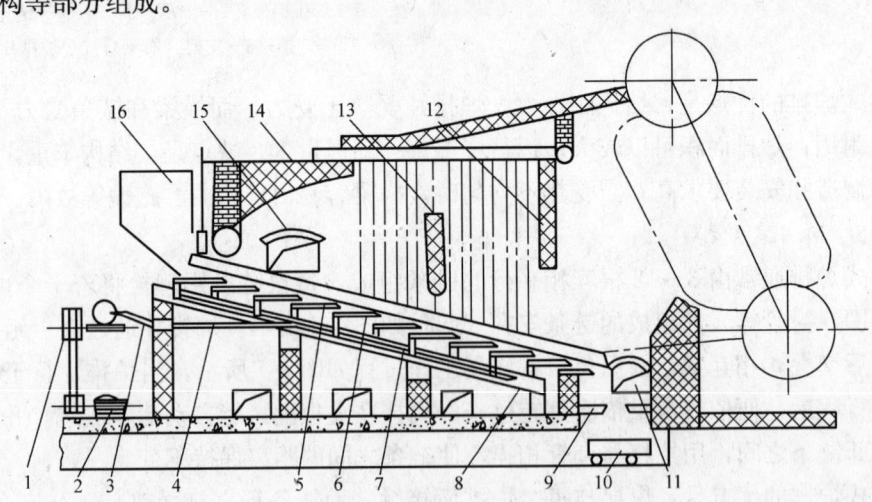

图 3-8 倾斜式往复炉排
1—传动机构；2—电动机；3—活动杆；4—拉杆推拉轴；5—固定炉排片；6—活动炉
排片；7—连杆；8—横钢支架；9—燃尽炉排；10—渣斗；11—炉灰门；
12—后隔墙；13—中隔墙；14—前拱；15—着火门；16—煤斗

炉排整个燃烧面由各占半数的固定炉排片和活动炉排片组成，两者间隔叠压成阶梯状，倾斜15°～20°角。固定炉排片装嵌在固定炉排梁上，固定炉排梁再固定在倾斜的槽钢支架上。活动炉排片装嵌在活动炉排梁上，活动炉排梁搁置在由固定炉排梁两端支出的滚轮上。所有活动炉排梁的两侧下端用连杆连成一个整体。

当电动机启动后，经传动机构带动偏心轮转动，偏心轮通过活动杆、连杆推拉轴、连杆，从而使活动炉排片在固定炉排片上往复运动。往复行程一般为30～70mm，煤随之向下后方推移。

倾斜往复炉排后边，有的设置燃尽炉排。灰渣在此炉排上基本燃尽其中的可燃物，然后将炉排翻转，倒出全部灰渣。由于燃尽炉排漏风严重，调风又复杂，所以也有改用水封灰坑，进行定期或连续排渣。

倾斜往复炉排和链条炉一样，为使煤顺利着火和加强炉内气体混合，也需要布置炉拱。

2.4 振动炉排

振动炉排的结构主要由激振器、炉排片、弹簧片和上下框架等部分组成，如图3-9所示。炉排片用铸铁制成，嵌在上框的"7"字形横梁上，并且用弹簧和拉杆锁住。上框架用与水平成65°～70°倾角的弹簧板支撑。

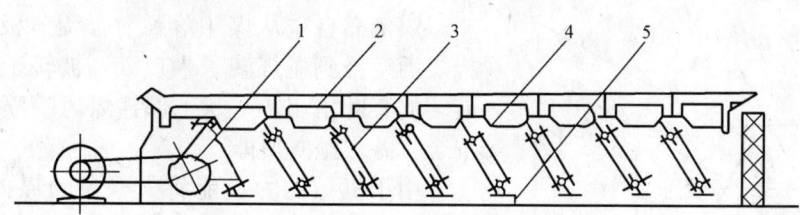

图3-9 振动炉排结构
1—激振器；2—炉排片；3—弹簧片；4—上框架；5—下框架

弹簧板下端与下框架连接，有铰链连接与刚性连接两种。铰链连接较刚性连接的优点是弹簧有较大的活动余地，可以增大炉排的振动幅度；调整减振弹簧的压紧度，可以改变振动炉排对弹簧板的共振频率。缺点是结构较复杂，制造与装配的精度要求高。

在炉排前部装有一组激振器，由轴、轴承、皮带轮和偏心块组成。它们转动时产生的惯性力使炉排片和上框架产生与地平面成20°～30°倾角的振动，改变偏心块的形状、转速或改变弹簧板的厚度，均可改变炉排的振幅和振动频率。

振动炉排的优点是：

(1) 结构简单、制造容易，金属耗量小。

(2) 煤种适用范围较链条炉排广，除了强粘结性烟煤外，一般煤种都能适应。

振动炉排的缺点是：

(1) 振动炉排的振动会波及炉墙、钢架及厂房，影响锅炉房仪表和计量装置的精度，缩短设备和建筑物的寿命。

(2) 炉排两侧漏风大，飞灰和漏煤也较多，影响锅炉热效率。

(3) 中部炉排片容易烧坏,运行调整困难,管理不方便。

2.5 抛煤机

抛煤机的结构按照抛煤的动力来源,大致有以下三种:机械抛煤机,如图3-10(a)所示;风力抛煤机,如图3-10(b)所示;风力—机械抛煤机,如图3-10(c)、(d)所示。

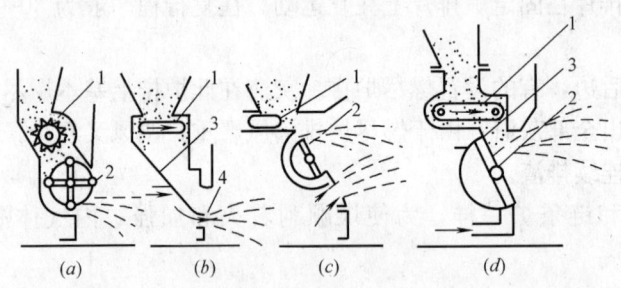

图3-10 抛煤机工作示意图
(a) 机械抛煤机;(b) 风力抛煤机;(c)、(d) 风力—机械抛煤机
1—给煤设备;2—出煤设备;3—倾斜板;4—风力播煤设备

目前使用较多的是风力—机械抛煤机,其结构主要由推煤的活塞、射程调节板、转子、风道等部分组成,如图3-11所示。

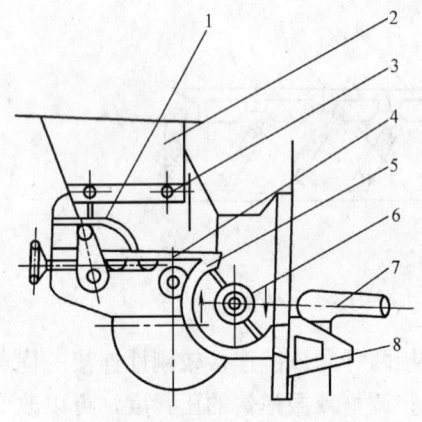

图3-11 风力—机械抛煤机
1—推煤活塞;2—煤斗;3—煤闸板;
4—射程调节板;5—冷却风出口;
6—抛煤转子;7—二次风喷口;
8—播煤风嘴

煤依靠自重从煤斗落到射程调节板上,再由推煤活塞推到抛煤转子入口处,被转子上顺时针旋转的桨叶击出,与从下部播煤风嘴喷出的气流混合,并被抛向炉排。

由于机械的力量能将大颗粒的煤抛得较远,而风力则使小颗粒的煤吹向远处,所以,煤在整个炉排面上的分布均匀。改变推煤活塞的行程或往复次数,同时调节抛煤转子的速度,即可调节抛煤量,以适应锅炉负荷变化。

抛煤机的优点是:

(1) 煤种适用范围广。不但可以适用烟煤、褐煤和贫煤,而且对粘结性强、灰熔点低的煤也能很好燃烧。

(2) 调节灵敏、适应负荷变化的能力强。由于抛煤机一般利用薄煤层燃烧,调节给煤量就能改变整个炉膛的燃烧工况,迅速适应负荷变化。

(3) 金属耗量少,结构轻巧,布置紧凑,操作简便。

抛煤机的缺点是:

(1) 对煤的粒度要求高,含水量也要控制。当煤中水分过高时容易成团堵塞;水分过少时又容易自流,无法正常运行。

(2) 抛煤机制造质量要求高,否则在运行中会发生煤在炉前起堆、抛程不远、抛煤角度倾斜,以及机械磨损严重等缺陷。

2.6 煤 粉 炉

煤粉炉是将煤在磨煤机中制成煤粉，然后用空气将煤粉喷入炉膛内，呈悬浮状态燃烧的燃烧设备。煤粉炉主要由磨煤机、炉膛和喷燃器组成。

2.6.1 磨煤机

磨煤机是用来将煤块粉碎而获得煤粉的设备。目前在小型工业锅炉中常用的有锤击式高速磨煤机和风扇式磨煤机。

风扇式磨煤机，如图 3-12 所示。由叶轮、外壳、轴及轴承四部分组成。叶轮的形状似风机的转子，上面装有 8~12 块冲击板，外壳的形状也像风机外壳，其内表面装有一层护板。冲击板和护板均采用耐磨材料（如锰钢）制成。风扇式磨煤机除了磨煤，还起到风机的作用（一般可产生 1500~2000Pa 的压头）。

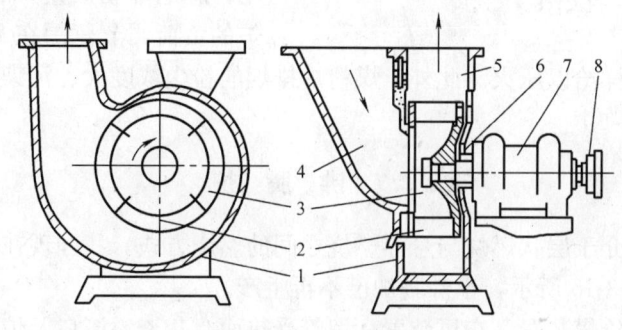

图 3-12 风扇式磨煤机
1—外壳；2—冲击板；3—叶轮；4—风煤进口；5—煤粉混合物出口；
6—轴；7—轴承箱；8—轴联器（接电动机）

2.6.2 煤粉炉的炉膛

我国一般采用固态排渣的煤粉炉，如图 3-13 所示。其炉膛很简单，只是炉墙内壁四周布满了水冷壁，下部是由前、后墙水冷壁管倾斜形成一个锥形渣斗，使煤粉燃烧后分离下来的高温炉渣冷却后从渣斗排出。炉膛后墙的上方为炉膛出口，燃烧后的高温烟气通过防渣管由此流出炉膛。

2.6.3 喷燃器

燃烧器是煤粉炉的重要部件，其作用是将煤粉和空气喷入炉膛中燃烧。图3-14 是小型煤粉炉常采用的轴向可调叶片式旋流燃烧器。携带煤粉的一次风一般为直流，二次风则通过轴向叶片组成的叶轮而产生旋转，通过叶轮的前后调整，改变了与风道之间的间隙，从而可

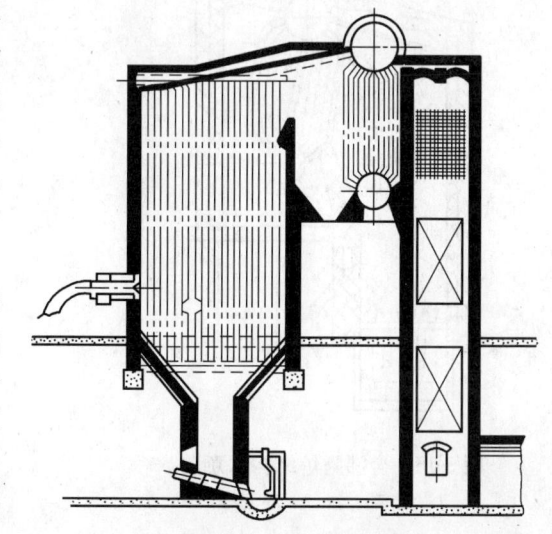

图 3-13 煤粉炉示意图

35

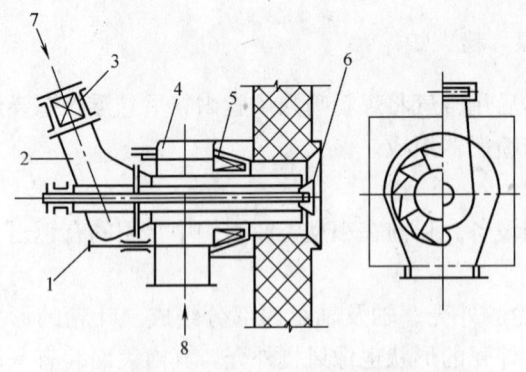

图 3-14 轴向可调叶片式旋流燃烧器示意图
1—拉杆；2—一次风管；3—一次风舌形挡板；
4—二次风筒；5—二次风叶轮；6—喷油嘴；
7—一次风；8—二次风

调节二次风的旋转强度，更有效地调节出口气流扩散角及回流区的大小，使得出口气流均匀。喷油嘴供升火时燃油点火用。

由于煤被磨制成很细的煤粉，与空气的接触面积大大增加，着火容易，燃烧也较完全（锅炉热效率可达90%以上），煤质适应性强。我国电站锅炉几乎都采用这种燃烧方式。但这种燃烧设备需要配备一套复杂的制粉系统，运行耗电量较大。炉内温度随燃煤量变化而波动，影响煤粉燃烧的稳定，只能使煤粉炉的负荷调节范围在70%～100%之间，而不能像层燃炉那样给以压火。此外，煤粉炉排烟的粉尘浓度大、污染严重，其应用范围受到限制。

2.7 沸 腾 炉

沸腾炉是一种介于层状燃烧与悬浮燃烧之间的燃烧方式。我国现在采用的是固定炉排的全沸腾炉，如图 3-15 所示，半沸腾炉已不再生产。

沸腾炉主要由给煤装置、布风装置、埋管受热面、灰渣溢流口及炉膛等组成。煤预先经破碎加工成 8～10mm 以下的颗粒，由给煤机从进料口送入炉内沸腾段，在由高压风机通过布风装置供给的空气的吹托下，煤层处于浮动、上下翻滚状态，着火燃烧，燃尽的灰渣从溢灰口排出炉体。

布风装置是沸腾炉的重要组成部分，它由风道、风室和布风板组成。

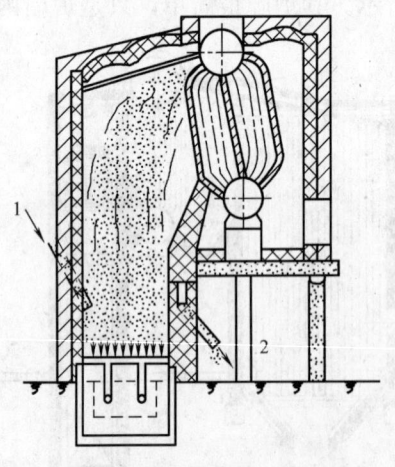

图 3-15 全沸腾炉结构示意图
1—给煤装置；2—溢流口

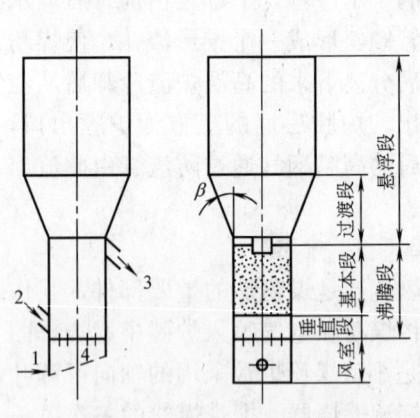

图 3-16 沸腾炉炉膛示意图
1—进风口；2—进料口；
3—溢流灰口；4—布风板

风室是进风管和布风板之间的空气均衡容器,采用较多的是等压风室结构。等压风室各截面的上升速度相同、室内静压一致、整个风室配风均匀,而且结构简单。

布风板在停炉时作炉排使用,在工作时起到均匀布风和扰动料层的作用。布风板常用的有直孔式和侧孔式两种。

沸腾炉的炉膛由沸腾段和悬浮燃烧段组成,如图3-16所示,其分界线即为灰渣溢流口的中心线,离布风板约1200～1600mm。沸腾段又分为垂直段和基本段,垂直段的高度约500～900mm,其作用是保证布风板在一定高度范围内有足够的气流速度,使较大煤粒在底部能良好地沸腾、防止颗粒分层,减少"冷灰层"的形成。基本段的作用是逐步减小气流速度,从而降低飞灰带走量,促进颗粒的循环沸腾。

悬浮段的作用是使被气流夹带的燃料颗粒因减速而落回沸腾段,同时延长细煤屑在炉内停留的时间,以便充分燃尽,悬浮段高度为2.5～3m。悬浮段的烟气流速不宜超出1.0m/s,烟气温度在800℃左右。

课题3 燃油(燃气)锅炉的燃烧设备

3.1 燃油燃烧器的组成

3.1.1 主要结构构成

燃油燃烧器的基本结构如图3-17所示,主要由电动机、风机、油泵、点火变压器、点火电极、燃油预热器、燃油喷嘴、自动点火装置和调风器等部件组成。

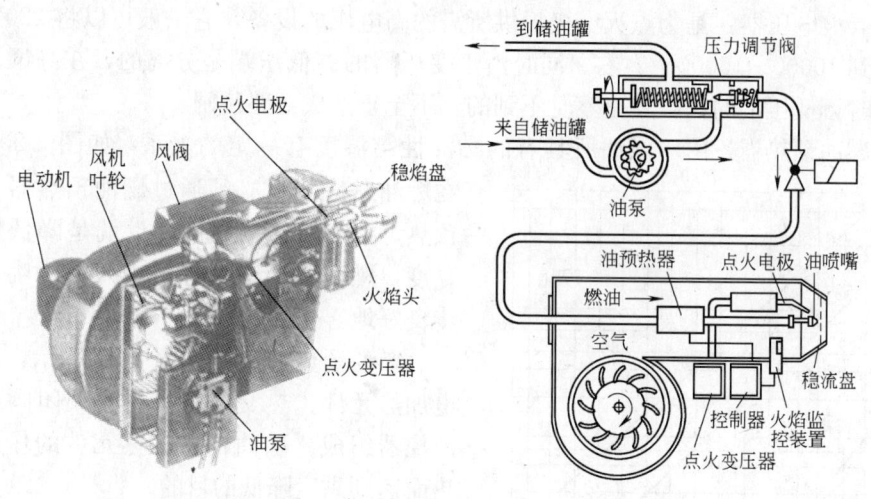

图3-17 燃油燃烧器的基本结构

3.1.2 主要部件功能

(1) 电动机:是为风机和油泵的运行提供动力的设备,通常通过一个公共的轴连接风机和油泵,或者单独与风机和油泵连接。

(2) 油泵:是为燃油的提升与雾化提供动力的设备,它一般通过单管或者双管系统从油箱吸入燃油,进行加压后进入燃油喷嘴。油泵上面有安装压力表和真空表的位置,并用

字母 P 和 V 标注。在小型和中型燃烧器上通常用齿轮泵作为油泵,其压力可以通过调节阀进行调节,结构如图 3-18 所示。

油泵的动作机能如图 3-19 所示。油泵启动以后,燃油从吸油口（S）通过过滤器（H）进入齿轮间隙,通过齿轮的动作产生压力使油进入输出口。油压的控制和保持由压力调节阀（P_1）来实现,压力调节阀将油泵输出的燃油分配给喷油嘴和回油端,所输出的油量由压力调节阀和喷油嘴共同决定,输出的油量在电磁阀（NC）的控制下到达喷油嘴（E）。另外 P 和 V 处分别安装压力表,测量油泵的出口和入口处的油压,同时 P 处也可起到油泵排气的作用。

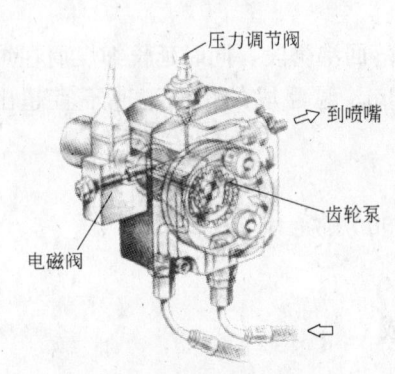

图 3-18 油泵的结构

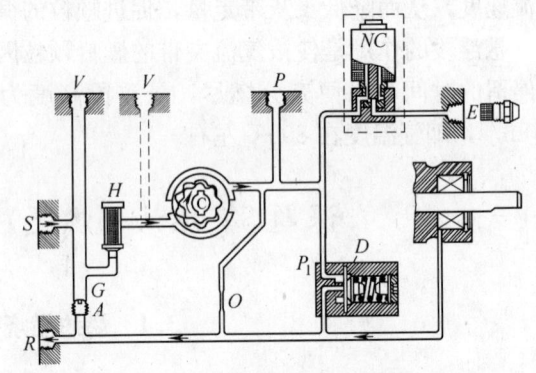

图 3-19 油泵的动作机能

（3）风机：是为燃油燃烧时提供充足空气的设备,风机的风量可以通过风阀进行适当地调节,以满足恰当的空气过量系数。

（4）点火电压器：是为点火电极提供所需的高电压的设备,它一般可以将 220V 的交流电升高到 10000~15000V 左右。同时由于变压器的高低压端是分离的,在高压端发生点火短路时,低压端的保险丝是察觉不到的,不至于造成短路跳闸。

（5）燃油预热器：由于燃油所具有的黏滞性与温度有一定的关系,如图 3-20 所示。在燃油燃烧器上必须通过燃油预热器将燃油预热,提高燃油的温度,也就是降低燃油的黏度,燃油才能够较好地进入喷油嘴,进一步良好地雾化。

燃油预热器结构如图 3-21 所示,主要由电加热元件、热交换器、快速关闭阀和释放温控器组成。燃油在电加热元件的作用下加热而达到黏度降低的目的。

（6）燃油过滤器：其基本功能是抑制和阻止燃油当中的悬浮物杂质堵塞油泵、电磁阀和喷油嘴,结构如图 3-22 所示。为了能够保证燃油过滤器的正常使用,必须按照一定的要求及时更换过滤芯。快速关闭阀用于快速关闭供油管,而止回阀主要是防止油泵停止

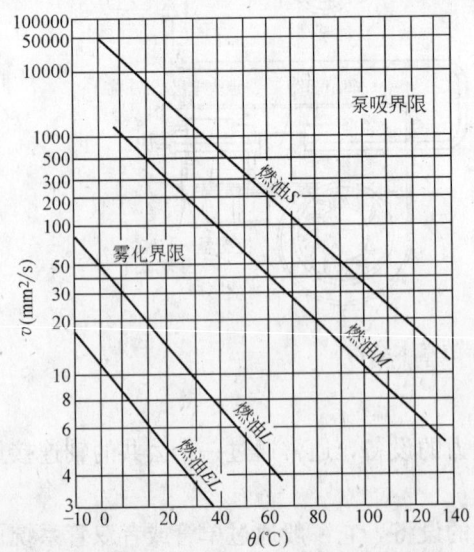

图 3-20 燃油的黏滞性与温度的关系

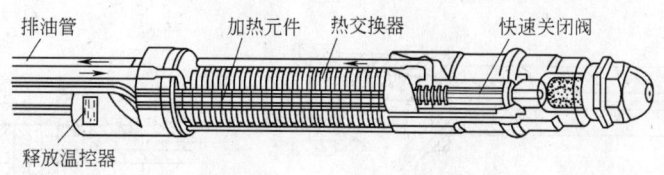

图 3-21　燃油预热器

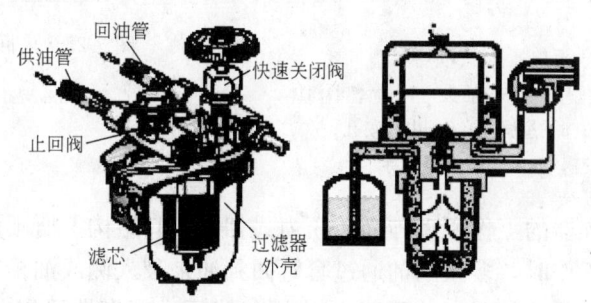

图 3-22　燃油过滤器

时油管的排空。

（7）燃油喷嘴（即油雾化器）：燃油在燃烧器当中，必须进行一定的雾化，使之成为液滴状态与空气完全充分地混合才能够有利于燃烧；而燃油雾化器的主要功能就是使燃油进行充分雾化。目前燃油雾化的方式主要有三种：机械式雾化、介质雾化和介质—机械雾化。常用的三种雾化方式构成的燃烧器如图 3-23 所示。

- 液体燃料喷燃器
  - 机械式雾化喷燃器
    - 机械离心式（或称压力式）
      - 简单压力式
      - 回油式
    - 转杯式
  - 介质雾化喷燃器
    - 蒸汽雾化式
    - 空气雾化式
  - 介质—机械雾化喷燃器
    - 蒸汽—机械雾化式
    - 空气—机械雾化式

图 3-23　常见机械式雾化方式

1）机械式雾化喷燃器

从图 3-23 中可以看出机械式雾化分为两种，一种是压力式（即机械离心式）；另一种为转杯式。压力式有简单压力式和回油式两种。

图 3-24 为简单压力式喷燃器。在此类喷燃器中，燃油以 0.5～2.0MPa 的压力经过过滤器、喷燃器筒体到达分油头的环形槽内。带有压力的燃油进入雾化片的切向槽，并沿着切线方向高速流入雾化片中央的旋涡室，此时燃油的部分压力能转化为速度能，在旋涡室中高速旋转，油膜紧贴在旋涡室壁上。当燃油以高速流冲出中心喷孔时，燃油失去了壁面对它的约束作用，由旋转产生的离心力使油膜在尖锐的中心喷孔边缘被撕碎成雾状粒子，并由离心力使油滴产生径向分力，燃油在旋涡室内还剩余的压力能产生轴向分力。这两个分力的合力使雾状油滴形成空心圆锥体形状。雾化锥体外边缘所测得的角度称为雾化角。合适的雾化角是指雾化锥体与调风机构的旋转空气要有良好的配合，也就是说，雾化角与旋转空气锥交叉，使油滴浓度高的区域空气充足，有利于完全燃烧。雾化的均匀性与合适的雾化角与雾化片的几何尺寸、加工精度和光洁度都有直接的关系。在一定的供油压力下，喷油嘴的喷油量与雾化片的中心喷孔面积成正比，可以通过改变油压来改变喷嘴的喷油量，喷油量的单位是“kg/h”。

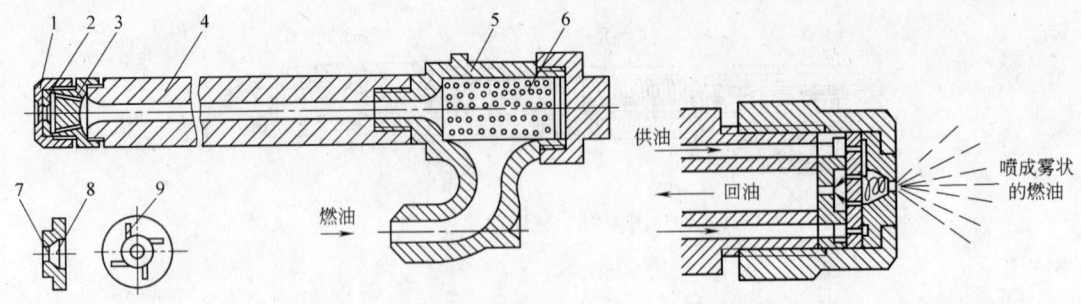

图 3-24 简单压力式喷燃器
1—喷嘴螺母；2—雾化片；3—分油头；4—喷燃器筒体；
5—喷燃器本体；6—过滤器；7—中心喷孔；
8—旋涡室；9—切向槽

图 3-25 内回油压力式喷燃器

回油式压力喷燃器的工作原理与简单压力式相同，其结构上所不同的是喷燃器内部有回油套管。喷燃器工作时，多余的油通过套管回到油泵吸入侧或油柜，借助回油压力的大小控制回油量，其调节比例可以达到 1∶5。回油式压力喷燃器可以分为内回油和外回油两种结构，图 3-25 为内回油压力式喷燃器。在实际运行时，供油压力始终保持不变，因而供油油量也不变，流过雾化片切向槽的速度也维持在一定的范围内，以确保雾化品质。对于内回油的喷燃器，回油是从旋涡室内部引出的，当回油压力变化时，会影响喷油压力的变化，与此同时，由于压差的变大进油量也稍有增加，造成低负荷时雾化角的增大。又因低负荷助燃空气同步减少，旋转强度减弱，风油混合变差，火焰容易扫擦风口。这是内回流的缺点所在。外回油式压力喷燃器，可以保持雾化角不变。

压力式喷燃器结构简单，设备费和运行费较低，应用比较广泛，尤其是燃烧轻柴油基本上都采用这种压力雾化的喷燃器。压力式喷燃器运行一段时间后，其雾化片喷口处长期受高温火焰的烘烤，特别经停炉后容易结碳，甚至造成雾化片喷孔堵塞，引起雾化质量变坏、雾化锥体歪斜等现象，影响正常的燃烧。遇到这种情况，必须拆下清洗。同时雾化片不但长期受高速油流的冲蚀，并且在高温下工作，所以必须用较好的材料，如镍铬合金钢等耐高温耐磨材料。雾化片表面光洁度和加工精度都很高，在清洗时如发现有难清除的碳粒，应该先用柴油浸泡，然后再清洗，切勿硬刮硬剔，以防表面刻出伤痕，影响使用时的雾化质量。当发现切向槽和中心喷孔被油流冲蚀变形时，应更换雾化片。

另一种机械雾化喷燃器是转杯式。由于这种形式雾化与调风机构成为一体，因此也称为转杯式燃烧器。图 3-26 为转杯式燃烧器的结构原理图。转杯式燃烧器的供油是依靠重力滴在一个高速旋转的油杯中，油杯由电动机带动，其转速为 3000～6000rpm。在离心力的作用下，滴入油杯

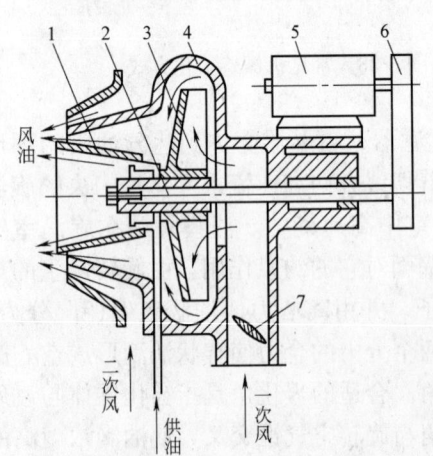

图 3-26 转杯式燃烧器结构原理
1—油杯；2—中央轴；3—雾化、风机叶轮；
4—外壳；5—电动机；6—传动装置；7——次风

的燃油在杯的内壁形成一层均匀的油膜。为了有利于油膜向炉膛方向自动前进，将油杯内壁做成一定的锥度。同时，在转杯轴上还装叶片，靠叶片的高速旋转引进低压风（一次风），从转杯的外边缘吹过，一次风的旋转方向往往与转杯旋转方向相反。燃油流向转杯边缘靠离心力甩出，并受到一次风的作用，油膜被撕碎成雾状。用以雾化燃油的一次风量，约占燃烧所需空气量的15%～20%。二次风依靠自然通风，也有用强制通风送入二次风的。

2）介质雾化喷燃器

介质雾化是利用高速喷射的雾化介质的动能使燃油粉碎成细雾。雾化介质可以是蒸汽，也可以是压缩空气。图3-27为低压空气喷燃器，它是利用压头为600～1500Pa（即60～150mmH$_2$O）的低压空气来雾化燃油的喷燃器。燃油靠重力滴入喷管2缩口的喉部，由于空气在喉部的增速作用，风油的相对速度达70～120m/s，燃油被气流粉碎喷入预燃室3，由于预燃室周围耐火砖的热辐射，即使高黏度重油也能燃烧。如果燃用低黏度的轻柴油或重柴油，着火和燃烧比较容易，可用600Pa的低风压，并将喷管前移。在燃用高黏度重油时，则采用较高的风压（1500Pa），并把喷管后移，使火焰中心基本保持不变，以充分发挥预燃室的作用。喷管的前后位置用手柄5调节。点火时手柄向左，使喷管后缩至图示位置。当火点着，预燃室变热以后，应把手柄扳成垂直位置，使喷管前伸，以防止耐火砖烧坏。图3-28为蒸汽雾化喷燃器。进入喷燃器的蒸汽压力为0.4～0.8MPa，燃油在15～40kPa的压力下供入，两者分别由喷嘴前端喷出，并在出口处相遇，由于蒸汽流过环形狭缝，压力能转变为速度能，蒸汽以400～800m/s的高速喷出，将油流粉碎，并使油滴获得很大的前进速度。油滴在高速前进时，又被空气的阻力进一步粉碎，因而得到良好的雾化。这种喷燃器的燃油系统简单，不用专门的燃油泵，使用的蒸汽由锅炉自己供给。在冷炉点火时，锅炉本身尚无蒸汽，则可以用压缩空气雾化。这种雾化方式对燃油品质和黏度要求较低，雾化的颗粒度比机械雾化细，且基本不受负荷的影响。它的最大缺点是要消耗蒸汽，同时过多的蒸汽喷入燃烧室会使炉温下降、增大排烟损失、降低燃烧效率。因而目前一般很少使用这种形式。无论是空气雾化，还是蒸汽雾化，在结构上有内混式和外混式之分。空气雾化依据所选用空气压力的高低可分为高压空气雾化器和低压空气雾化器两种。上述喷燃器目前大多用于石油化工和冶金工业中的加热炉、热处理炉，在供热锅炉上应用较少。

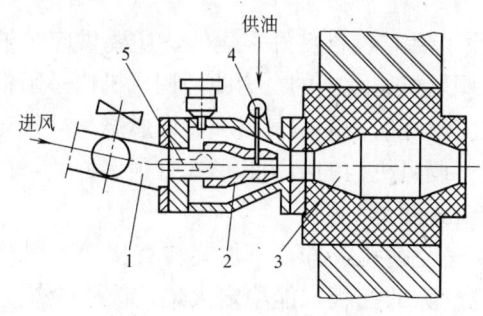

图3-27 低压空气喷燃器
1—供风管；2—喷嘴；3—预燃室；
4—供油管；5—调节手柄

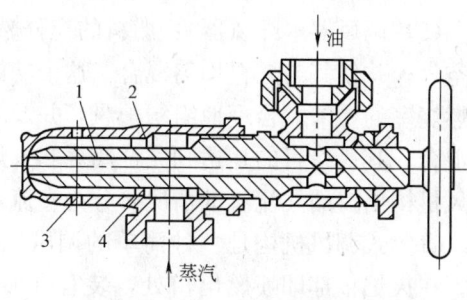

图3-28 蒸汽雾化喷燃器
1—油管；2—蒸汽套管；
3—定位螺丝；4—定位爪

3) 介质—机械雾化喷燃器 为了能燃烧劣质燃油，且又降低介质特别是蒸汽的耗量，比较有发展前途的燃烧方式是蒸汽—机械雾化喷燃器或空气—机械雾化喷燃器。图3-29为蒸汽—机械雾化喷燃器，又称为Y形喷燃器。从图中可见油和蒸汽在喷燃器头部相遇，属于中间混合式喷燃器。蒸汽流从内套管进入，作雾化剂。油从外套管流入。供油压力可根据蒸发量的需要在 0.4~2MPa 之间变化，蒸汽压力固定在 0.3~0.5MPa，最高可达 0.7MPa。燃油经环形空间流到出口孔处与蒸汽相遇，蒸汽流在燃油的剪切作用和磨擦作用的影响下混合，喷出喷射孔后受到空气阻力的影响被雾化。其雾化颗粒比较细，一般雾化颗粒直径不大于 $50\mu m$。雾化角的大小与Y型喷燃器的几何尺寸有直接关系。这种喷燃器容量大，适用于蒸发量较大的锅炉，其调节比可达1∶10。蒸汽耗量一般为锅炉蒸发量的3%~5%，最新设计可降低到1%。在冷炉点火时，没有蒸汽可用压缩空气代替蒸汽作雾化剂。对于中、小容量锅炉的介质—机械雾化喷燃器可用图3-30空气（蒸汽）—机械雾化器。空气—机械喷燃器的容量为 980~7849kW，最低喷油量可到 80kg/h。从图中可见，空气和油在雾化器内垂直相遇（有的结构空气与油流呈30°或60°夹角相遇）而混合，经切线槽到旋涡室，此时，气、油混合成乳化状，在旋涡室内旋转后再喷出，喷出的气油混合流体在离心力和燃烧室空气阻力的作用下进一步雾化，其雾化效果极好，雾化颗粒度在 $50\mu m$ 以下，雾化角可从 50°~100°，10°一个级差，标准型雾化角为80°。这类喷燃器的油压至少大于空气压力 15kPa，如果油压大于空气压力 570~700kPa 时，则雾化质量最好。

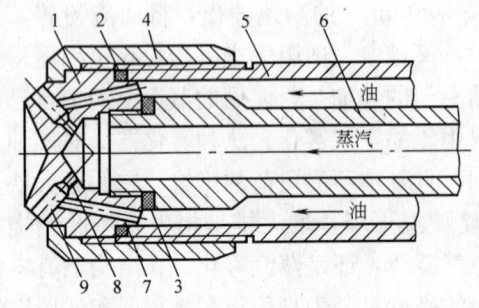

图3-29 蒸汽—机械雾化喷燃器
1—油喷头；2、3—垫圈；4—螺母；5—外管；
6—内管；7—油管；8—汽孔；9—混合孔

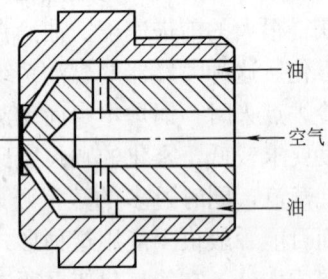

图3-30 空气—机械雾化器

(8) 调风器（配风器）：燃料的充分燃烧，除了要对燃料良好雾化外，还要供应足够的空气，并使其与燃料均匀混合，这个功能是由调风机构承担的。为此，调风机构必须根据燃烧室的要求，合理地组织配风，并及时地供应燃烧所需的空气量和保证燃烧与空气充分混合。其最终目的是达到完全燃烧和火焰稳定。调风机构的结构和形式有很多种类，按调风机构出口的气流流动情况可分为直流式和旋流式两类。

直流式调风机构是一种简单的调风机构。空气经圆孔或方孔不加旋转直接送入燃烧室，在火焰根部即喷燃出口处，装有锥形带孔或空隙的挡板，能稳定火焰，改善燃烧条件。图3-31是一种直流式的调风机构，图中可见在喷燃器端部装有叶轮片的稳焰器，它使一小部分空气经稳焰器做轻度旋转，这部分首次接触燃油雾化锥的空气称为一次风（一次风占总风量的15%~25%）。因此，被雾化的油滴容易着火，并有充足的空气使其继续燃烧。若一次风太少或没有，点燃的火焰因缺氧而造成结焦。大部分空气则平行流过稳焰器的外围而不旋转，这部分空气称为二次风。这种调风机构结构简单，阻力小，火焰呈细长束状。近年来，直流式调风机构的性能得到很大的提高，可以提高锅炉的燃烧效率，降低过量空气系数，防止低温腐蚀。因此在燃油锅炉上被广泛地应用。

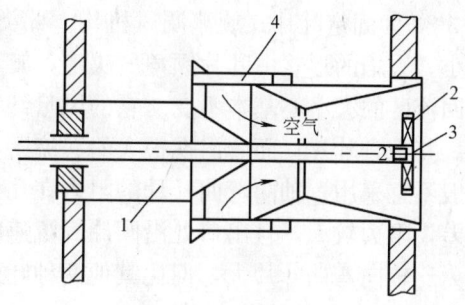

图 3-31　直流式调风机构
1—大风箱；2—喷燃器；3—稳焰器；
4—圆筒形风门

旋流式调风机构在燃油锅炉，特别在船舶锅炉中早就得到应用，由于位置的限制，要求火焰短而胖，旋流式调风机构能满足上述要求。旋流式调风机构如图 3-32 和图 3-33 所示。鼓风机出口空气经旋流式调风机构做旋转

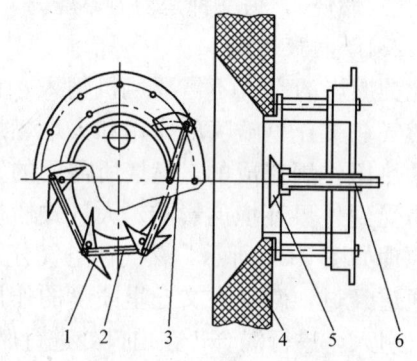

图 3-32　切向可调节叶片式旋流调风机构
1—切向可调节叶片；2—连杆；3—调节手柄；
4—喉口砖；5—稳焰器；6—喷燃器

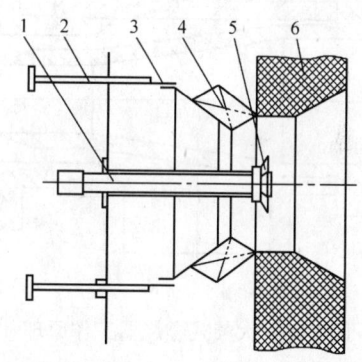

图 3-33　固定叶片式旋流调风机构
1—喷燃器；2—圆筒形风门拉杆；3—圆筒形风门；
4—固定叶片；5—稳焰器；6—喉口砖

运动，它不仅具有轴向速度，同时还具有切向速度。空气进入燃烧室后，气流扩展成锥形，在轴线中心区形成回流区。若气流切向分速度大，则回流区强，火焰短；若轴向分速度强，则回流区小，火焰长。由于气流出口处速度很高，与雾化锥混合能力强。但气流的锥形扩散角必须小于喷燃器的雾化角，使空气流与油滴雾化锥交叉，以利于空气与油雾有机会充分混合。另外，在喷燃器出口处还设有稳焰器，既保证油滴稳定着火，又能使空气与油雾迅速混合，并能无脉动地稳定燃烧。但是旋转气流速度衰减很快，火焰呈发散形，后期混合能力较差。图 3-32 为切向可调叶片式旋流调风机构。它通过手柄调节叶片的倾角、叶片间距离，就可以获得不同的旋转强度，以便控制火焰的形状。调风机构中心、喷燃器出口处设有伞锥形稳焰器，空气流在调风机构出口处轴向速度为 23.35m/s，切向速度为 11.73m/s，两者之比为 0.504。调风机构流量为 3700m³/h，阻力 646Pa。该调风机构适合用于 3.5m 深的炉膛，两个调风机构的间距为 0.7m。这种调风机构的缺点是当可调叶片关小时，会使气流的旋转强度过大，回流区太大，造成火焰外边缘扫擦喉口，使其结焦，甚至烧坏喷嘴。这就影响了负荷的调节范围。在该调风机构调试时，必须适当控制气流的旋转强度，并且提供 20% 的一次空气（风），可防止稳焰器烧坏和燃烧产生碳黑。

图3-33为固定叶片式旋流调风机构。此类调风机构叶片固定，无法调节，因此调节度比较小。火焰的形状由叶片倾角所决定，旋转强度不能改变。燃烧器调整时，可动因素少，其回流区的大小亦基本不变。它的风量约1700m³/h。为减少空气阻力，需选择叶片的叶型。其中直叶片背面会出现很大的涡流区，产生较大的局部阻力，轴向直叶片阻力最大，一般不宜采用；轴向弯曲叶片的阻力在几种旋流式调风机构中最小；蜗壳式叶片调节性能较差，阻力较大，且出口处沿圆周气流速度不均匀性大，因此也很少使用；切向叶片式的阻力比轴向弯曲叶片大，但比其他两种叶片阻力小，也有用切向叶片构成固定叶片调风机构的。

3.2 燃气燃烧器的组成

由于气体燃料容易点火和完全燃烧，所以它的燃烧器相对比较简单。一般情况下气体燃料的燃烧方式有两种：一种是扩散燃烧（即大气式燃烧），另一种是动力燃烧。

3.2.1 扩散燃烧

此类燃烧的空气不需要风机输入，它是通过燃气在文丘里喷嘴的作用和火焰燃烧时产生的热压作用完成的，燃烧所需要的空气量容易受到外界环境的影响。大气式燃烧器工作原理如图3-34所示，燃气和空气分别从两个通道经过，燃气在文丘里喷嘴的作用下将空气引入，进行混合，在出口处进行燃烧。

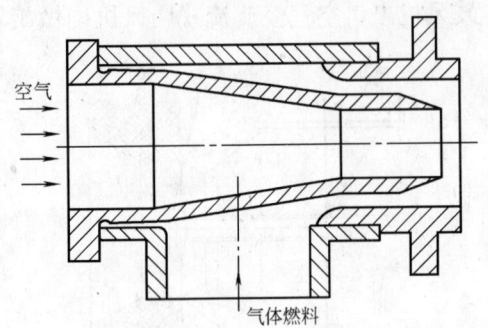

图3-34 大气式燃烧器工作原理

助燃的空气是直流的，没有任何切向分力，燃烧比较慢，但火焰比较稳定。

扩散燃烧（即大气式燃烧）器由以下主要部件组成：燃烧器、点火装置、火焰监测装置、燃气调节阀等必备的附件。

(1) 燃烧器

1) 部分预混燃烧器如图3-35所示。燃气由喷嘴送入喷射管，同时吸入燃烧所需的空气（一次空气）与燃气混合。在点火以后，燃气—空气混合物燃烧产生不明亮的火焰，然后燃烧所需要的其他空气（二次空气）通过火压的扩散吸入。

2) 完全预混合燃烧器如图3-36所示。由于对锅炉效率以及烟气排放要求的考虑，完全预混合燃烧器得到了一定的发展，该燃烧器燃烧所需要的空气全部在燃烧前与燃气充分混合。

(2) 点火装置 基本同燃油燃烧器。

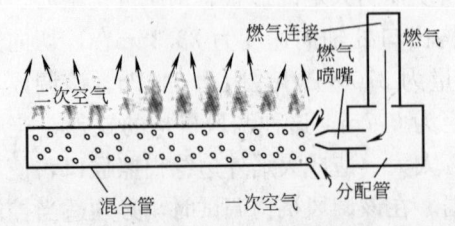

图3-35 部分预混燃烧器

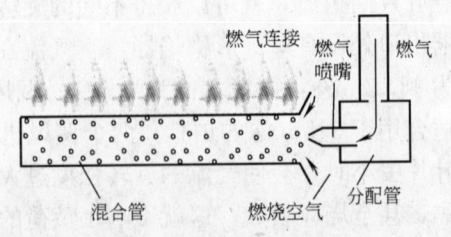

图3-36 完全预混合燃烧器

（3）火焰监测装置

大气式燃烧器的火焰监测装置一般采用热电偶火焰监测和离子火焰监测两种。对于热电偶火焰监测装置，一般将两种不同的金属（如铬—镍合金/康铜）组合起来，把一端焊接起来作为热电偶测量端的探头放置在火焰当中，另一端的两个接头与锅炉的中央控制件连接，当热电偶测量端温度达到600℃左右时，将会产生30～35mV的电压，在闭合回路形成电流，可以感知火焰的存在。对于离子火焰监测装置，主要是利用空气一般情况下不导电，但是燃烧的火焰可以导电的原理，在火焰监测电极上加以一定的电压，当火焰出现时，电路接通，形成回路，通过电流告知锅炉中央控制元件火焰的存在。

（4）必备的附件

大气式燃烧器必须配置下列附件和装置：

1) 一个手动关闭装置，例如一个球阀或者一个热切断保险。

2) 一个除污器或者一个过滤器。

3) 一个燃气压力调节器，用于平衡燃气供应时的波动。

4) 一个燃气压力监测装置，当燃气压力小于燃烧器规定的最小压力时，阻止燃烧器运行。

5) 作为安全关闭附件的自动执行机构，当出现故障或者燃烧器停止工作时，快速切断燃气的供应，一般采用电磁阀或者电动阀。

6) 燃气流量调节装置，用于控制和调节燃烧器的运行，也就是改变燃烧器的功率。

7) 连接燃气压力和燃烧器压力的监测孔。

8) 空气进入的间隙。

3.2.2 动力燃烧

此类燃烧需要的空气主要靠风机的运行所提供，所以基本不受外界环境的影响。带风机的燃气燃烧器如图3-37所示。主要由以下主要部件组成：风机及其驱动电机、空气压力监控装置、火焰监测装置、点火装置、燃气控制与调节装置、燃气—空气联动调节伺服装置等。

（1）送风机

一般小型燃气锅炉的送风机与燃烧器作为一个整体，大型燃气锅炉则将风机与燃烧器分开设置，采用离心式风机送风。

（2）空气压力监测装置

因为此类燃烧所需要的空气量不依赖于燃气输入，所以必须安装空气压力监测装置，用以监测空气输入量，一般通过监测空气的压力完成。

（3）火焰监测装置

一般使用UV二极管、离子流监控装置或者远红外监控装置。

（4）点火装置　同燃油燃烧器的点火装置。

（5）燃气混合装置

如图3-38所示，在混合装置中，燃气和空气混合，并使火焰稳定下来。为了使当时的火焰能够与燃烧室的几何尺寸相互匹配，混合装置应该能够调节。并流原理是将空气和燃气以相互平行的方式流动；叉流原理是将空气与燃气以一定的角度相互混合。

图 3-37 带风机的燃气燃烧器

1—燃气关闭旋塞；2—燃气过滤器；3—压力计；4—燃气压力调节器；5—压力计；6—膨胀接头；7—燃气压力监测器；8—双电磁阀；9—燃气/空气联动调节连杆；10—监控电极；11—稳焰盘；12—点火电极；13—火焰头部；14—燃烧器法兰；15—回转法兰；16—点火电缆；17—窿镜；18—燃烧自动控制装置；19—空气压力监测器；20—驱动电动机；21—风机叶轮；22—空气吸入孔；23—燃气/空气联动调节伺服驱动

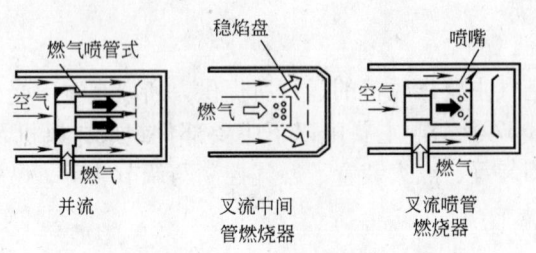

图 3-38 燃气混合装置

实 训 课 题

以实地参观、实物教学或结合燃烧设备的安装工程进行实训教学；有条件时可进行煤的成分分析实验。

思考题与习题

1. 燃料的化学成分主要有哪些？
2. 煤一般分为哪几类？有什么特性？
3. 燃油一般分为哪几类？有什么特性？

4. 燃气一般分为哪几类？有什么特性？
5. 常见的煤燃烧设备有哪些？有什么特点？
6. 链条炉排分为几种？各有什么特点？
7. 简单说明倾斜式往复炉排的构成。
8. 振动炉排有哪些优缺点？
9. 燃油燃烧器有哪些组成部件，各个部件的功能是什么？

单元 4　锅炉的炉型

知　识　点： 立式和卧式火管锅炉的结构；卧式水火管锅炉的结构、原理；常见的热水锅炉的结构与原理；燃气壁挂锅炉的组成与原理。

教学目标： 了解火管锅炉和卧式水火管锅炉的分类、组成；了解常见热水锅炉的分类；掌握卧式水火管锅炉的组成及工作原理；掌握自然循环和强制循环热水锅炉的异同点；掌握其他常见热水锅炉的组成与原理；理解并掌握壁挂锅炉的组成、工作原理。

课题 1　火管锅炉与卧式水火管锅炉

随着生产与生活的各种需要、科学技术的发展，锅炉产品已经向多系列化发展。锅炉的形式和结构基本上是沿着火管锅炉和水管锅炉两个方向发展的。

在圆筒形锅炉的基础上，为了在锅筒内部增加受热面积，起初先在锅筒内增加一个火筒，在火筒内燃烧燃料（即单火筒锅炉）；然后火筒增加为两个（即双火筒锅炉）；再发展到数量较多、直径较小的烟管组成的锅炉或烟、火筒组合锅炉；后来，锅炉的燃烧室由锅筒内移到了锅筒外部。这些锅炉的烟气在管中流过，所以统称为火管锅炉。由于结构上的限制，火管锅炉锅筒直径大，不宜提高汽压，蒸发量也受到了限制，并且耗钢量大；烟气纵向冲刷受热面，传热效果差，热效率低；但因为其结构简单，水质要求低等，所以仍被小容量锅炉所采用。

随着工业与生活用汽的参数多样性要求和容量的增大，锅炉开始向着增加锅筒外部受热面积的方向发展，即向水管锅炉的方向发展。水管锅炉在结构上没有特大直径的锅筒，用富有弹性的弯水管代替了直的烟管，金属耗量大大减低；在布置上使烟气在管外横向流动，增强了传热效果，使锅炉的蒸发量和效率明显提高；此外，水管构成的受热面布置简便灵活，水循环合理；锅炉对燃料的适应性较强。

1.1　火管锅炉

火管锅炉有一个尺寸较大的锅壳，也称为锅壳锅炉。锅壳立放的称为立式；横放的称为卧式。燃烧装置设在锅壳内的称为内燃；设在锅壳外部，仅有烟气流经锅壳内部的称为外燃。锅炉的受热面可以布置在锅壳内，也可以在锅壳内外都布置受热面。受热面又分为火管式与水管式两种。

1.1.1　立式火管锅炉

立式火管锅炉纵向中心线垂直于地面放置，因其结构简单、占地面积小、安装和移动方便、操作也方便，在一些临时工地、要求蒸汽压力较低的小型建筑的生活和采暖场合还有所应用。但是，由于内燃式炉膛的容积小、热效率低和金属耗量大，已逐渐被淘汰。

图 4-1 为立式弯水管锅炉，其主要受压元件为锅壳、炉胆、弯水管等。燃料在炉排上

燃烧后，加热了作为辐射受热面的炉胆和炉胆管区的弯水管。烟气由炉胆后上方的喉口进入外管区，分左右两路在锅壳外壁各绕半圈，横向冲刷锅壳外烟箱中的弯水管，然后在锅炉前面烟箱汇合，经烟囱排入大气，排烟温度约为250℃，锅炉效率约为60%。

图4-2为立式直水管锅炉，燃烧室在炉胆内部，煤在蜂窝状的炉排上燃烧，生成的高温烟气从炉胆侧上方的喉管进入上、下管板间的直水管管束空间。烟气绕管束中间的下降管回旋一周，横向冲刷直水管后进入烟箱，由烟囱排入大气。这种锅炉的热效率可达70%，其蒸发量为0.4~1.5t/h，蒸汽压力不超过0.8MPa。

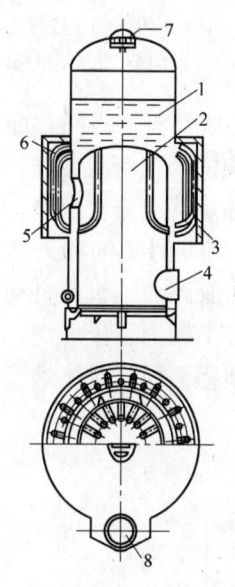 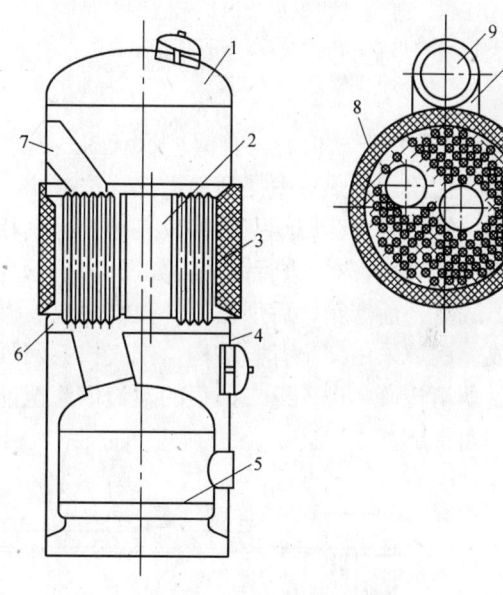

图4-1　立式弯水管锅炉

1—锅壳；2—燃烧室；3—弯水管；
4—炉门；5—喉管；6—烟道；
7—人孔；8—烟囱

图4-2　立式直水管锅炉

1—封头；2—下降管；3—直水管；4—锅壳；5—炉排；
6—下管板；7—角板拉撑；8—喉管；
9—烟囱；10—烟箱

1.1.2　卧式火管锅炉

（1）外燃火管锅炉

这种锅炉没有火管，燃烧在锅筒外进行。锅筒底部受高温辐射，在水质差时，易使锅筒底部积水垢而过热变形，且燃烧热效率较低，目前已很少生产。

（2）内燃火管锅炉

这种锅炉的围护结构简单，锅炉整体尺寸较小，适合于整体组装出厂。由于采用了螺纹式烟管，使得锅炉传热性能接近水管锅炉水平。并且这种锅壳结构，使得锅炉在微正压燃烧时的密封问题容易解决。目前，中、小型燃油、燃气锅炉多数采用卧式内燃火管锅炉形式。根据燃烧室后部烟气折返空间的结构空间形式，卧式内燃火管锅炉又分为干背式和湿背式两种。

图4-3为干背式内燃火管锅炉示意图。燃烧后的烟气折返空间是由耐火材料围成的，打开锅炉后端盖，即可检查和维修火管和所有烟管。由于管板受到高温烟气直接冲刷，内外温差大，所以这部分耐火材料易损坏，要定期给予更换。

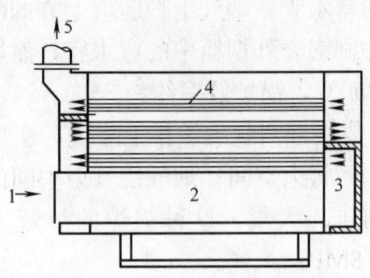
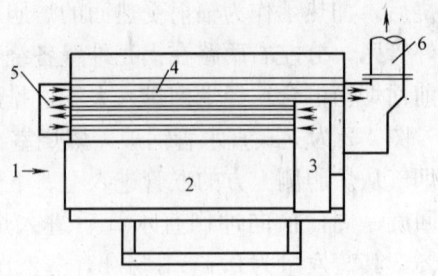

图 4-3 干背式内燃火管锅炉示意图
1—燃料进口；2—炉膛；3—后回烟室；
4—烟管；5—出烟口

图 4-4 湿背式内燃火管锅炉示意图
1—燃料进口；2—炉膛；3—后回烟室；
4—烟管；5—前回烟口；6—出烟口

图 4-4 为湿背式内燃火管锅炉示意图。由水套围成的高温烟气折返空间，即回烟室也能传热，使锅炉传热效率提高而散热损失减小。而且这种结构使烟气密封性好，适合微正压燃烧。缺点是水套回烟室结构较复杂，与其相连的燃烧室和烟管检修较困难。

WNS 型卧式内燃火管锅炉，如图 4-5 所示，可燃轻柴油、60 号重油和天然气，它由锅筒、底盘、前烟箱、后烟箱、外壳与保温、燃烧设备、汽水管路、辅机及自动控制系统等组成。锅炉采用"湿背"结构，烟气按三回程布置。燃料在炉胆内正压燃烧，高温烟气经过后烟箱转弯，进入第二回程的对流烟管至前烟箱，再折回第三回程对流烟管，最后经烟箱烟囱排出。

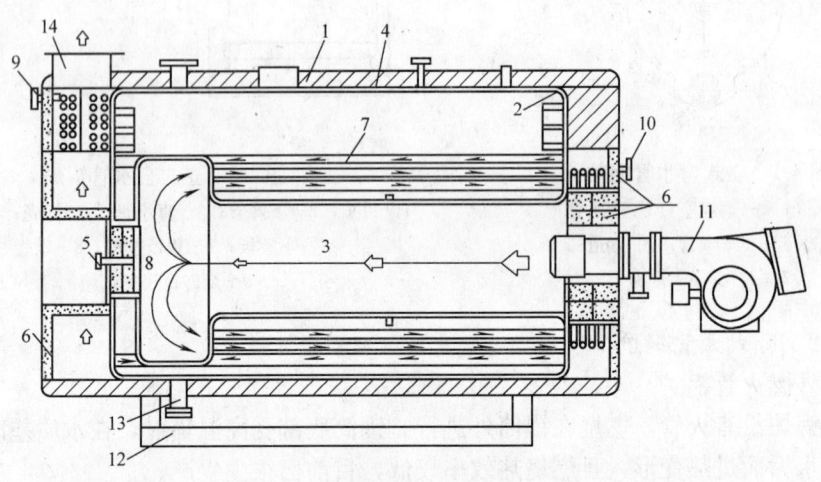

图 4-5 WNS 型卧式内燃火管锅炉
1—保温层；2—前后管板；3—燃烧室；4—锅壳；5—火焰观察孔；6—前后烟室
保温层；7—烟管；8—湿背回烟室；9—给水预热器；10—供气过滤器；
11—燃烧器；12—钢架；13—排污器；14—排烟口

这种锅炉结构紧凑、体积小、重量轻、产汽快、运行可靠。锅炉容量为 0.5~20t/h，蒸汽压力在 0.7~2.5MPa。

图 4-6 为三回程燃油或燃气锅炉，烟气通过火焰管水平向后方流动，然后在它离开锅炉烟管连接处转折两次。如果在烟管中形成附加涡流，需要正压燃烧。因此，供热锅炉的热功率显著提高。这种结构形式特别适合于较大功率的锅炉，有普通抽力式和正压式燃烧

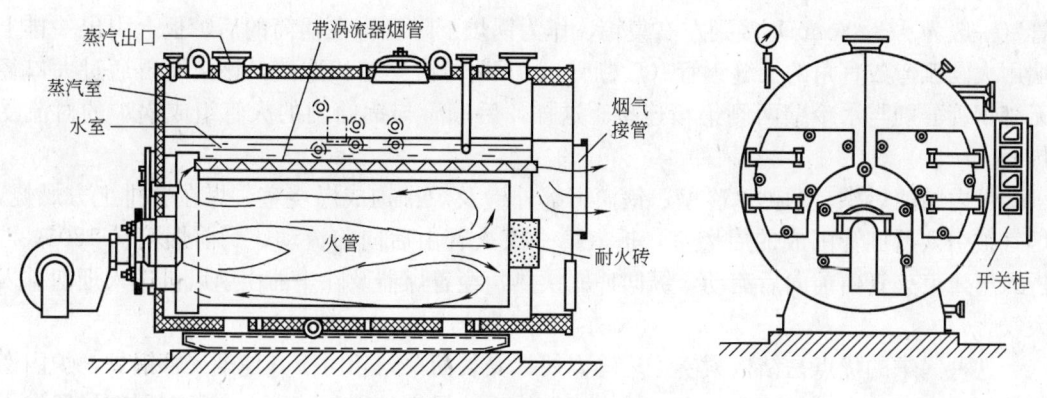

图 4-6 三回程燃油或燃气锅炉

两种。其 NO_2 的排放浓度,燃气锅炉小于 $80mg/kWh$,燃油锅炉小于 $120mg/kWh$。

1.2 卧式水火管锅炉

这是一种水管与火管组合在一起的卧式外燃锅炉。图 4-7 是 DZL2-10-AⅡ型外燃链条炉排锅炉结构简图。因为它将锅筒、各受热面、炉排支架、通风装置、炉墙制成一个整体,所以又称为卧式快装锅炉。目前在小型锅炉中使用比较多,这种锅炉的容量为 0.5~6t/h,运行压力 $P<1.25MPa$。锅炉的炉排多为链条炉排、往复推动炉排,也可采用其他形式炉排。

锅炉的燃烧室在锅筒外侧,锅筒内部设有两束烟管。锅筒两侧敷设了光管和水冷壁,上下分别接于锅筒和集箱,组成锅炉的辐射受热面。在锅筒的前后各有一根绝热的大口径

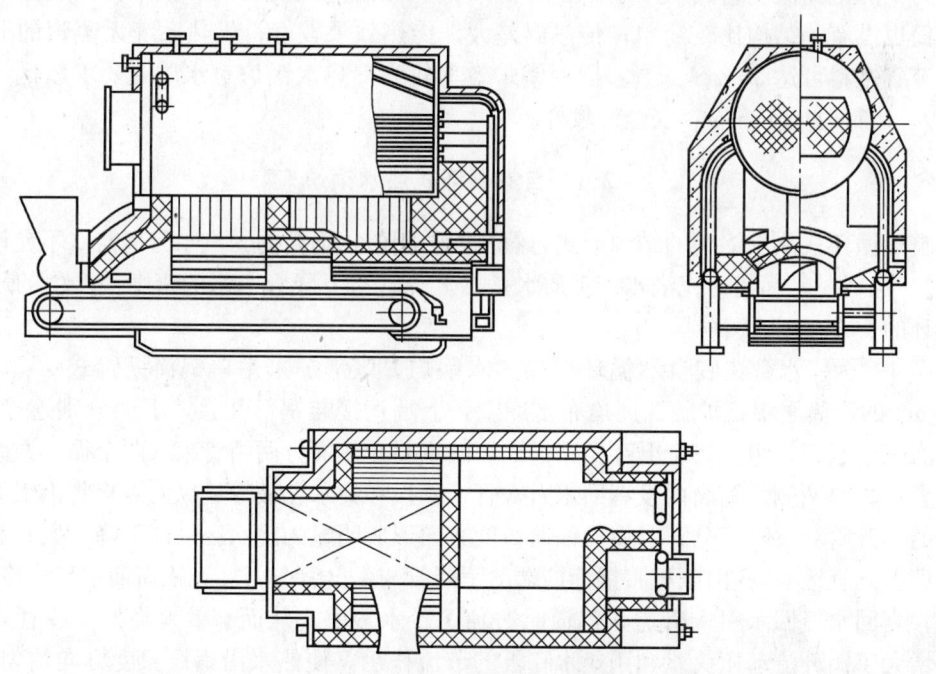

图 4-7 DZL2-10-AⅡ型外燃链条炉排锅炉结构

管（一般为 $\phi 33\times 6mm$）接到左右集箱，作为锅炉下降管。在锅筒的后管板上引出一排上端用大圆弧弯成直角的无缝钢管（后棚管），下端与横集箱相连接，该集箱再通过大口径无缝钢管分别与水冷壁两侧集箱连接。这样，后棚管与锅筒内的火管组成锅炉的对流受热面。

炉内的前后拱、两侧水冷壁、锅筒下部外壁及炉排构成燃烧室。煤在炉排上方燃烧，烟气被引入后棚管围成的后燃室，折入第一束火管由后向前流动，到前烟箱转180°，再折入第二束火管由前向后流动，纵向冲刷换热，经省煤器及除尘器由引风机送入烟囱排入大气。

这种锅炉的优点是结构紧凑、运输方便、安装简单；相对于其他烟火管锅炉，炉内燃烧较好；由于炉内烟气流速较高，使火管传热系数提高，积灰减少；由于在尾部设置省煤器，使排烟温度降低，锅炉效率可达75%以上。其缺点是因烟火管结构的限制，造成燃料适应性差，常常出力不足；行程回路曲折多，长期运行后易积灰，阻力增大，使原配引风机抽力不够，造成正压燃烧，向锅炉房内冒黑烟及飞灰。

课题 2 热 水 锅 炉

热水锅炉是生产热水的锅炉，在采暖工程中，由于热水节能、运行安全、供暖环境舒适、卫生，国家规定"民用建筑的集中采暖应采用热水作为热媒"。按热水的温度可分为低温热水锅炉（70/40℃）、中温热水锅炉（95/70℃）和高温热水锅炉（$t>115$℃）；按工作原理可分为自然循环式热水锅炉和强制循环式热水锅炉。与蒸汽锅炉比较，热水锅炉的最大特点是锅内介质不发生相变，始终都是水，为保证安全，热水锅炉出口水温通常比工作压力下的饱和温度约低25℃。因此，热水锅炉无需蒸发受热面和汽水分离装置，有的连锅筒也没有，结构比较简单；传热温差大，传热效果较好；供热系统无蒸汽的泄露损失，节省燃料可达20%～30%，因而锅炉效率较高；热水锅炉对水质的要求较低（但需除氧），运行时操作方便，安全性较好。

2.1 自然循环式热水锅炉

自然循环式热水锅炉的结构形式与蒸汽锅炉相似，锅筒内无汽水分离器（不允许发生汽化）。运行时，锅筒内充满水。工质水是靠上升管与下降管中水的密度差产生的压头进行循环的。

图4-8为一水管快装自然循环燃煤热水锅炉。该锅炉采用单锅筒纵置式A型布置。$\phi 900mm$ 的锅筒居中，炉膛四周均布水冷壁，上端直接与锅筒相接，下端分别连接于前、左、右三个联箱，组成三个循环回路。锅炉的主要受热面分两组管束（两个循环回路）对称布置在炉膛两侧。锅筒内设有回水引入管、隔板和集水孔板等。纵向隔板将沿锅筒长度方向的上升管和下降管分开，使沿锅筒长度方向形成明显的冷水区（即下降管区）和热水区（即上升管区）；横向隔板将锅筒前端的下降管与上升管分开，在锅筒前端形成冷水区。因此，当回水经回水引入管进入锅筒时避免了冷水短路，从而有效地降低下降管入口水温，增大了循环流动压头。利用集水孔板的节流作用，使热水沿锅筒长度方向均匀引出，由热水引出管经集气罐积聚和排除锅水加热时析出的气体，送至锅外。

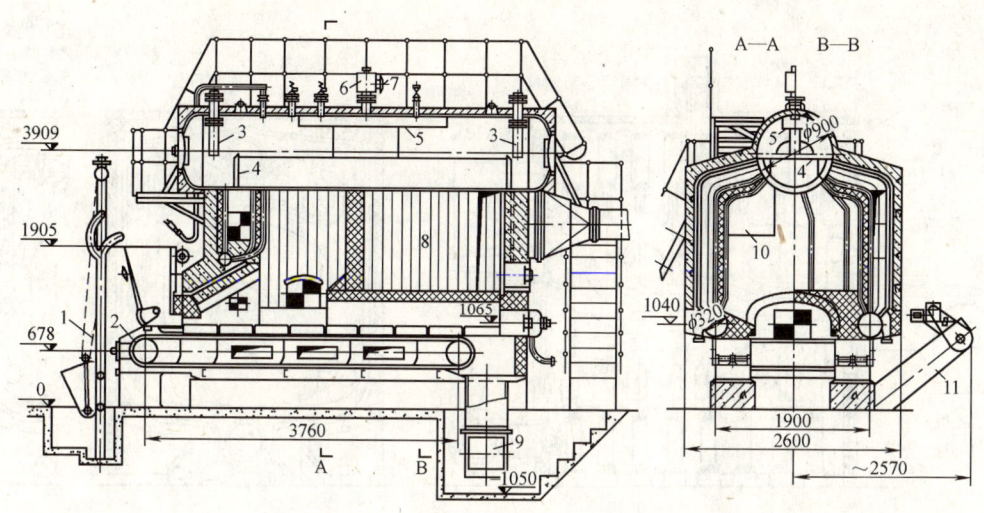

图 4-8　DZL1.4-0.7-95/75-AⅡ型自然循环燃煤热水锅炉

1—上煤装置；2—链条炉排；3—回水引入管；4—隔板；5—集水孔板；6—集气罐；
7—热水引出管；8—燃尽室；9—出渣口；10—烟囱；11—螺旋出渣口

由于这种热水锅炉的辐射受热面和对流受热面全部按自然循环工作，采用管束受热面结构，属于全自然循环型锅炉。因为锅筒充满水，在运行时应配一外部膨胀水箱，以便对供热系统定压和容纳由于系统的水受热而膨胀的体积。

该锅炉配有链带式轻型炉排，采用栅板调节结构双侧配风。炉内设置前、后拱，在长而矮的后拱上方设一体积庞大的燃尽室。高温烟气经烟窗进入燃尽室，从左侧烟气出口进入由左、前、右构成的槽钢形对流烟道，最后由右侧出口离开锅炉，经多管旋风除尘器排入烟囱。由于燃尽室的沉降作用，又经槽形对流烟道多次转弯的离心分离，该锅炉出口的烟尘浓度较低，在除尘器进口和出口的折算烟尘浓度分别为 817.72mg/Nm^3 和 109.85mg/Nm^3。

2.2　强制循环式热水锅炉

强制循环式热水锅炉，通过采暖系统的循环水泵提供的压头使水在锅炉各受热面中流动，一般不设置锅筒。这种锅炉受热面布置灵活，结构紧凑，节省钢材；但其水容量较小，运行中一旦停电，水泵停转，常会因炉内热惯性大，锅内水循环易汽化，产生水击，导致锅炉和采暖系统设备受到损坏。所以在设计时必须考虑突然停电应采取的措施。

图 4-9 为一燃油或燃气强制循环铸铁组件式热水锅炉，由于燃烧时抽力的需要，在燃烧室存在约 5Pa 的负压。根据燃烧室的设计，尾部受热面必须是标准抽力（负压）或正压燃烧。燃烧室应与火焰的形状相匹配，并使它完全燃烧。如果烟囱的抽力不够时，就需要正压燃烧。这种锅炉的尾部受热面烟气的阻力较大，必须通过燃烧器的送风机将烟气压出锅炉。所以，在燃烧室的燃烧火焰约需 600Pa 正压。由于尾部受热面变窄，烟气的速度提高并形成涡流，使热功率增加。铸铁组件式锅炉最大功率为 1400kW，图 4-10 为铸铁组件示意图。

目前还有一些其他形式的热水锅炉。

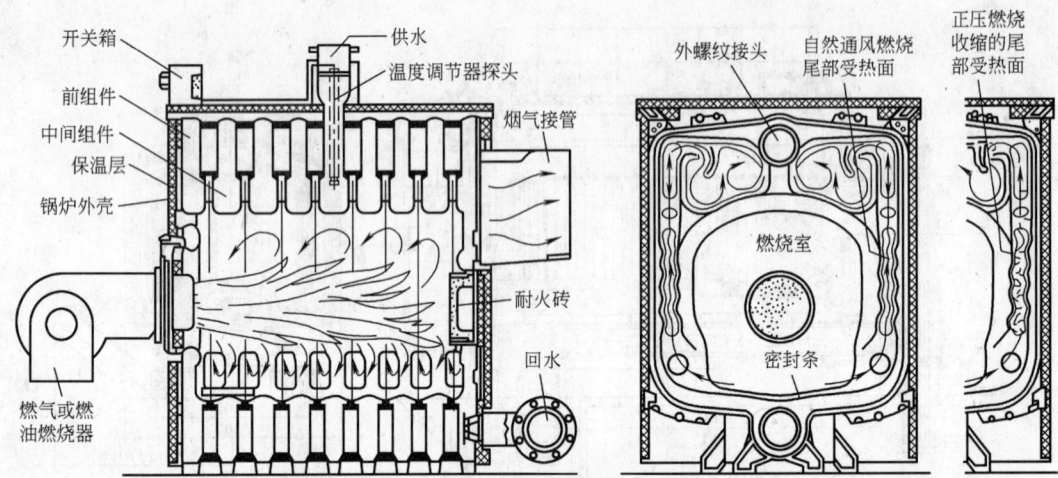

图 4-9　燃油或燃气强制循环铸铁组件式热水锅炉

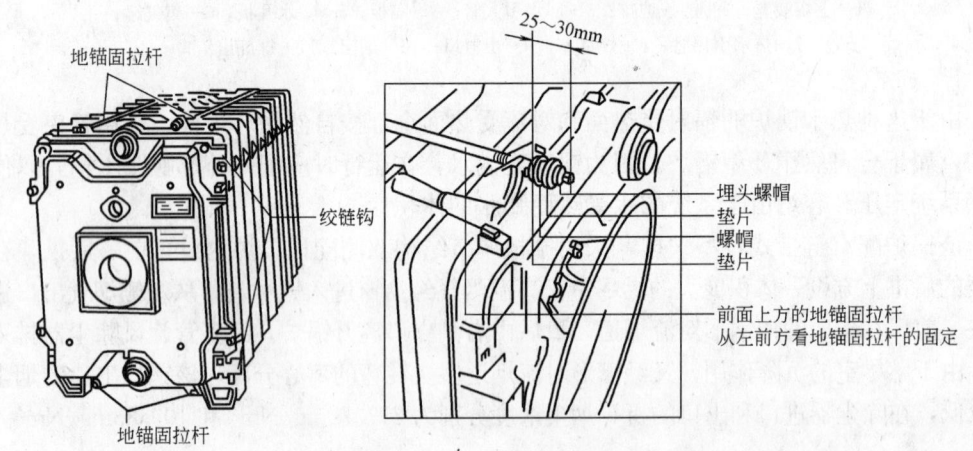

图 4-10　德国 Buderus 铸铁锅炉的组件示意图

2.2.1　电热水锅炉

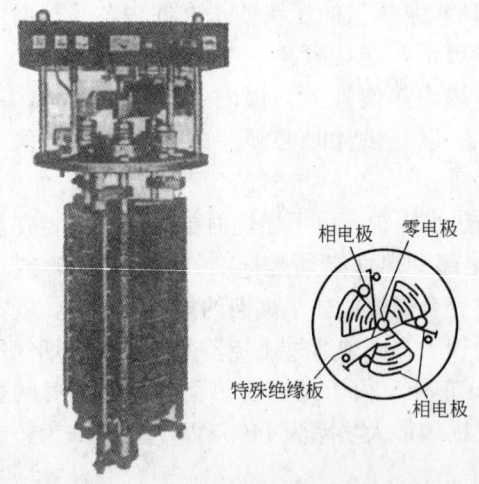

图 4-11　电热水锅炉加热部件示意

这种锅炉耗用的能源是电能，不需要燃烧设备，结构简单，体积小；自动化程度高，控制容易，检修方便；但由于电是二次能源，价格较高，使用受到一定的限制。它一般使用的范围是：在电能比较便宜的地区；使用分时电价的地区，在夜间便宜电价的时候生产热水进行贮存；由于建筑物空间限制，无燃料贮存或无法安放普通锅炉的地方；在有些对环境要求较高、不能随意改动的建筑内，例如名胜古迹等地区。功率为 24～300kW 的电锅炉，采用电加热元件进行加热。功率为 300～1400kW 的电锅炉，利用水的电阻和电极进行加热。为了增加水的导电性，往往通过一个配料泵向水中定量加盐（通常是$NaSO_3$）。三个指形的电极错开连接，在零相电极的中心设置了一个伺服电机，可以旋转，无级调节功率范围在10%～100%之间，如图4-11所示。图4-12、图4-13是利用这种锅炉采暖的两种情况的简图。电锅炉用于供水温度为40～45℃的地面式采暖系统较经济。由于它配备的热水存储箱容积大，所以它的膨胀水箱也相应很大。

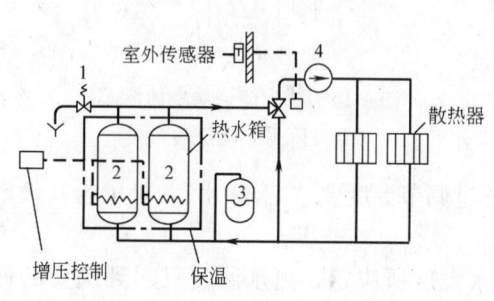

图4-12 直接加热的电锅炉热水

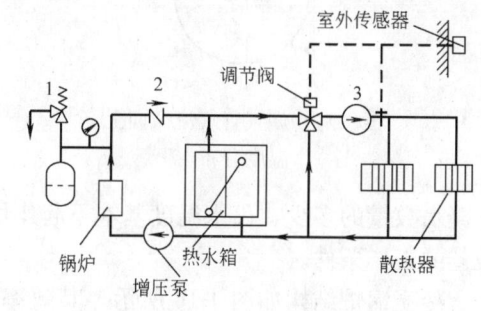

图4-13 间接加热的电锅炉热水

2.2.2 冷凝锅炉（燃烧值锅炉）

在一般的供热锅炉中，排烟的温度都高于露点（约120～180℃），即利用的是燃料的低位发热量。现在国外一些锅炉生产厂家将排烟的温度降至露点以下（燃油锅炉的排烟温度在46℃以下、燃气锅炉的排烟温度在56℃以下），使排烟热损失降至1%～2%，大大地节约了能源。由于天然气的低位发热量与高位发热量的差值比燃油的这一差值高出一倍，从而其能量收益也高出一倍；此外，天然气的露点也比燃油的露点高出8℃左右，从而大大提高了发热量实际利用的程度。因此，尽管有少数厂家也开发出了燃油的冷凝锅炉，但是这种系统主要还是用于燃气锅炉上。与低温热水锅炉不同，这种锅炉的结构应该尽量促进冷凝水的形成，当然应以不引起运行故障或损害为前提。但是，这种锅炉的冷凝水是酸性的（燃油锅炉的冷凝水，pH为2.5～4.0；燃气锅炉的冷凝水，pH为3.5～4.5），对锅炉附件的腐蚀性很强，需选用耐腐材料（例如铸铁、合金钢等），冷凝水必须中和后才能排放（$1m^3$天然气的最大可能冷凝水量约1.6L）。因此，控制冷凝水不要在锅炉内部产生是关键，其次是控制回水的温度。

冷凝水的形成，特别是冷凝水的数量，主要取决于烟气管气流截面上的温度分布。从热图摄影，如图4-14所示，可以清楚地看到，该截面上构成了一条很好的温度轮廓线。烟气中存在芯流温度和壁部的表面温度，壁部表面温度主要取决于外部的锅炉水温。锅炉水温是冷凝水能否形成的先决条件。根据温度轮廓线相对于水蒸气—露点线的不同位置，可分为三类典型的运行状态。

根据冷凝锅炉的特性，应尽可能争取大范围的完全冷凝。烟气截面上的温度分布及其相对于露点标线的位置，对冷凝起着决定性的作用。图4-15表明，当管壁表面温度（约等于水温）低于露点时，冷凝水量将由芯流温度决定。即使当热水出水温度为40℃（远低于露点）时，烟气通道的前部也基本不会出现冷凝。因为芯流温度高达300～700℃，此时仅在理论上会有冷凝形成。烟气通道中部（芯流温度为200～300℃）的情况也基本如此。只是在烟气通道最后的20%～25%区间，才会出现真正的冷凝。也就是说，对于

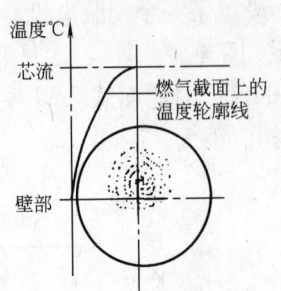
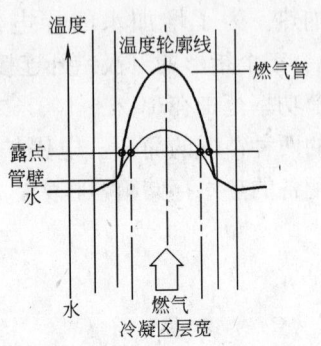

图 4-14 烟气管气流截面上温度分布

图 4-15 减少燃烧功率使流芯温度降低，促进冷凝

冷凝水数量的多少，出水温度基本不起作用。通过调节温度偶"芯流/水"，可以为其设定最佳的工作条件。

冷凝锅炉结构如图 4-16 所示。其效率由回水温度所决定，出水温度只起到次要的作用。德国布德鲁斯公司生产的燃气冷凝锅炉的压力等级有 600kPa、1000kPa、1300kPa、1600kPa，功率范围为 650～19200kW。

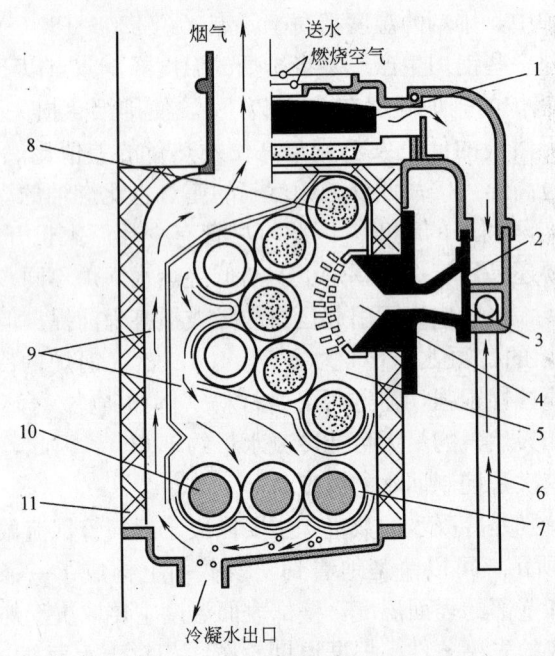

图 4-16 冷凝锅炉结构示意图
1—燃烧空气鼓风机；2—空气喷嘴；3—燃气喷嘴；4—燃气—空气混合；
5—燃烧室正压；6—燃气；7—铸铝圆翼管；8—出水；
9—烟气通道；10—回水；11—保温层

2.2.3 低温热水锅炉

低温热水锅炉如图 4-17 所示。为了使静止状态的损失尽可能地小，低温热水锅炉主要工作在 40～70℃ 的低温水范围内。尽管是低温水锅炉，但是烟气的温度不能低于露点。

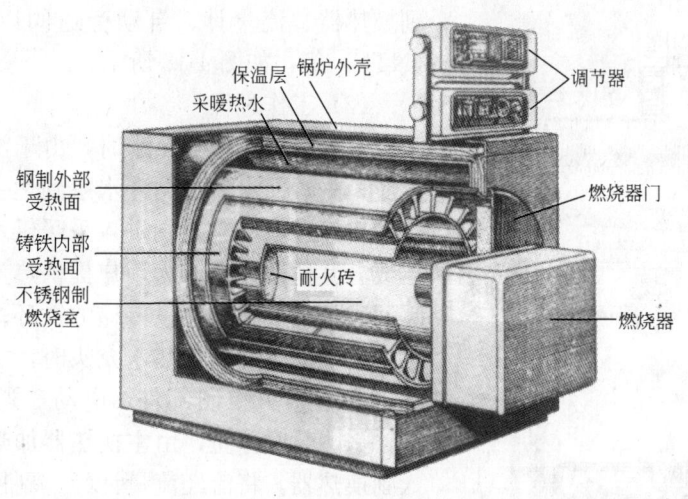

图 4-17 低温热水锅炉

在大多数锅炉中，在功率下限范围内工作时，不会被采暖系统的水冷却，燃烧室由不锈钢制成。通过燃烧，燃烧室在几秒钟内就被加热，不会被水冷却。通过这种"热的燃烧室"，阻止了烟气中的水蒸气冷凝。在燃烧室的后部，用耐火砖封闭，使得燃烧的烟气转折两次，流过耐腐蚀的、蜂窝状烟道的铸铁受热面，烟气在锅炉的后部汇集。

在小功率或小热量需求范围内，价格较低的低温锅炉仍占有一席之地。大气式燃气锅炉结构简单，不需要送风机的电力驱动，噪声小，利用率高，有害物质排放低，从而使整体系统更加合理。

2.2.4 壁挂式燃气热水锅炉

壁挂式燃气热水锅炉是一种燃气在燃烧器中燃烧，将热量由高温烟气通过主换热器传递给水，为用户提供高质量采暖用水和生活用水的安装在墙壁上的设备。在实际应用当中，采暖热水都是通过采暖回水直接通过主换热器后获得，而生活热水的获得则有三种形式：一种是自来水通过副换热器后获得；另一种是自来水与采暖回水以管中管的形式通过主换热器获得；还有一种是自来水通过容积式储水罐获得。

这种锅炉现在大多为进口产品，其热功率可以在 3.5～24kW 之间（最大的可达 60kW）无级调节。燃料一般使用天然气，也有使用城市燃气或液化气的，能源利用率高（热效率可达 92%～99.5%），供热费用较低。一体式结构（包括膨胀水箱、水泵、安全附件等紧凑地组装为一个整体），节省安装空间。配有微处理器，室内数字式温控器可以进行时间与温度的设定，例如可以设定一周与每日的运行程序，设定节假日运行程序与防冻功能程序等。这种锅炉可以用于独立的生活热水和采暖。有些壁挂式锅炉，最多可以 8 台组合安装，热功率在 11～480kW 之间，调节范围大。它采用的是平衡式烟管，即燃烧产生的烟气由内管排出，燃烧所需的空气不是取自室内，而是由室外沿外管进入。

为了能够使大家对壁挂式燃气热水锅炉有一个更为深刻的了解，下面以威能公司的壁挂式燃气热水锅炉为主，对其结构作一个简单介绍。

(1) 结构构成

壁挂式燃气热水锅炉由上到下主要包括以下部件：风机、风压开关、主换热器、点火电极与火焰监测电极、燃烧器、燃气阀、循环水泵、膨胀水箱、控制面板、电动三通阀、

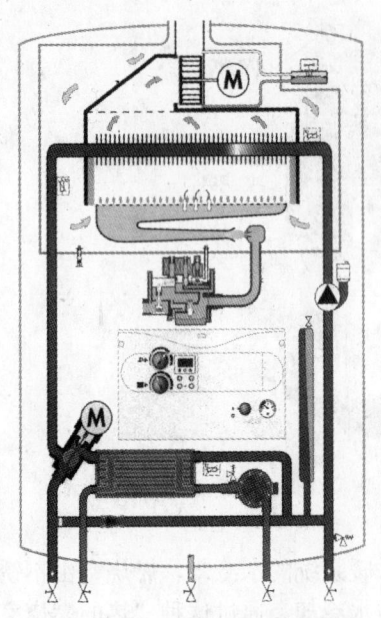

副换热器、流量计、自动旁通阀以及温度传感器（NTC）等，如图4-18所示。

(2) 工作过程

锅炉在供应采暖热水时，由于没有生活热水的供应，采暖回水通过循环水泵到达主换热器，获得热量后经过电动三通阀进入采暖供水管道，在散热器或者其他散热设备为用户提供热量后重新进入采暖回水，完成整个热量传递的循环；当用户有生活热水需要而打开生活热水龙头时，水流信号由流量计传递给中央控制部件，电动三通阀关闭采暖供水，采暖暂时停止，由主换热器加热的采暖热水进入副换热器，将流经流量计经过副换热器的自来水加热，产生用户需要的生活热水，进入副换热器的采暖水与自来水进行热交换后经过循环水泵进入主换热器，完成一个循环流动。

(3) 主要部件说明

1) 流量计（图4-19）　若系统有生活热水需求，流量计会探测到水流。水的流动会驱动叶轮的旋转，一旦达到一定的转速，电子系统会接收到"热水运行"的信号。当水龙头关闭时，水流传感器探测到水流量的减少，则电子系统停止热水系统的运行。

图4-18　壁挂式燃气热水锅炉结构图

叶轮的运动会带动其上的多极永久磁铁，位于流量计外壁上的传感器可以感知因叶轮的旋转而导致的磁场强度变化，并将这种磁场强度变化的频率转化为水流量值。

2) 电动三通阀（图4-20）　电力驱动的换向阀依所需的运行状态在采暖系统与生活热水系统之间进行切换。电机会驱动在阀门小室内的一个球形阀芯，依所选的运行模式在两个阀座间变换位置，把未被使用的接口通道密封。电机驱动系统由锅炉内部的电子系统控制。

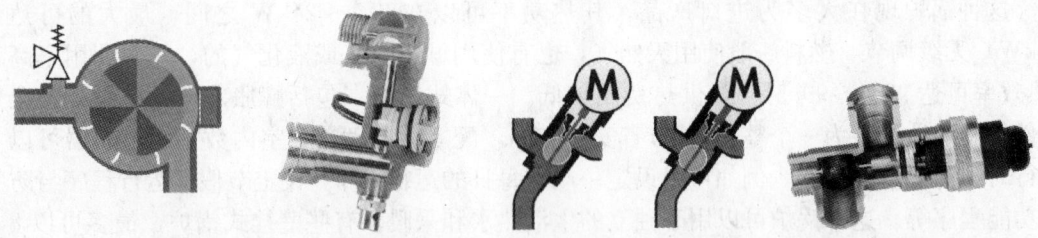

图4-19　流量计　　　　　　　　　　　　　　图4-20　电动三通阀

3) 副热交换器（图4-21）　副热交换器是由层叠式金属板片焊接而成的不锈钢板式热交换器，用于加热生活热水。该换热器换热面积大，水容量小，意味着热能可以很快地由一次水传递给生活热水。

副热交换器具有换热面积大，对热水需求的反应迅速，不受电解抑制剂影响，抗结垢能力强，不需除垢装置等特征。

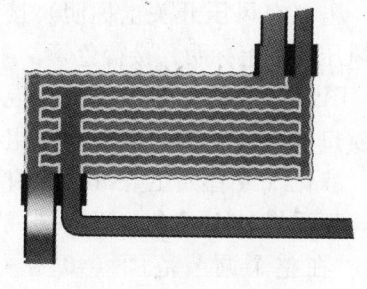
图 4-21 副热交换器

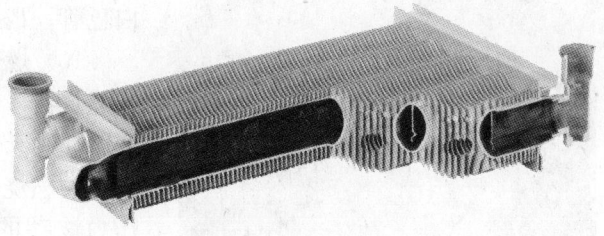
图 4-22 主热交换器

4) 主热交换器（图 4-22） 燃气在燃烧室内燃烧所产生的热量通过主热交换器传递给采暖系统。主热交换器由五根铜管串联而成，并焊上铜翅片，确保从燃烧器获得最大热量。每台壁挂炉的功率取决于铜管长度和翅片数。主热交换器的进出口处都用螺纹拧上 NTC 元件以防止过热。

铜管设计的主热交换器具有最高的换热效率，工作寿命长，超强防腐蚀涂层等特征。

5) 循环泵 为整个循环系统提供动力，循环泵为两级水泵，一般出厂时设定为速度 Ⅱ，如系统中存在水流噪声，可手动变换至速度 Ⅰ。然而，壁挂炉应只在循环泵速度 Ⅱ 位置运行，如转至速度 Ⅰ，将造成生活热水供应量下降。

6) 膨胀水箱 壁挂炉内装有一个氮气定压的闭式膨胀水箱，当系统中的水被加热时，氮气受到压缩，吸收系统的膨胀量，在膨胀水箱内有一层橡胶膜将水与氮气隔开。一般情况下，膨胀水箱连接在系统的回水管上，并预充压力至 $0.5\times10^5 \sim 0.75\times10^5 Pa$，其容量为 $10m^3$ 的系统。

7) 自动旁通阀 在系统处于采暖运行模式时，如果采暖系统当中采用温控阀进行温度控制，当室内温度达到或者接近用户所设定的温度时，通过散热器的采暖水流量就将很少，此时系统当中的水量很少，也就是说循环水泵的流量很低，压力增加。直接影响到循环水泵的正常运行。此时自动旁通阀在循环泵压力下打开，一部分一次水通过自动旁通阀回到循环泵的入口，使循环泵的流量增加，压力降低，保证循环泵的正常运行。壁挂式燃气热水锅炉由于内部自带自动旁通阀而不需加装独立的系统旁通管路。旁通阀的自动动作，仅在系统压差超过设定值时打开，避免了正常运行时通过旁通管路的热量损失。对于使用散热器温控阀的系统非常理想。

8) 风机 对于封闭的燃烧室有如下作用：引进新鲜空气和排出废气。风机安装在排气侧，有两条软管，一端与风机上不同的风压孔相连，另一端与风压开关连通。在壁挂炉工作时它们将监测空气流量。在风机内安置的软管接口会产生正压，靠排气端的软管接口将产生负压，其压差是烟气流量的反映。在开机时，必须超过一定的压差风压开关才会发出正常信号。若流量不够，则风压开关不发信号，燃气阀则不会打开，壁挂炉将不工作。

壁挂炉工作时，若排气量下降，压差达不到标准，风压开关信号将中断，燃气随即停止输入，壁挂炉将锁定。

9) 风压开关（图 4-23） 风压开关根据毕托管原理工作，用于测量排气通路的压差。特殊的空气动力形状使其工作状态稳定。如果烟道堵塞或者风机出现故障使烟气流量降低，则该设备将切断壁挂锅炉的电源，使锅炉停止运行。

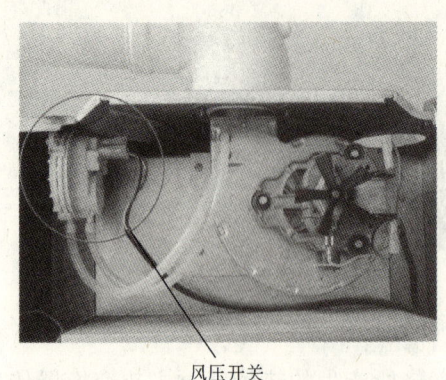

图 4-23 风压开关

接管应该是：P_1（在风压开关上标明）接白色管；P_2（在风压开关上标明）接蓝色管。

10）燃烧器（图 4-24） 燃烧器是部分预混式燃烧器，由带喷口的配气总管和混气小室组成，使用天然气、液化气或者人工煤气，具有良好的燃烧性能，不受燃气中混合的添加剂或压力波动的影响。在整个调节范围（40%～100%）之内保持平稳的燃烧和点火。

11）自动点火系统 点燃燃气并监视火焰。若监测电极在 8s 的安全周期内没有探测到火焰，它将再试点火两次。在每两次点火之间点火器会等待 15s。若第三次点火还未成功，壁挂炉就锁定，此时只能通过按"复位"钮来重新启动壁挂炉。

12）点火电极和火焰监测电极（图 4-25） 与燃烧器间隔一定距离处（便于点燃可燃的混合气）安装有一对电子点火电极用于打出电火花并将燃气和空气的混合气点燃。

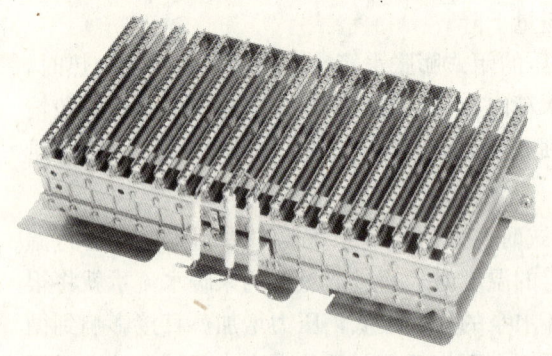

图 4-24 燃烧器

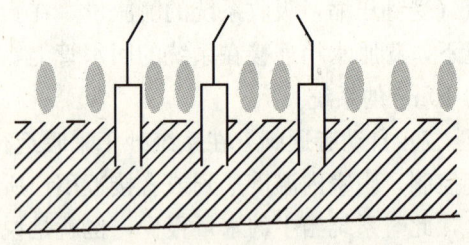

图 4-25 点火电极和火焰监测电极

在紧临点火电极的左侧装有火焰监测电极，电极顶部在燃烧器之上保持一固定的位置，正好处于燃烧时产生的火焰之中。

火焰监测电极是利用火焰电离原理，即燃气火焰会导电，而无火焰时燃气（空气）不导电（电阻无穷大）。燃气到达燃烧器处被点燃而产生火焰，加于电极上的交流电会转化为脉冲的直流电，电流从监测电极经燃气火焰到达燃烧器。此过程被反馈到电子控制系统，表明系统工作正常。如果监测系统没有感知到火焰，壁挂炉会等待 8s，然后系统锁定。

13）燃气阀 控制燃气的供应与流量调节，有两个电控安全阀和一个电子模拟调节阀。部件组成如图 4-26 所示。

燃气阀的工作情况：当有热需求时两个阀门线圈 2、3 将由电子系统平行控制。1 号主燃气阀 8 和操作阀 9 将打开，由此燃气可通过 1 号主燃气阀和伺服开口 10 到达伺服薄膜 11 下，该薄膜将抬高并打开 2 号上燃气阀 12，调定的点火燃气量将从燃气阀出口流出。

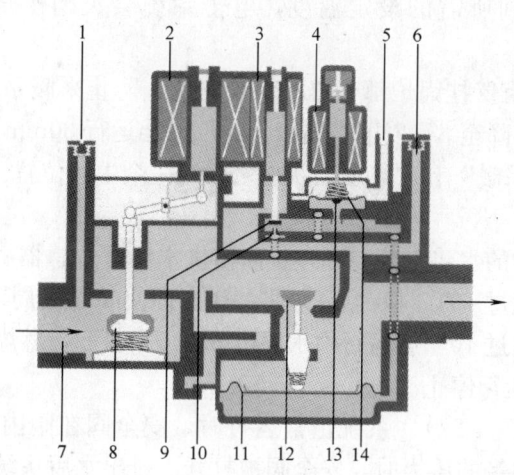

图 4-26 燃气阀
1—燃气供气压力检测点；2—阀门进/出口导向线圈；3—阀门进/出口伺服线圈；4—模拟线圈；
5—燃烧室连通点；6—燃气输出压力检测点；7—过滤器；8—1号主燃气阀；9—操作阀；
10—伺服开口；11—伺服隔膜；12—2号主燃气阀；13—调节阀；14—压力调节隔膜

压力控制器可通过压力调节薄膜维持燃气输出压力的恒定。若燃气输出压力大于设定值，压力控制器将打开调节阀13，薄膜11之下空间的压力将减小，2号主燃气阀随之关小，燃气输出压力将下降至与压力控制薄膜下压力平衡为止。若燃气输出压力小于设定值，压力控制薄膜将关闭控制阀13，使薄膜下的压力上升，并使2号主燃气阀打开，燃气输出压力将上升至与压力控制薄膜下压力平衡为止。

模拟线圈用来确定设定值。若无电流，只有点火流量通过燃气阀，当火焰检测电极测得火焰后，模拟线圈将开始工作。电子系统根据模拟电流的变化对燃气量在40%～100%间进行无级调节。为使燃气阀向燃烧器提供恒定压力的燃气，压力控制器必须获得有关环境压力的信息，该信息可通过燃烧室的连接点5来采集。

14) 温度传感器（NTC）

温度传感器（NTC）主要功能是监测主燃烧器进出口处采暖水的温度、副换热器出水处以及生活热水供水管的水流温度，为燃烧器的运行提供必要的参数，见表4-1。

温度传感器   表4-1

名　称	机　型	接　线	位　置
供水温度传感器	所有机型	单线接地	紧靠主换热器出口的供水管上
回水温度传感器	所有机型	单线接地	主热交换器进口水
速热启动NTC	仅plus上有	单线接地	副热交换器一次侧回水管上

(4) 其他主要功能

1) 速热启动功能　副热交换器的一次水回水上安装有NTC元件（温度传感器，仅用于VUW Turbo Plus机型），NTC与设备电子系统共同作用完成速热启动功能。

一旦启动速热启动功能，电子系统将NTC探测到的实际温度与通过控制板所设定的温度进行比较。在速热启动工作期间，电子系统将换向阀转入生活热水状态，并启动循环泵和燃烧器。一旦达到所需的设定温度，电子系统会关闭燃烧器，而循环泵继续运行 80s。

2）防冻保护 所有壁挂锅炉都有防冻保护功能，防止采暖系统水管结冻。如果一次供水（即采暖水）温度降至 8℃ 以下，则以下的部件会运行 30min。

① 换向阀处于"采暖"和"热水"状态之间的一个中间位置。

② 循环泵运行。

这样，采暖系统中的水将充分混和，从而使供水温度传感器 NTC 感知采暖系统的实际温度。如供水温度超过 10℃ 时，循环泵将关闭（即使 30min 周期未到）。若 30min 运行期结束后供水温度不超过 10℃ 或运行中水温已降至 5℃ 以下，燃烧器会启动，直到供水温度超过 35℃ 时，采暖运行停止。

3）压力安全阀（图 4-27） 系统正常运行时，安全阀在阀内弹簧的作用下关闭。当系统中水的压力超过弹簧的压力时，安全阀被打开，排出水后系统压力降低，在弹簧的作用下安全阀重新关闭，保证锅炉的安全运行。

4）缺水保护装置 如果由于泄漏或充水不足造成系统缺水，则会严重影响系统的运行，并会损坏循环泵。系统缺水的症状是系统压力过低。因此，缺水保护装置实际上是检测系统中的压力，当系统压力过低时将切断壁挂锅炉的电源，锅炉无法运行。

5）平衡式烟道（图 4-28） 壁挂锅炉采用平衡式烟道，保证锅炉在运行时将废气在风机的作用下排到室外，同时将室外的新鲜空气引入燃烧室，可避免锅炉运行时对室内环境的影响。同时在平衡式烟道中，新鲜空气和废气进行热量的交换，提高了锅炉的热效率。

图 4-27 压力安全阀

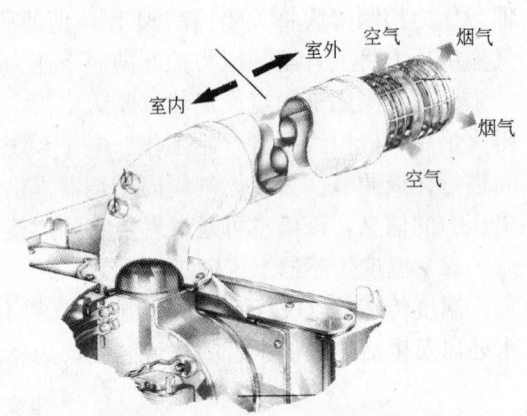

图 4-28 平衡式烟道

实 训 课 题

结合实物讲解常见炉型的构成、原理。

思 考 题 与 习 题

1. 火管锅炉分为哪几种？各有何特点？

2. 简单说明卧式水火管锅炉的组成。
3. 简单说明自然循环热水锅炉的工作原理。
4. 电热水锅炉有何特点?
5. 什么是燃烧值锅炉?
6. 简单说明壁挂锅炉的组成及各个部件的功能。

单元5 锅炉辅助设备

知 识 点：运煤除渣系统设备、送引风系统设备、水汽系统设备、锅炉安全附件、锅炉房管道布置与敷设。

教学目标：了解锅炉安全附件及锅炉房管道布置与敷设；熟悉锅炉房的运煤除渣系统、送引风系统、水汽系统流程及设备。

课题1 运煤、除渣系统设备

锅炉所用燃煤一般由汽车等运输机械运至锅炉房的贮煤场，再从贮煤场输送到锅炉房内炉前煤斗中。通常把从贮煤场到锅炉炉前煤斗之间的燃煤输送系统，称为锅炉房的运煤系统，其中包括煤的破碎、筛选、磁选、计量和转运输送等过程。

1.1 贮 煤 场

燃料的场外运输，可能会因为煤源、气候、运输等各种条件影响而中断，此外，锅炉房的耗煤量与运输工具运输能力也不一定平衡，因此，在锅炉房附近必须设置贮煤场，以确保锅炉的燃料供应不中断。

贮煤场的贮煤量应视煤源远近，交通运输条件，以及锅炉房的耗煤量等因素来确定，同时应考虑少占用土地。

1.2 燃煤供给系统

图5-1为工业锅炉房典型运煤系统的示意图。

贮煤场的煤用D632型铲斗车1运到受煤斗上的筛板上落入受煤斗，经槽式给煤机3

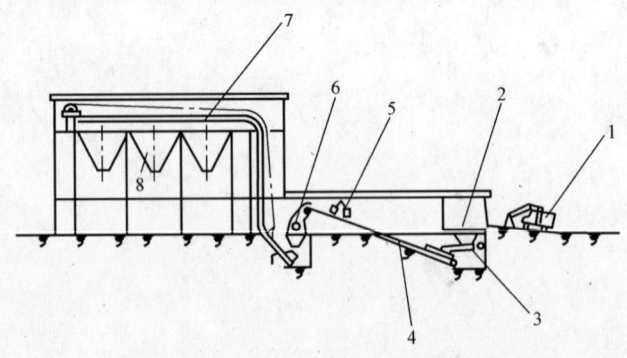

图5-1 单斗提升机上煤系统图
1—D632型铲车；2—筛网；3—给煤机；4—胶带输送机；5—电磁分离器；6—破碎机；7—单斗滑轨上煤机；8—炉前煤斗

将煤送入胶带输送机 4，经磁选后的煤送入双辊齿牙破碎机 6，然后由单斗滑轨上煤机 7，将煤送入炉前煤斗 8。

以下简要介绍煤的制备、运煤设备及运煤方式的选择。

1.2.1 煤的制备

由于不同的锅炉对原煤的粒度要求不同，如人工加煤锅炉粒度不超过 80mm，抛煤机锅炉粒度不超过 40mm，链条炉排炉粒度不超过 50mm，沸腾炉要求粒度不超过 8mm。当锅炉燃煤的粒度不能满足燃烧设备的要求时，煤块必须先经过破碎。此时，运煤系统中应设置碎煤装置。工业锅炉房常用的为双齿辊碎煤机。

在破碎之前，煤应先进行筛选，以减轻碎煤装置不必要的负荷，筛选装置有振动筛、滚筒筛和固定筛。固定筛结构简单，造价低廉，用来分离较大的煤块。振动筛和滚筒筛可用于筛分较小的煤块。

当采用机械碎煤和锅炉的燃烧设备有要求时，尚应进行煤的磁选，以防止煤中夹带的碎铁进入设备，发生火花和卡住等事故。常用的磁选设备有悬挂式电磁分离器和电磁皮带轮两种。悬挂式电磁分离器悬挂在输送机的上方，可吸除输送机上煤的堆积厚度 50~100mm 中的含铁杂物，定期用人工加以清理。当煤层很厚时，底部的铁件很难清除干净，此时可与电磁皮带轮配合使用。电磁皮带轮通常作为胶带输送机的主动轮，借直流电磁铁产生的磁场自动分离输送带上煤中的含铁杂物。

为了使给煤连续均匀地供给运煤设备，常在运煤系统中设给煤机。常用的有电磁振动给煤机。

在生产中，为了加强经济管理，在运煤系统中一般应设煤的计量装置。采用汽车、手推车进煤时，可选用地秤；胶带输送机上煤时，可采用皮带秤，当锅炉为链条炉排时，还可以采用煤耗计量表。

1.2.2 煤的转运

煤场中转运设备的选用，主要根据运煤量大小来考虑。工业锅炉房常用的转运设备有手推车、手扶机铲、移动式胶带输送机、铲车和桥式抓斗起重机等。运煤量较小的锅炉房，可采用手推车；运煤量较大的锅炉房，可采用移动式胶带输送机、手扶机铲或铲车等；运煤量大的锅炉房，可采用桥式抓斗起重机，它除了可用于卸煤、堆煤、转运外，也可用于灰渣的装卸。

1.2.3 运煤设备

锅炉房的运煤设备，主要用在锅炉房内将煤从煤斗经过提升、运输运至炉前煤斗中。常用的有以下几种：

（1）卷扬翻斗上煤机

卷扬翻斗上煤机是一种简易的间歇运煤设备。根据翻斗运动方向分为垂直式和倾斜式。通过该装置可将煤直接从炉前提升到炉前小煤斗上方，煤从小翻斗中倒入锅炉煤斗中。小翻斗容积为 $0.15\sim0.21\text{m}^3$，电机功率在 1.1kW 以下。它的特点是占地面积小，运行机构简单，一般用于 4t/h 以下快装锅炉配套的单台炉上煤装置。如果将滑轨横置在炉前煤斗的上方，也可以实现对多台锅炉给煤，这就是用在中型锅炉房的单斗滑轨输送装置。

（2）摇臂翻斗上煤机

摇臂翻斗上煤机如图5-2所示。它是垂直翻斗上煤装置的改进，相比之下，耗钢量小，结构简单轻巧，炉前无立柱，维修方便。翻斗容量分别为90kg、100kg、120kg、130kg。电机功率仅1.1kW。

(3) 电动葫芦吊煤罐

该装置是一种简易的间断上煤设备，可以进行水平和垂直方向的运输工作，每小时运煤量2~6t/h，一般适用于额定耗煤量4t/h以下的锅炉房。

电动葫芦起重量一般为0.5~3t，提升高度6~12m，提升速度8m/min，运行速度为20m/min。

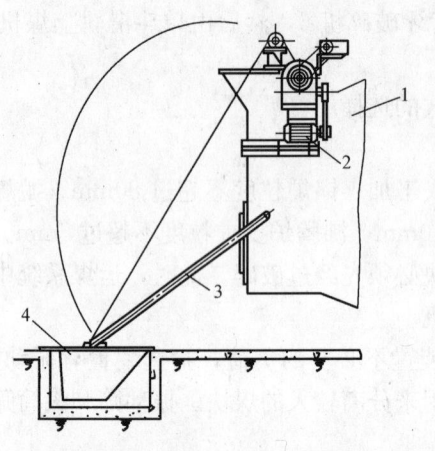

图5-2 摇臂翻斗上煤机示意图
1—锅炉；2—电动机；3—摇臂；4—小翻斗

吊煤罐有方形、圆形及钟罩式三种，均为底开式，容积为0.4~1m³。

1.2.4 运煤方式的选择

对运煤系统的基本要求是能向锅炉可靠地供应燃煤，保证锅炉的正常运行。而运煤方式的确定主要取决于锅炉房耗煤量的大小、燃烧设备的形式、场地条件及煤炭供应情况等，需经过技术经济比较来确定。

1.3 燃煤锅炉房除灰渣系统及设备

工业锅炉房常用的除灰渣方式有人工除灰渣和机械除灰渣两种。

1.3.1 人工除灰渣

人工除灰渣即锅炉房内灰渣的装卸和运输都依靠人力进行，由工人将灰渣从灰坑中扒出装上灰车，然后推到灰渣场。

由于灰渣温度高，灰尘大，为了保证安全生产和改善工人的劳动条件，灰渣应先用水浇冷却，才能向锅炉房外运，同时要注意良好的通风，尽量减少灰尘、蒸汽和有害气体对环境的污染。

由于人工除灰渣劳动强度大，卫生条件差，常用于小型锅炉房。

1.3.2 机械除灰渣

前述的一些运煤设备，一般也可用来输送灰渣，只是炽热的灰渣需先用水喷淋冷却，而且，大块灰渣还得适当破碎，还需将灰渣从灰斗（或灰坑）中移送出来。

目前工业锅炉房常用的除渣设备有框链除渣机、链条除渣机、马丁除渣机、圆盘除渣机和胶带输送机。

(1) 框链除渣机

框链除渣机由传动机构、框链和灰渣槽等组成，图5-3是该设备的结构简图。

本设备系由电动机经变速器带动主动轴，使渣沟底部的框链做连续水平或倾斜运动，将锅炉排入灰渣槽的灰渣刮到地面一定高度，随后落入运渣设备，送往渣场。

其水平段设备极限长度为8m、12m、24m三种，适用于1~2台蒸发量为4t/h及以下的小型锅炉房。

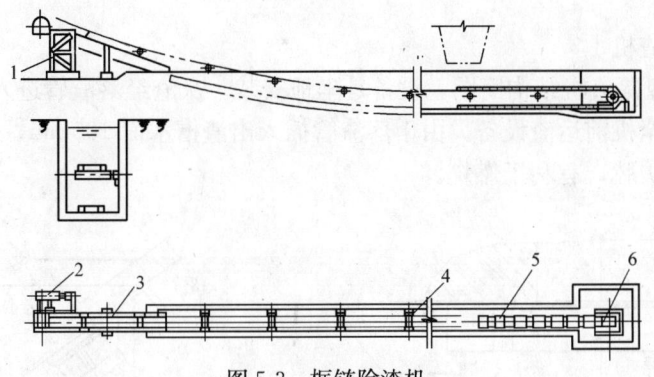

图 5-3 框链除渣机
1—驱动支架；2—驱动装置；3—灰渣槽；4—托辊；5—框链；6—从动装置

该设备制造、维修简便，由于采用湿式除灰渣，改善了锅炉房的卫生条件。

(2) 链条除渣机

链条除渣机结构简图如图 5-4 所示。

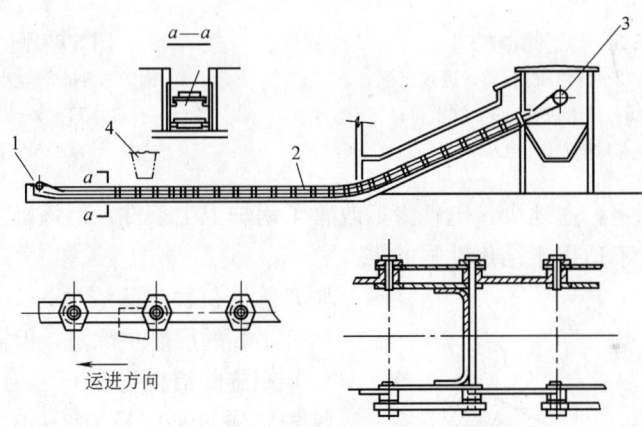

图 5-4 链条除渣机结构
1—牵引装置；2—链条；3—传动装置；4—灰渣斗

除渣机的中部浸入充满水的灰渣沟中，循环运行的链条借助滑块在导轨上滑动。链条每隔一定距离设置刮板。刮板是由钢或铸铁加工成的平板，宽度一般为 200~350mm。靠刮板推着灰渣，沿灰渣槽进入渣斗或由灰车运往渣场。链条速度一般为 1.35~2.1m/min，输送机倾角一般为 25°。该机也是采用湿式运灰渣，不但劳动强度减轻，且环境卫生、安全生产条件得到保证。但这种除渣机不适用于强结焦性煤种。常用于灰渣量在 8t/h 以下的工业锅炉房。

(3) 马丁除渣机

马丁除渣机主要由碎渣机构、排渣机构、水封槽和驱动装置等组成，图 5-5 是该机结构简图。

马丁除渣机用于双层布置的 6~20t/h 锅炉，直接与锅炉出渣口相接，落入的灰渣经碎渣机构破碎后，落入水槽。然后被推渣机构从渣口推出。因此，该除渣机具有碎渣、出渣和水封炉膛的作用。它的湿式出渣有利于环境卫生，但该机结构复杂，易发生故障，且需配置运渣设备。

（4）圆盘除渣机

图 5-6 是圆盘除渣机结构简图。设备是坐地安装。灰渣经落渣管进入渣槽，在水中冷却后由出渣轮刮至机前运渣设备。由于落渣管插入出渣槽水面 100mm，保持一定的水封，避免冷空气进入炉膛，有利于燃烧。

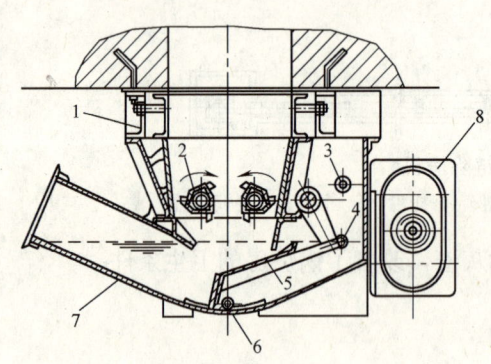
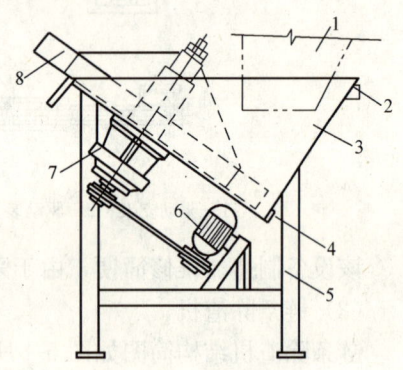

图 5-5　马丁除渣机
1—渣口框架；2—碎渣机构；3—进水口；
4—溢流口；5—排渣机构；6—放水口；
7—水封槽；8—电机

图 5-6　圆盘除渣机
1—锅炉渣斗；2—溢水管；3—出渣槽；
4—放水口；5—机架；6—电机；
7—减速机；8—出渣轮

该设备运行稳定，占地少，电耗少，改善了锅炉卫生条件，但该机无碎渣能力，易被大块渣卡住，因此不适用于结焦性强的煤。

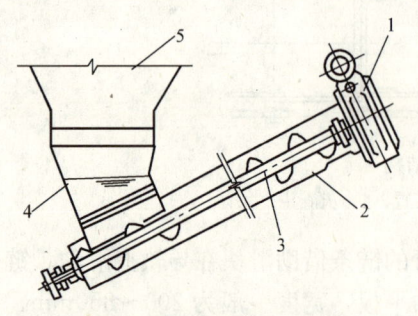

图 5-7　螺旋除渣机结构简图
1—驱动装置；2—筒壳；3—螺旋轴；
4—渣斗；5—锅炉底部出渣斗

圆盘除渣机额定除渣量为 1~3t/h，适用于单台 10~35t/h 的层燃炉除渣，但需配备运渣设备。

（5）螺旋除渣机

螺旋除渣机是容量为 2~4t/h 的"快装锅炉、往复推动炉排炉"及一般链条炉配用的除渣设备，图 5-7 是其结构简图。

该设备电机转速为 30~75r/min。螺旋直径常采用 200~300mm。其设备简单，运行管理方便。但不适用于结焦性强的煤。

1.3.3　除灰渣方式的选用

锅炉房除灰渣方式的选择主要根据锅炉类型、灰渣排出量、灰渣特性、运输条件及基建投资等因素，经技术经济比较后确定。

课题2　送、引风系统设备

要保证锅炉燃料的正常燃烧，必须保证连续不断地向锅炉炉膛送入燃料燃烧所需的空气量，并能及时排走燃烧生成的烟气，这一过程被称为锅炉的通风过程。实现通风所采用的管道和设备，构成了锅炉房的通风系统。通常把向炉内供应空气称为送风，把排出烟气称为引风。

根据锅炉类型和容量大小的不同,锅炉的通风方式可以采用自然通风或机械通风。

2.1 锅炉的自然通风方式

自然通风是利用烟囱内热烟气和外界冷空气的密度差形成的自生风抽力作为推动力,来克服锅炉及烟、风通道中的流动阻力。由于烟气和空气的密度差有限,这种抽力不会太大,一般仅适用于烟风阻力不大、无尾部受热面的小型锅炉,如容量在 lt/h 以下的手烧炉等。

2.2 锅炉的机械通风方式

对于有尾部受热面和除尘装置的锅炉,由于空气和烟气的流动阻力较大,必须采用机械通风,即借助于风机所提供的压头克服空气和烟气的流动阻力。

机械通风方式有三种,即负压通风、正压通风和平衡通风。

2.2.1 负压通风

负压通风只装设引风机,引风机除了克服烟道阻力外,还要克服燃料层和炉排的阻力,因此沿着锅炉空气和烟气的流程,气流均处于负压状态。如果锅炉烟、风道阻力很大,采用这种方式会使炉膛负压过大,使漏风量增加,炉膛温度下降,从而使热损失增加,降低锅炉效率。这种通风方式只适用于烟、风道阻力不大的小型锅炉。

2.2.2 正压通风

正压通风是只装设送风机,利用其压头克服全部烟、风道阻力,锅炉炉膛及烟道均处于正压状态下,提高了燃烧强度和锅炉效率,但也要求炉墙和烟道严密封闭,以防烟气外冒,污染环境,影响工作人员的安全。这种通风方式在国内某些燃油、燃气锅炉上有所应用。

2.2.3 平衡通风

平衡通风是在锅炉的烟风系统中同时装设送风机和引风机,如图5-8所示。利用引风机的压头克服从炉膛出口到烟囱出口(包括使炉膛形成负压)的全部烟气行程的阻力;利用送风机的压头克服风道及燃烧设备的阻力。这种通风方式既能有效地调节

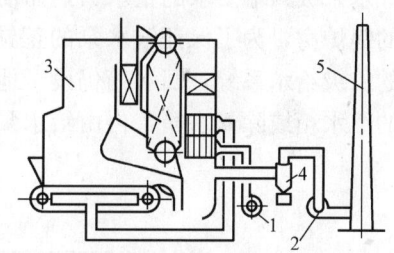

图 5-8 平衡通风示意图
1—送风机;2—引风机;3—锅炉;
4—除尘器;5—烟囱

送、引风量,满足燃烧的需要,又使锅炉炉膛及烟道处于合理的负压下运行,锅炉房安全及卫生条件较好。因此,这种通风方式在工业锅炉房中应用最为普遍。

课题3 水、汽系统设备

3.1 锅炉房的水、汽系统

锅炉房的水、汽系统,包括给水系统和蒸汽系统两个部分。将给水送入锅炉的一系列设备、管道及其配件等,称为给水系统;将蒸汽引出锅炉房的管道及其配件等,称为蒸汽

系统。

3.1.1 锅炉房的给水系统

最简单的锅炉房给水系统是由给水箱、给水泵、给水管道及其配件组成的。大多数工业锅炉房的给水需要处理,并且回收凝结水,则给水系统又增加了水处理系统,以及由回水箱、回水泵等组成的回水系统(又称为凝结水系统)。

锅炉房的给水系统常与热网回水方式、水处理或除氧的方式有关。如凝结水采取压力回水方案时,锅炉房可只设一个给水箱,如图5-9所示。回水和软水(补给水)都流到给水箱,然后由给水泵送往锅炉,这种系统通常称为一级给水系统。

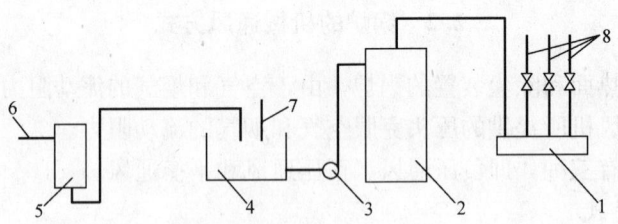

图 5-9 一级给水系统
1—分汽缸;2—锅炉;3—给水泵;4—给水箱;5—离子交换器;
6—上水管道;7—回水管道;8—送至用户

又如凝结水采取自流回水方案时,锅炉房的回水箱一般是设置在地下室内,容量较小的锅炉房仍可采用一级给水,但往往对给水泵的运行不利,当回水温度较高时,由于不能保证水泵吸入端要求的正水头,而使水泵内的水发生汽化,甚至吸不上水来。对于中型以上的锅炉房,为了保证给水泵的正常运行,减小地下室的建筑面积,常采用如图5-10所示的二级给水系统,回水箱仍设于地下室内,回水泵将回水从地下室的回水箱送至地面以上的给水箱或除氧水箱,再由给水泵送往锅炉。

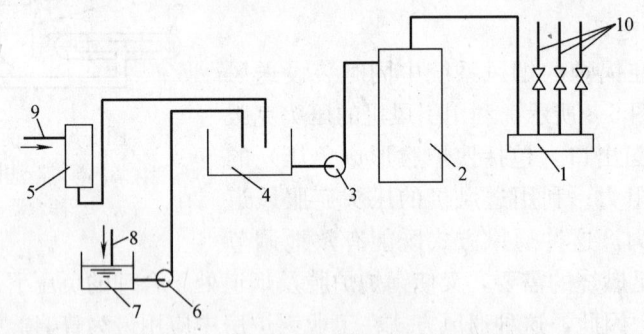

图 5-10 二级给水系统
1—分汽缸;2—锅炉;3—给水泵;4—给水箱;5—离子交换器;6—回水泵;
7—回水箱;8—回水管道;9—上水管道;10—送至用户

某些锅炉房虽然采用了压力回水方案,或者水箱放置在地面以上,但是为了适应除氧系统的要求,也常采用二级给水系统。

当锅炉房有不同压力的回水时,如生产回水为高压,采暖回水为低压,常在高压回水管道上设置扩容器,使回水压力降低,产生二次蒸汽后再进入回水箱,如图5-11所示。

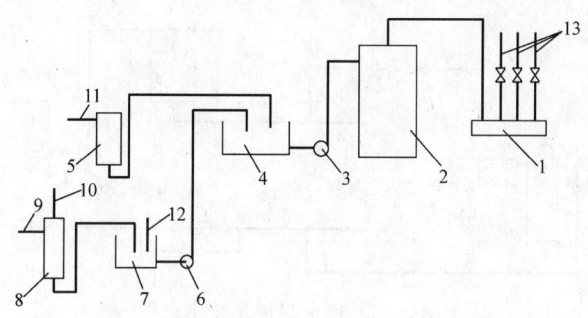

图 5-11 有高低压回水的二级给水系统
1—分汽缸；2—锅炉；3—给水泵；4—给水箱；5—离子交换器；6—回水泵；7—回水箱；
8—扩容器；9—高压回水管道；10—二次蒸汽；11—上水管道；12—低压回水管道；13—送至用户

3.1.2 蒸汽系统的组成

锅炉房内的蒸汽管道可分为主蒸汽管和副蒸汽管。由锅炉至汽水集配器（分汽缸）之间的蒸汽管道称为主蒸汽管，由锅炉直接引出或由分汽缸引出用于锅炉本身，如吹灰、带动汽动泵或注水器的蒸汽管道称为副蒸汽管。主蒸汽管、副蒸汽管及其设备附件等，总称为蒸汽系统。图 5-12 是汽水集配器集中蒸汽系统示意图。该系统由锅炉引出蒸汽管接至汽水集配器，外供蒸汽管道与锅炉房自用蒸汽管道均由汽水集配器接出。这样可避免在主蒸汽管道上开孔太多，又便于集中管理。

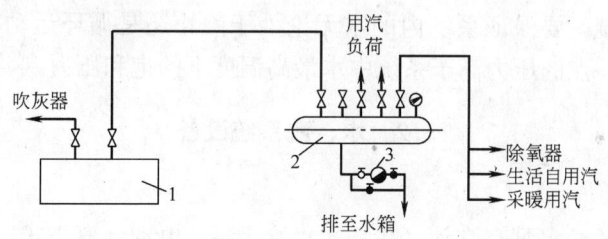

图 5-12 蒸汽系统示意图
1—蒸汽锅炉；2—汽水集配器；3—疏水器

每台锅炉与锅炉房蒸汽总管之间的管道上应安装两个阀门，以防止某台锅炉停炉检修时，蒸汽从关闭失灵的阀门倒流而入。其中一个阀门应安装在紧靠蒸汽锅炉蒸汽出口处，另一个阀门则安装在紧靠蒸汽总管便于操作处。两个阀门之间应有通向大气的疏水管阀门，其内径不得小于 18mm。

对于工作压力不同的锅炉，不能合用一根蒸汽总管或一台汽水集配器，而应分别设置蒸汽管路。

蒸汽管道应有 0.002 的坡度，其坡向与蒸汽流动方向相同。在蒸汽管道的最高点，应设放气阀，以便管道水压试验时排除空气；在蒸汽管道的最低点必须装设疏水器或放水阀，以便排除凝结水，放水阀的公称直径不应小于 20mm。

3.1.3 热水系统

对于热水锅炉，则有由供热水管道、回水管道及其设备组成的热水系统，如图 5-13 所示。自锅炉出水口引出的供热水管道称为主采暖管道，供各用户的热水管道从汽水集配

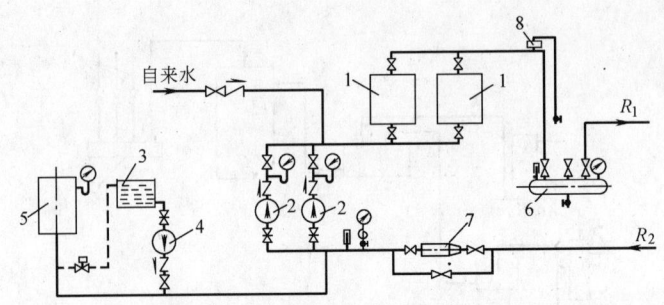

图 5-13 热水锅炉系统示意图
1—热水锅炉；2—循环水泵；3—补给水箱；4—补给水泵；
5—稳压罐；6—汽水集配器；7—除污器；8—集气罐

器上接出。几台热水锅炉并联运行时，为安全起见，每台锅炉与主采暖管道之间都应安装两个阀门，其中一个阀门应紧靠锅炉出水口，另一个则装在操作方便之处。在热水锅炉的进水管与出水管上均应设切断阀，在进水管的切断阀前宜装设止回阀。

为便于排除管道及锅炉内的气体，在供热水管道的最高点设排气装置。

热水循环水泵进水侧的回水母管上应设置除污器，以便将水中的污物、杂质进行沉淀后排出。

当回水干管在两根以上时，可设置汽水集配器（集水缸），汽水集配器上应设置压力表和温度计。

对于高温水系统，要保证系统内的水无论处于静止还是循环运动状态均不会发生汽化，必须使系统任一点的压力高于系统中水最高温度下的饱和压力。

3.2 水、汽系统设备

3.2.1 给水泵

供热锅炉常用的给水泵有汽动（往复式）给水泵、电动（离心式）给水泵、蒸汽注水器等。

(1) 汽动（往复式）给水泵

汽动泵的优点是工作可靠、启动容易、操作简便、便于调节给水量，能适应较大的负荷变化。缺点是结构笨重，由于往复间歇地工作，出水量不均匀，而且蒸汽耗量大。一般用于小型锅炉或作为备用泵。

(2) 电动（离心式）给水泵

电动泵容量较大，能连续均匀地给水，尺寸及重量都比同容量的汽动泵小。因此，电动泵广泛的应用于中、大容量的锅炉房。缺点是启动手续较复杂，启动前须灌水、排气。另外，根据离心泵的特性曲线可知，在提高泵的出力时，泵的压头（扬程）会减少，而给水管道在此时的阻力却增大，因此，在选用时应按最大出力和对应于这个最大出力下的压头为准。在正常负荷下工作时，过余的压力可借阀门的节流来消除。

一些小容量的锅炉，要求用流量小，扬程高的给水泵。但一般的离心泵不能很好地满足这种需要，因此，常选用旋涡泵。这种泵体积小，扬程高，但比离心泵效率低，且易损坏。

(3) 蒸汽注水器

蒸汽注水器是最简单的给水泵，借锅炉本身蒸汽的能量将给水压入锅炉。其特点是没有运动的部件，结构简单，外形小，价格便宜，操作方便，所耗蒸汽热量为给水吸收，热能利用率较高（97%～99%）。但其给水温度一般不得高于40℃，蒸汽消耗量大，给水的调节较困难。因此，一般适用于额定蒸发量≤2t/h、工作压力≤0.8MPa的锅炉。

图5-14所示为锅炉常用的单管上吸式注水器的示意图。

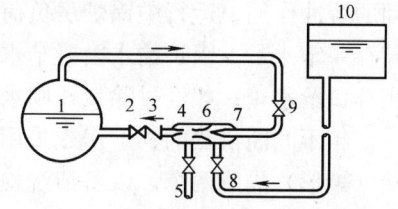

图5-14 注水器工作原理示意图
1—锅筒；2—给水截止阀；3—止回阀；4—射水喷嘴；5—溢水管；6—混合喷嘴；7—蒸汽喷嘴；8—吸水管；9—蒸汽阀；10—水箱

注水器主要由外壳、蒸汽嘴、吸水嘴、混合嘴和射水嘴等部分组成。注水时先将蒸汽阀稍开，使少量蒸汽进入注水器内，由蒸汽喷嘴喷出，蒸汽嘴附近的空气随蒸汽由溢水阀排出。使注水器形成真空，水箱内的水因受大气压力作用，由吸水管进入注水器内。然后再开大蒸汽阀，使较多的蒸汽进入混合嘴内与水混合。混合水得到蒸汽的动能，以高速度进入射水喷嘴，随着射水嘴直径逐渐扩大，混合水的速度逐渐减小，水的动压转换为静压，水的压力逐渐增大，当其压力增至高于锅内汽压时，即推开止回阀进入锅炉内。

为了在给水泵检修时不影响锅炉供汽，锅炉房的给水泵应有备用。给水泵的台数应能适应锅炉房负荷变化的要求，以利于连续给水和经济运行。

具有两个独立电源的锅炉房或停电缺水不会导致事故的锅炉房，可不设置备用汽动给水泵。其余的情况，均应设置。

3.2.2 其他泵

(1) 凝结水泵

凝结水泵一般设两台，其中一台备用。当其仅输送凝结水时，任何一台泵停止运行时，其余的凝结水泵的总流量不应小于每小时凝结水回收的1.2倍；若凝结水和软化水混合后输送时，泵应有备用，当任何一台停止运行时，其余泵的总流量应能满足所有运行锅炉在额定蒸发量下所需给水量的110%。

(2) 软化水泵

软化水泵应有一台备用。当任何一台软化水泵停止运行时，其余的水泵总流量应满足锅炉房所需软化水量的要求。当备用的凝结水泵能满足要求时，亦可兼作软化水泵的备用泵。

(3) 补给水泵

补给水泵一般不少于两台，其中一台备用。采用补给水泵定压装置的闭式热水供热系统，补给水泵的流量除应满足热水系统的正常补给水量外，尚应满足事故增加的补给水量，一般按热水系统（包括锅炉、管道和用热设备）实际总水量的4%～5%计算。

(4) 热水循环泵

循环水泵是热水供热系统另一重要附属设备。循环水泵的台数，应根据供热系统规模和运行调节方式以最佳节能运行方案确定。一般不少于两台，在其中任何一台停止运行时，其余水泵的总流量应满足最大循环水量的需要。并联运行的循环水泵，应选择型号相同、特性曲线比较平缓的泵型,这样即使由于系统水力工况变化而使循环水泵的流量有较大范围波动时,水泵的压头变化较小。应注意的是,当循环水泵布置在锅炉的出水侧时,应采取措施防止水泵气蚀。

3.2.3 水箱

锅炉房给水箱是贮存锅炉给水的,同时也起着锅炉房软化水、凝结水与锅炉给水流量之间的缓冲作用。运行中锅炉房负荷的变化将会引起给水量的波动,因此,给水箱要保证能储存一定水量。锅炉给水由凝结水和经过处理后的补给水组成。如给水不进行除氧,可采用开口给水箱;如经过除氧,则水箱必须有良好的密封性。

常年不间断供热的锅炉房或采用在给水箱内加药处理给水时,给水箱应设两个或一个水箱(矩形)隔成两个,以备清洗检修时另一个仍能运行。两个水箱间应有水连通管,以备相互切换使用。

锅炉房的水箱应注意防腐,水温大于50℃时,水箱需要保温,保温层外表面温度不应超过40~50℃。

3.2.4 水处理设备

在锅炉房使用的各种水源中,无论是天然水,还是自来水,都含有一些杂质,不能直接用于锅炉给水,必须经过处理,符合水质标准后才能供给锅炉使用,否则会影响锅炉的安全、经济运行。

工业锅炉房水处理的主要内容是软化和除氧,即除去水中的钙、镁离子,降低给水含氧量。利用不产生硬度的阳离子,将水中的钙、镁离子置换出去,以达到使水软化的目的,这种方法称为阳离子软化法,又称离子交换软化法。离子交换是通过离子交换剂实现的。常用的离子交换剂有钠型和氢型阳离子交换剂。

离子交换设备种类较多,有固定床、浮动床、流动床等。浮动床、流动床离子交换设备适用于原水水质稳定,软化水出力变化不大、连续不间断运行的情况,固定床则无需上述要求,是工业锅炉房常用的软化设备。在此我们只介绍工业锅炉房常用的固定床离子交换器。

固定床离子交换器,是指运行中交换器中的交换剂层是固定不动的,一般原水由上而下经过交换剂层,使水得到软化。

固定床离子交换按其再生运行方式不同,可分为顺流再生和逆流再生两种。

(1) 顺流再生钠离子交换器及其运行

顺流再生是指再生液的流动方向和原水流向一致。图5-15所示为顺流再生钠离子交换器。由交换器本体、进水分配漏斗,进再生液装置,底部排水装置和顶部排水管等主要部件组成。

顺流再生固定床的优点是结构简单,运行维修方便,对各种水质适应性强。但缺点是再生效果不理想。为了克服顺流再生的交换器底部交换剂再生程度较低的缺点,通常采用逆流再生方式。

(2) 逆流再生钠离子交换器及运行

所谓"逆流再生",就是再生时再生液的流向和水软化运行时的流向相反。通常是盐液从交换器下部进入,上部排出。逆流再生离子交换器具有出水质量高,盐耗低等优点,所以在生产中被广泛采用。

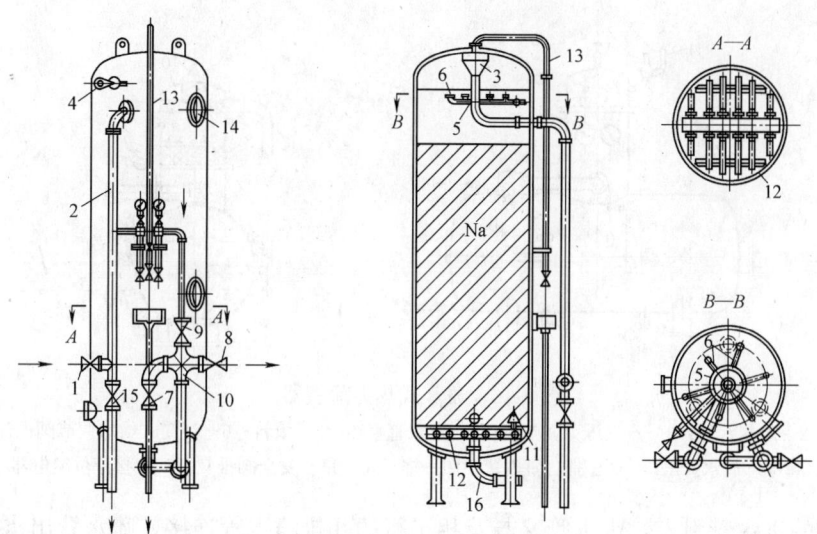

图 5-15 顺流再生钠离子交换器

1—进水阀；2—进水管；3—分配漏斗；4—再生液进口；5—环形管；6—喷嘴；7—排水阀；8—软化出水阀；9—冲洗水进水阀；10—四通；11—泄水帽；12—集水管；13—排气管；14—观察孔；15—排水阀；16—泄水管

(3) 锅内加药处理与物理水处理

锅炉给水的软化，除了应用广泛的离子交换软化法之外，还有许多物理、化学、物化等软化法，这些方法在锅炉给水的软化过程中都各有其特点和适应性。

所谓物理软化法是指软化过程中没有生成新的物质的方法；所谓化学的软化法是指软化过程中发生化学反应而生成新的物质的方法；所谓物化法则是介于这二者之间的方法。

(4) 锅炉给水的除氧

金属最严重的腐蚀是电化学腐蚀。在锅炉设备里，锅筒、管道都是碳钢构件，它们在炉水中是构成以钢中的碳（FeC_3）为阳极、铁为阴极的微电池活动的必要条件。

而给水中往往含有大量的氧气，而且氧气的含量随着未经处理的给水而不断地补充进来，这就使电化学腐蚀不停地进行着。

如在锅炉大修时观察一下，就会在给水管路、省煤器、锅炉蒸发面附近、进水装置、炉内热力软化器等部位，发现大量的麻坑。这些麻坑就是氧腐蚀造成的，它对锅炉的使用年限和安全运行影响很大。

氧在水中的溶解度是和水的温度成反比的，水温愈高，水中的溶氧就愈少。此外，氧在水中的溶解度还和水面上气体空间各种气体形成的总压力中氧气的分压力成正比，氧的分压力愈小，水中的溶解氧也愈少。

在锅炉给水的除氧方面，就是利用氧的溶解度性能和化学性质，设法将给水中氧除去。目前应用最普遍的除氧方法有大气式热力除氧、真空除氧、解析除氧和化学除氧。

1) 热力除氧　在敞开的设备中，将水加热，水温升高，会使气水界面上的水蒸气分压力增大，其他气体的分压力降低，当水达到沸点时，水界面上的水蒸气分压力与外界压力相等，其他气体的分压力都趋于零，水中溶解气体的含量也趋于零。热力除氧器就是根据这个原理制成的。

喷雾式热力除氧器如图 5-16 所示。除氧器由除氧头和除氧水箱两部分组成，给水由

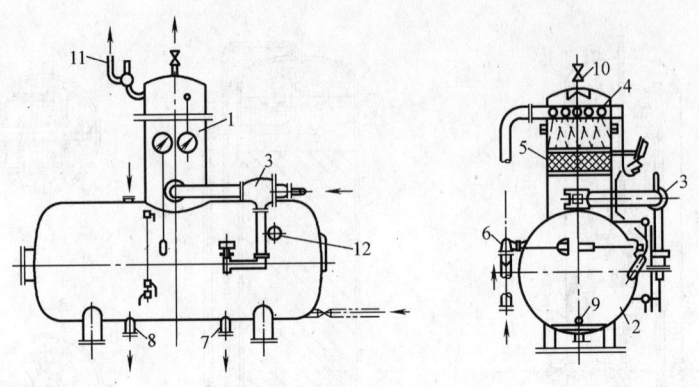

图 5-16 喷雾式热力除氧器
1—除氧头；2—除氧水箱；3—蒸汽压力调节阀；4—进水管喷嘴；5—填料；6—浮筒式给水调节阀；7—除氧水出口；8—放水管出口；9—辅助加热管；10—排气阀；11—安全阀排气；12—接液位继电器

除氧头上部的进水管引入，进水管又与互相平行的几排喷水管连接，喷水管出水口处装有喷嘴，水通过喷嘴被喷成雾状，喷嘴进水压力在 0.15～0.2MPa 左右。除氧头下部有两层孔板，孔板之间有一定的容积，装有不锈钢填料（也称 Ω 元件），雾状水滴经填料层后落到水箱里。蒸汽由除氧头下部的进汽管送入，通过蒸汽分配器向上流动，析出的气体及部分蒸汽经顶部的圆锥形挡板折流，由排气管排出。

这样，给水在除氧头先是被喷成雾状加热，具有很大的表面积，有利于氧气从水中逸出，后又在填料层中呈水膜状态被加热，与蒸汽有较充分的接触，且填料还有蓄热作用，所以除氧效果较好，对负荷的波动适应性强。

2) 真空除氧　是利用抽真空的方法使水的沸点降低，使水在 100℃ 以下沸腾，水中的溶解气体析出，达到除氧的目的。

除氧器内的真空度借蒸汽喷射器或水喷射器来实现。图 5-17 所示为低位水喷射真空除氧系统。待除氧的软化水由水泵加压，经过换热器加热到除氧头内相应真空压力下的饱和温度以上 0.5～1.0℃，进入除氧器，由于被除氧水有过热度，一部分被汽化，其余的水处于沸腾状态，水中溶解气体解析出来，气体随蒸汽被喷射器引出，送入敞开的循环水箱，喷射用水可循环使用。除氧水通过引水泵机组引出，由锅炉给水泵送入锅炉。目前常用的是整体式低位水喷射真空除氧器，如图 5-18 所示。它将除氧器及进水加热器、水喷射器、循环水箱等组成一个整体，占地面积小，安装费用少。

与大气式热力除氧相比，真空除氧的优点是：采用真空泵引水，实现低位安装，节省投资；蒸汽用量少或不用蒸汽，解决了无蒸汽场合的除氧问题；给水温度较低，便于充分利用省煤器，降低锅炉排烟温度。但对除氧器和给水泵的密封性要求高，否则无法保证除氧效果。

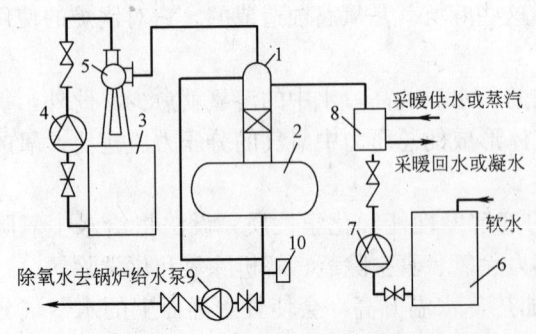

图 5-17　低位水喷射真空除氧系统
1—真空除氧器；2—除氧水箱；3—循环水箱；4—循环水泵；5—水喷射器；6—软化水箱；7—软化水泵；8—换热器；9—引水泵机组；10—溶解氧测定仪

3) 解吸除氧　是将不含氧的气体与

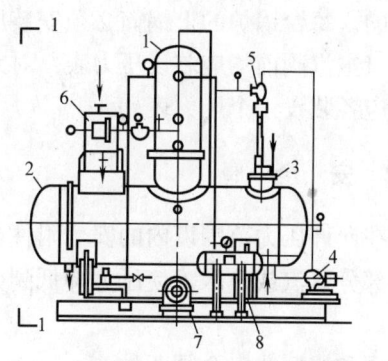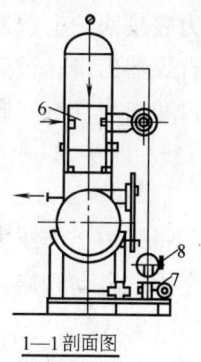

图 5-18 整体式低位水喷射真空除氧器
1—真空除氧器；2—除氧水箱；3—循环水箱；4—循环水泵；5—水喷射器；
6—换热箱；7—引水泵机组；8—溶氧测定仪

待除氧的软水强烈混合，使软水中的溶解氧大量析出并扩散到无氧气体中去，达到除氧的目的。解吸除氧系统如图 5-19 所示。软水经水泵加压，送至喷射器高速喷出，将由反应器来的无氧气体吸入并与水强烈混合，溶解氧向无氧气体中扩散，流入解吸器中，水与气体分离，无氧水从解吸器流入无氧水箱，含氧气体从解吸器上部经冷却器、汽水分离器后，进入反应器中。反应器中装有催化脱氧剂，用自动控制温度电加热至 300℃ 左右。在反应器中氧气与催化脱氧剂反应，将氧气消耗，不含氧气体被喷嘴吸走，往复循环工作。无氧水箱可用胶囊密封，保证无氧水不与空气接触。解吸除氧可在常温下除氧，初投资低。

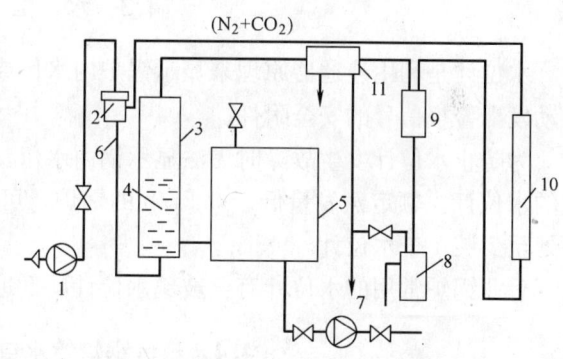

图 5-19 解吸除氧系统图
1—除氧水泵；2—喷射器；3—解吸器；4—挡板；5—水箱；
6—混合管；7—锅炉给水泵；8—水封；9—汽水分离器；
10—反应器；11—冷却器

要求喷射器前水压在 0.3MPa 以上，水温 40~60℃，解吸器内水位不超过其高度的 1/3。解吸除氧只能除氧，不能除其他气体，除氧后水中的 CO_2 含量有所增加，pH 值降低；工业锅炉一般间歇补水，但除氧器要连续运行，浪费电力。

4）化学除氧 利用氧的活泼性质，设法使给水中的溶解氧和化学药剂反应生成新物质而除氧，就是化学药剂除氧法的原理。常用的化学除氧有钢屑除氧、亚硫酸钠除氧、联氨除氧等，其中以钢屑除氧用得较广泛。

课题 4 锅炉安全附件

压力表、安全阀和水位计是保证锅炉安全运行的三大重要附件。

4.1 压 力 表

压力表是用以测量和显示锅炉水汽系统工作压力的仪表。

弹簧管式压力表是锅炉上普遍使用的。每台锅炉的上锅筒必须安装压力表。在给水调节阀前、可分式省煤器出口、过热器出口主汽阀前均应装设压力表，对无锅筒强制循环锅炉，在进水阀出口和出水（汽）阀入口应各装设一个压力表。

4.2 安 全 阀

安全阀是自动将锅炉工作压力控制在允许压力范围以内的安全附件。当锅炉压力超过允许压力时，安全阀就自动开启，排出部分蒸汽或热水，使压力降低到允许压力后，自动关闭。

工业锅炉常用安全阀有弹簧式安全阀和杠杆式安全阀两种。

工程中对额定蒸发量大于0.5t/h或额定热功率大于350kW的锅炉，应装两个安全阀，相反则只装1个安全阀；锅炉上设有水封式安全阀时，可以不另装安全阀。可分式省煤器出口（或入口）处、蒸汽过热器出口处都必须安装安全阀。

4.3 水 位 计

水位计是利用连通器原理来显示锅炉内水位或当锅炉内水位达到最高或最低限时，能自动发出警报信号的安全附件。

为防止水位计发生故障时无法显示锅内水位，要求每台蒸汽锅炉至少应装2个彼此独立的水位计。额定蒸发量低于0.5t/h的锅炉，可只装1个水位计。常压锅炉在反映水位面处至少装1个水位计。

工业锅炉常用的水位计有：玻璃水位计、低地位水位计、高低水位报警器等。

4.4 蒸汽锅炉给水自动调节装置

蒸汽锅炉给水自动调节的任务是使锅炉给水量适应锅炉蒸发量的变化，并维持锅筒水位在允许的范围之内。

锅炉的水位是影响锅炉安全运行的重要因素。水位的变化反映了锅炉给水量与蒸发量间的平衡关系。当给水量大于蒸发量时，水位上升，会使蒸汽带水量增加，甚至会出现满水事故；给水量小于蒸发量，水位会下降，出现严重缺水现象，以致造成爆炸事故。因此，为维持水位的稳定而及时调节给水量，实现锅炉给水自动调节是十分必要的。

课题5 锅炉房管道的布置与敷设

5.1 给水管道敷设方式

给水管道敷设方式有明装和暗装。锅炉房内的给水管道一般采用明装，施工和维修管理都较方便，造价也较低，安装时应尽量沿墙、梁、柱安装，可与其他管道共架敷设。给水如经过热力除氧，管道应加保温措施。当给水管道穿过楼板时应预先留孔，避免在施工安装时凿穿楼板面；孔洞尺寸一般较通过管径大50～100mm。管道通过楼板段应设套管，热水管道尤应如此。对于现浇楼板，可以采用镶入套管。

5.2 蒸汽管道的敷设

蒸汽管道的敷设可分为地上敷设和地下敷设两大类。地上敷设是将蒸汽管道敷设在地面上一些独立的或桁架式的支架上，故又称之为架空敷设。地下敷设分地沟敷设和直埋敷设两种，地沟敷设是将管道敷设在地下管沟内，直埋敷设是将管道直接埋设在土壤里。锅炉房内的蒸汽管道一般采用架空敷设，因为架空敷设管道不受地下水的浸蚀，使用寿命长，管道坡度易于保证，所需的放水、排气设备少，可充分使用工作可靠、构造简单的方形补偿器，且土方量小（只有支撑构件基础的土方量），维护管理方便。

实 训 课 题

参观锅炉房，熟悉锅炉房系统；用实物教学了解安全附件的构造和原理。

思考题与习题

1. 锅炉运煤除渣系统的设备有哪些？
2. 锅炉通风系统的作用是什么？通风方式有哪几种？它们各适用于什么场合？
3. 给水系统有哪些设备？
4. 工业锅炉水处理的任务是什么？
5. 工业锅炉常用的除氧方法有哪几种？
6. 蒸汽锅炉房的水汽系统一般由哪几部分组成？热水锅炉房的热水系统由哪几部分组成？
7. 锅炉房的安全仪表有哪几种？各起什么作用？

单元6 供热锅炉房施工图

知　识　点：供热锅炉房施工图的组成、供热锅炉房工程制图的一般规定、供热锅炉房平面图和剖面图、供热锅炉房流程图、供热锅炉房施工图识读举例。

教学目标：了解供热锅炉房施工图的组成，熟悉供热锅炉房施工图表达的内容，掌握供热锅炉房施工图的识读方法，并能熟练地识读。

施工图是工程的语言，是施工的依据，是编制施工图预算的基础。因此，工程施工图必须以统一的图形符号和文字说明，将其设计意图正确明了地表达出来，并用以指导工程施工。

供热锅炉房施工图有以下部分组成：

1. 首页

首页一般由图纸目录、设计与施工总说明两部分内容。

2. 平面图和剖面图

平面图是在水平剖切后，自上而下垂直俯视的可见图形，又称俯视图。平面图是最基本的施工图纸，其主要作用是确定设备及管道的平面位置，为设备、管道安装定位。

剖面图是在某一部位垂直剖切后，沿剖切视向的可见图形，其主要作用在于表明设备和管道的立面形状、安装高度及立面设备与设备、管道与设备、管道与管道之间的布置与连接关系。

3. 流程图

流程图也是工程全貌图。此图中绘有全部设备和管道，并清楚地表明设备和管道的连接关系。

4. 节点详图和大样图

节点详图也叫节点图。用来将工程中的某一关键部位或某一连接较复杂，在小比例的其他图中无法清楚表达的部位单独表示，以便清楚表达设计意图，指示正确的施工。

大样图是对设计采用的某些非标准化的加工件如管件、零部件、非标准设备等绘制加工件的大样图，且应采用较大比例的图形如1∶10、1∶5、1∶1等比例，以满足加工、装配、安装的实际要求。

5. 施工说明与设备材料明细表

施工说明与设备材料明细表是"文图"类型的图纸，是施工图的重要组成部分，应反复阅读、对照，严格执行。

课题1　供热锅炉房工程制图的基本规定

1.1　一般规定

供热锅炉房工程制图一般规定应符合《暖通空调制图标准》（GB/T 50114—2001）和

《供热工程制图标准》(CJJ/T 78—97)的规定。

1.1.1 比例

供热锅炉房及与其连接的室外供热施工图的比例,宜符合表 6-1 的规定。

常用比例 表 6-1

图　名	比　例
锅炉房、热力站和中继泵站图	1:20、1:25、1:30、1:50、1:100、1:200
热网管线施工图	1:500、1:1000
管线纵剖面图	铅垂方向 1:50、1:100　水平方向 1:50、1:100
管线横剖面图	1:10、1:20、1:50、1:100
管线节点、检查室图	1:20、1:25、1:30、1:50
详图	1:1、1:2、1:5、1:10、1:20

1.1.2 标高

水、汽管道所注标高未予说明时,表示管中心标高。如标注管外底或管顶标高时,应在数字前加"底"或"顶"字样。

1.1.3 管径

管径的标注方法如图 6-1 所示。

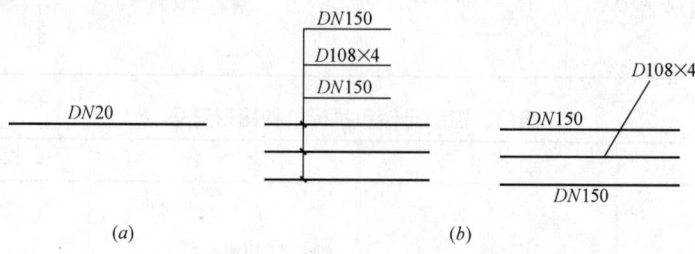

图 6-1 管径的标注方法
(a) 单管管径表示方法;(b) 多管管径表示方法

1.2 供热锅炉房施工图常用图例

供热锅炉房施工图图例详见《暖通空调制图标准》(GB/T 50114—2001)和《供热工程制图标准》(CJJ/T 78—97)的规定。摘录的部分常用图例见表 6-2～表 6-6。

常用管道代号 表 6-2

管道名称	代　号	管道名称	代　号
供热管线(通用)	HP	省煤器回水管	ER
蒸汽管(通用)	S	连续排污管	CB
凝结水管(通用)	C	定期排污管	PB
有压凝结水管	CP	取样管	SP
自流凝结水管	CG	补水管	M
排气管	EX	软化水管	SW
锅炉给水管	BW	供油管	O
燃气管	G	压缩空气管	A

设备和器具图形符号　　　　　　　　　　　　　　　　表 6-3

名　称	图形代号	名　称	图形代号
电动水泵		开式水箱	
蒸汽往复泵		除污器	
过滤器		Y形过滤器	
换热器		离子交换器	
分汽缸、分(集)水器		离心式风机	

阀门、控制元件和执行机构图形符号　　　　　　　　　表 6-4

名　称	图形代号	名　称	图形代号
减压阀		手动执行机构	
安全阀		电动执行机构	
快速排污阀		电磁执行机构	
疏水器		重锤元件	
烟风道插板阀		弹簧元件	

阀门与管路连接方式的图形符号　　　　　　　　　　　　　　　表 6-5

名　称	图形代号	名　称	图形代号
阀门与管路连接		法兰连接	
螺纹连接		焊接连接	

检测、计量仪表及元件图形符号　　　　　　　　　　　　　　　表 6-6

名　称	图形代号	名　称	图形代号
压力表（通用）		热量计	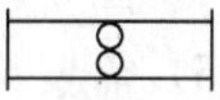
压力表座	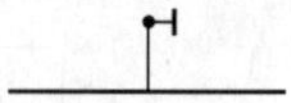	流量孔板	
温度计		冷水表	
流量计	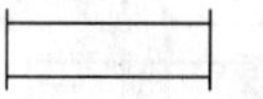	玻璃液面计	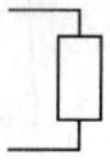

课题 2　供热锅炉房平面图与剖面图

锅炉房的平面图与剖面图一般应包括设备、管道平面图和剖面图；鼓、引风系统管道平面图和剖面图；上煤、除渣系统平面图和剖面图。

2.1　锅炉房设备、管道平面图和剖面图

（1）供热锅炉房的平面图应分层绘制，并应在一层平面图上标注指北针。

（2）有关的建筑物轮廓线及门、窗、梁、柱、平台等应按比例绘制，并应标出建筑物定位轴线、轴线间尺寸和房间名称。在剖面图中应标注梁底、屋架下弦底标高及多层建筑的楼层标高。

（3）所有设备应按比例绘制并编号，编号应与设备明细表相对应。

（4）应标注设备安装的定位尺寸及有关标高。宜标注设备基础上表面标高。

(5) 应绘出设备的操作平台,并标注各层标高。
(6) 应绘出各种管道,并应标注其代号及规格;应标注管道的定位尺寸和标高。
(7) 应绘出有关的管沟和排水沟等,宜标出沟的定位尺寸和断面尺寸等。
(8) 应绘出管道支吊架,并注明安装位置。支吊架宜编号。支吊架一览表应表示出支吊架形式和所支吊的管道规格。

燃煤锅炉房设备和管道平面图、剖面图画法示例如图 6-2、图 6-3 所示。

2.2 锅炉房鼓、引风系统管道平面图和剖面图

(1) 鼓、引风系统管道平面图和剖面图可单独绘制。
(2) 图中应按比例绘制设备简化轮廓线,并应标注定位尺寸。
(3) 烟、风管道及附件应按比例逐件绘制。每件管道及附件均应编号,并与材料或零部件明细表对应。
(4) 图中应详细标注管道的长度、断面尺寸及支吊架的安装位置。
(5) 需要详尽表达的部位和零部件应绘制详图和编制材料或零部件明细表。

燃煤锅炉房鼓、引风系统管道平面图和剖面图如图 6-4～图 6-6 所示。

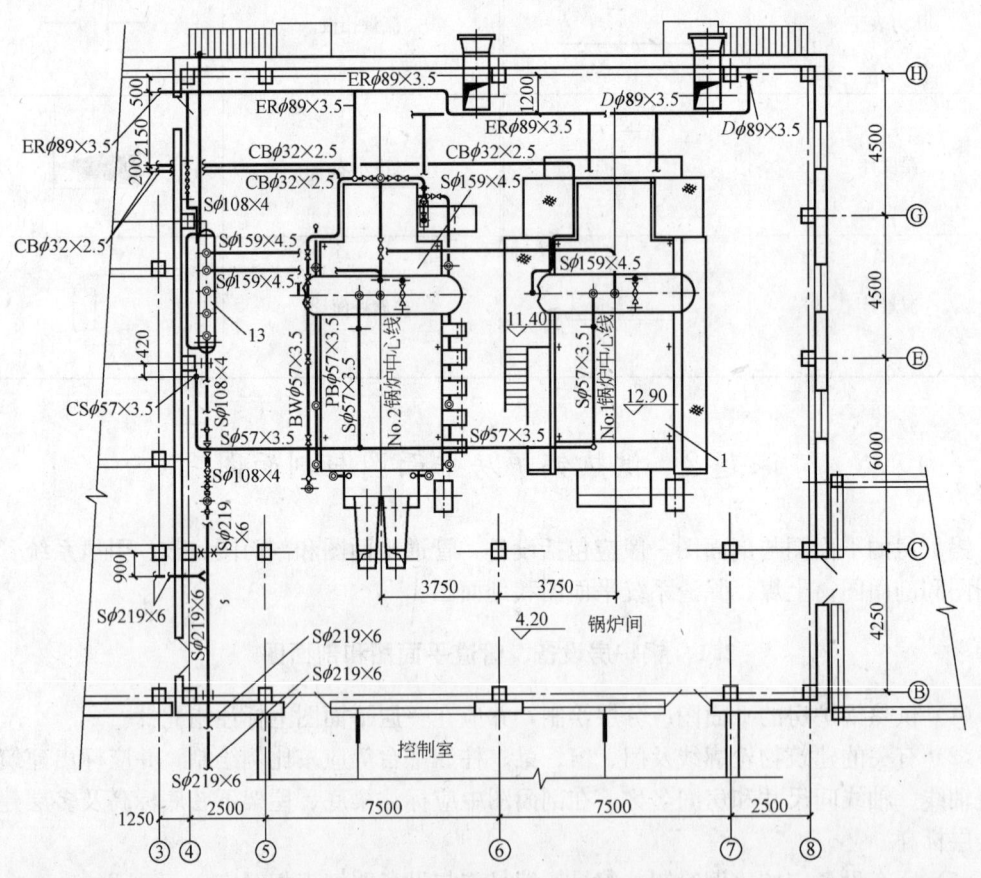

图 6-2 设备和管道平面图画法示例

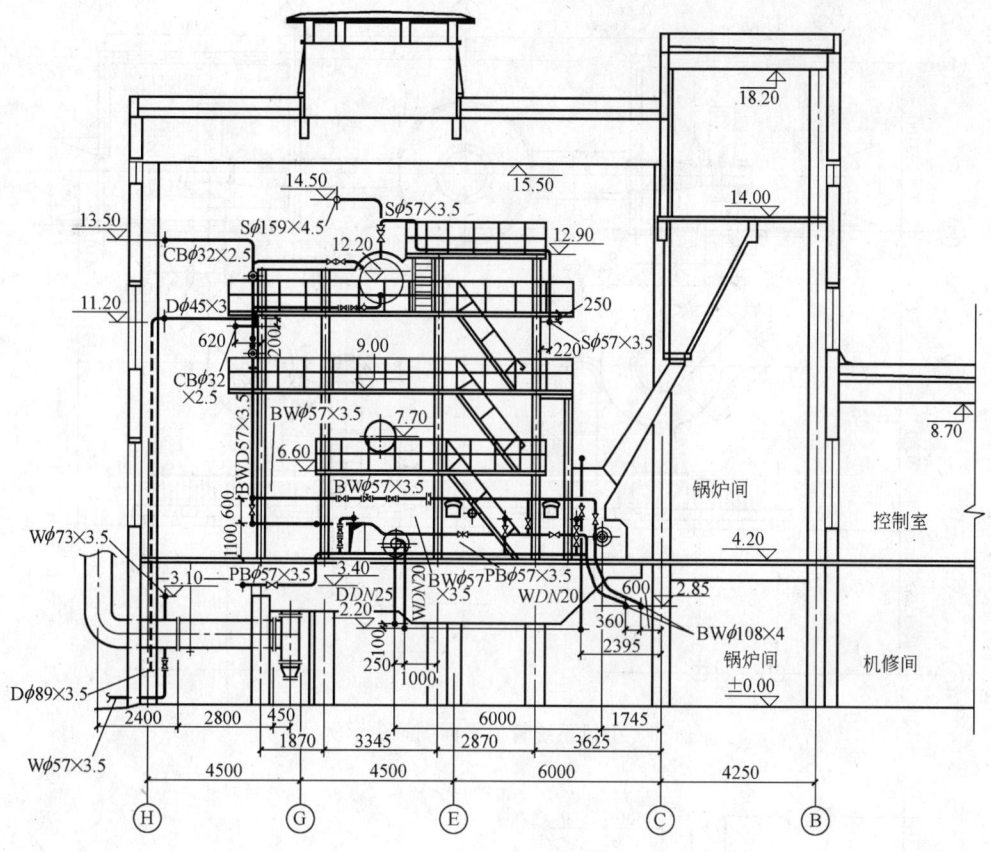

图 6-3 设备和管道剖面图画法示例

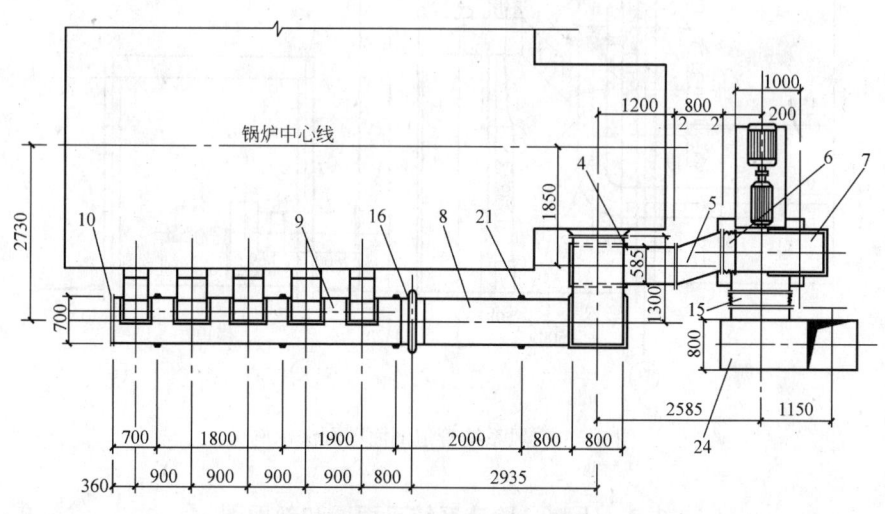

图 6-4 鼓风系统管道平面图画法示例

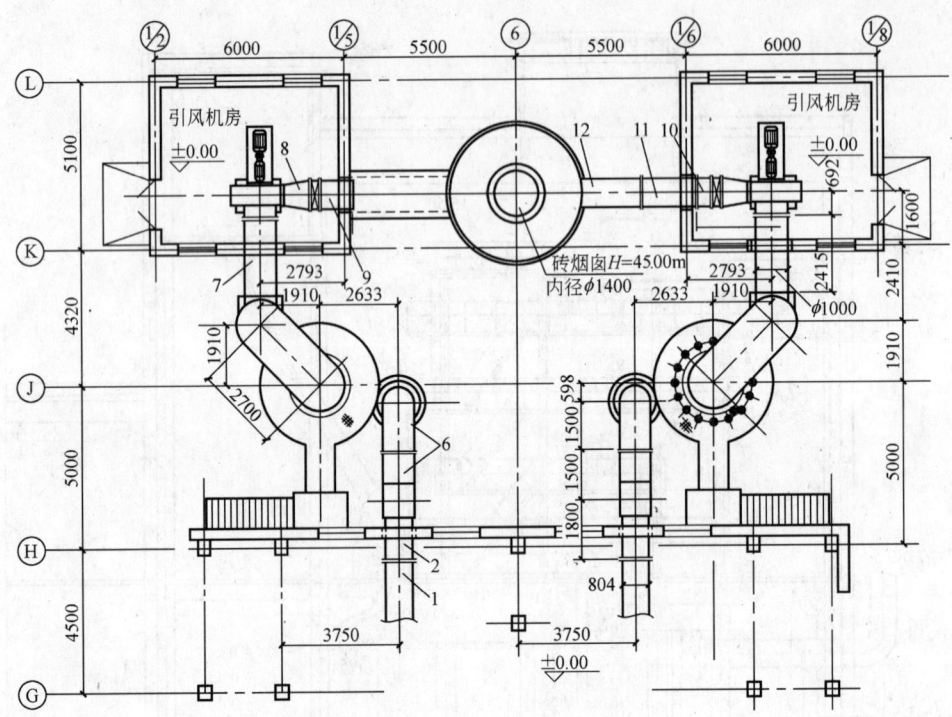

图 6-5 引风系统管道平面图画法示例

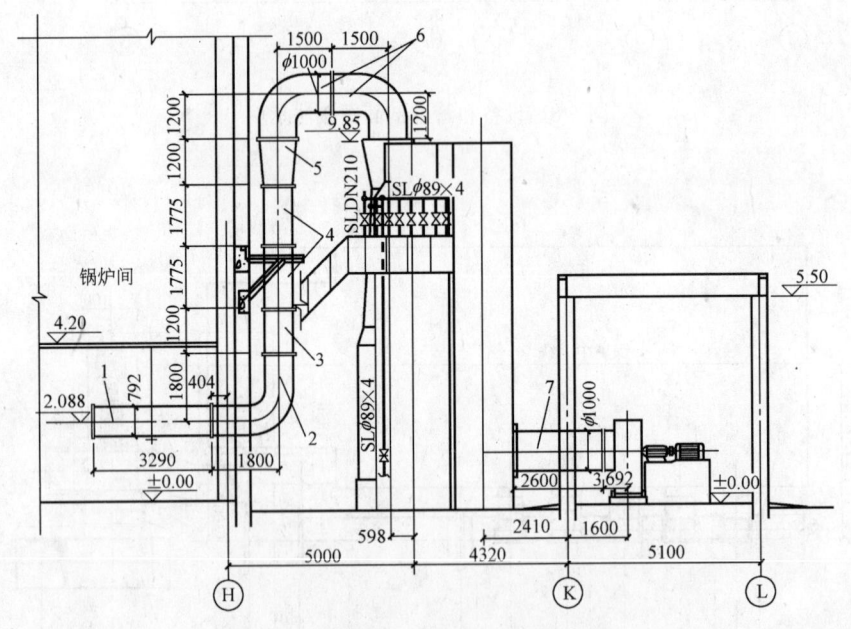

图 6-6 引风系统管道剖面图画法示例

2.3 上煤、除渣系统平面图和剖面图

（1）图中应按比例绘制输煤廊、破碎间、受煤坑等建筑轮廓线，并应标注尺寸。

(2) 图中应按比例绘制输煤及碎煤设备,并标注设备定位尺寸和编号。

(3) 水力除渣系统灰渣沟平面图中,应绘出锅炉房、沉渣池、灰渣泵房等建筑轮廓线,并标注尺寸。应标注灰渣沟的坡度及起止点、拐弯点、变坡点、交叉点的沟底标高。

(4) 水力除渣系统平面图和剖面图中应绘制出冲渣水管及喷嘴等附件,应标注灰渣沟的位置、长度、断面尺寸。

(5) 胶带输送机安装图应绘出胶带、托辊、机架、滚筒、拉紧装置、清扫器、驱动装置等部件,并应标注各部件的安装尺寸和编号,且与零部件明细表相对应。

(6) 绘制多斗提升机、埋刮板输送机和其他上煤、除渣设备安装图,也应标注各部件的安装尺寸和编号,且与零部件明细表相对应。

(7) 非标准设备、需要详尽表达的部件和零部件应绘制详图。

燃煤锅炉房上煤系统平面图、剖面图画法示例如图 6-7、图 6-8 所示。

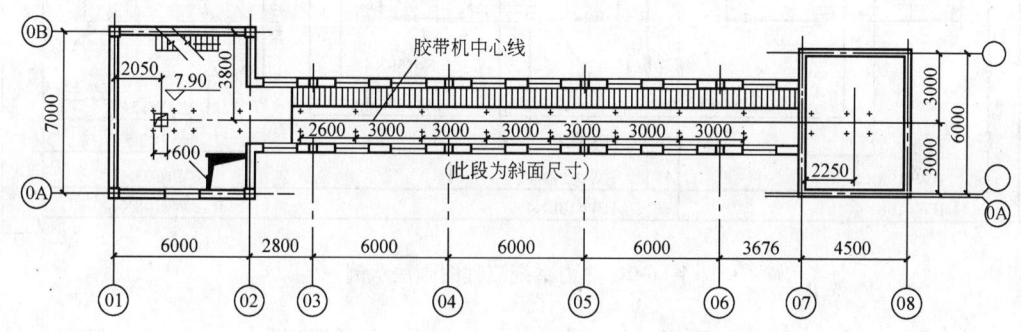

图 6-7 上煤系统平面图画法示例

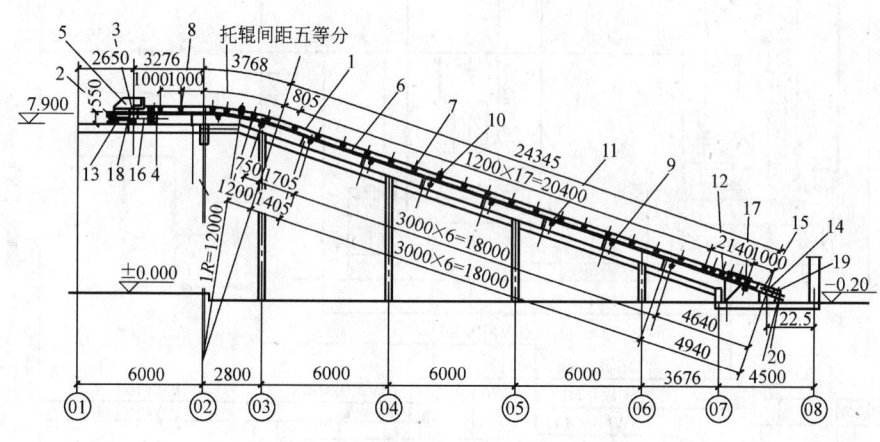

图 6-8 上煤系统剖面图画法示例

课题 3 供热锅炉房流程图

供热锅炉房流程图可不按比例绘制。但应符合下列规定:
(1) 流程图应表示出设备和管道之间的相对关系以及过程进行的顺序。

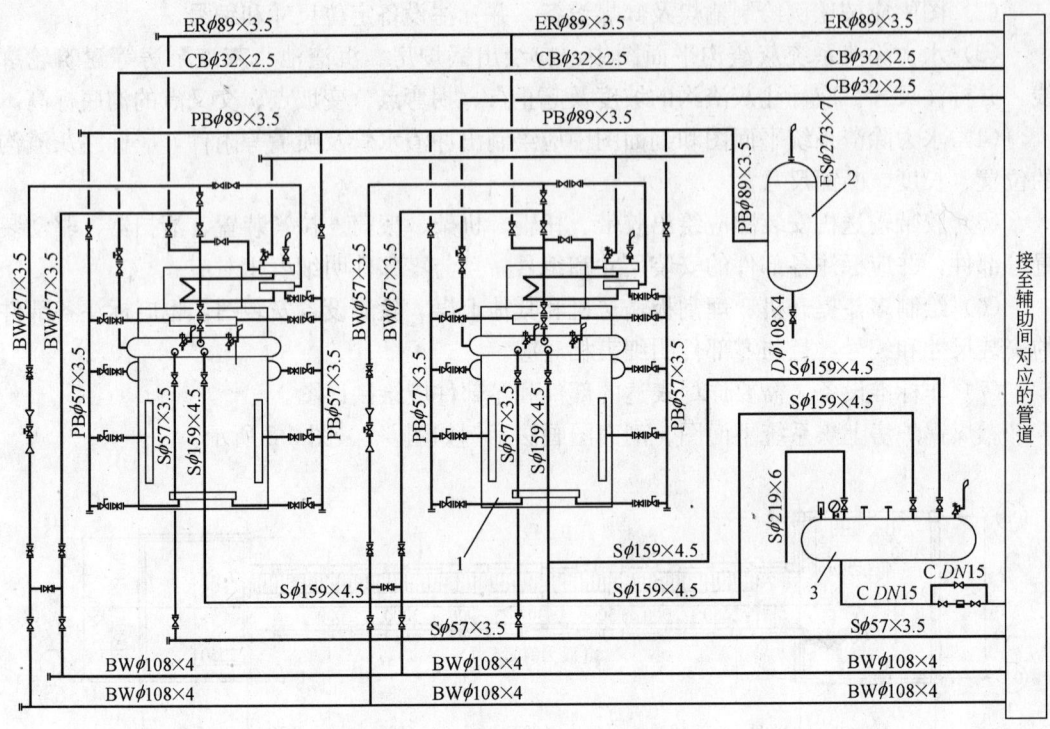

图 6-9 热力系统流程图画法示例

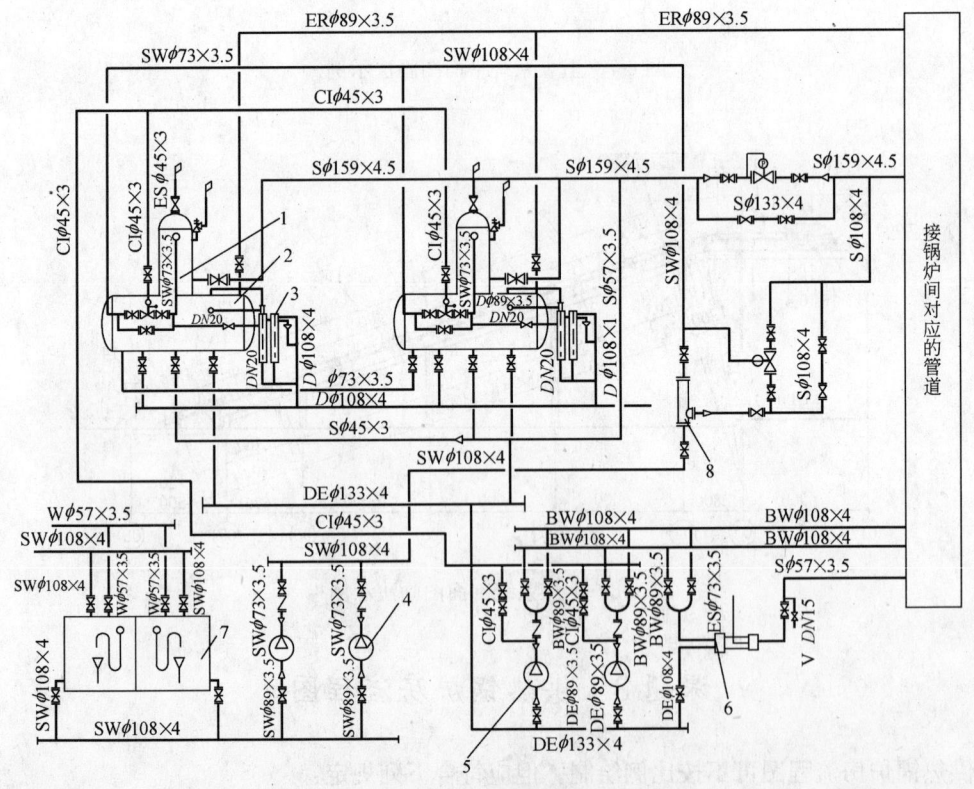

图 6-10 热力系统流程图画法示例

(2) 流程图应表示全部设备及流程中有关的构筑物，并注明设备编号或设备名称。设备、构筑物等可用图形符号或简化外形表示，同类型设备图形应相似。

(3) 图上应绘出管道和阀门等管路附件，标注管道代号及规格，并宜注明介质流向。

(4) 管道与设备的接口方位宜与实际情况相符。

(5) 绘制带控制点的流程图时，应符合自控专业的制图规定。如自控专业不单另出图时，应绘出设备和管道上的就地仪表。

(6) 管线应采用水平方向或垂直方向的单线绘出，转折处应画成直角。管线不宜交叉，当有交叉时，应使主要管线连通，次要管线断开。管线不得穿越图形。

(7) 管线应采用粗实线绘制，设备应采用中实线绘制。

(8) 宜在流程图上注释管道代号和图形符号，并列出设备明细表。

燃煤锅炉房热力系统流程图画法示例如图6-9、图6-10所示。

供热锅炉房施工图的图量多少，应根据工程规模大小及复杂程度而定。

课题4 供热锅炉房施工图识图举例

识读锅炉房施工图时，应首先对照图纸目录，核对整套图纸是否完整，各张图纸的图名是否与图纸目录所列的图名相吻合，在确认无误后再正式识读。

识读时必须分清系统，各系统不能混读。注意热力系统流程图与平面图对照，平面图和剖面图对照，以便相互补充和相互说明，建立全面、完整、细致的工程形象，以全面地掌握设计意图。

识读方法是分清系统，按各系统流程和介质流向识读，先看热力流程图，后看平面

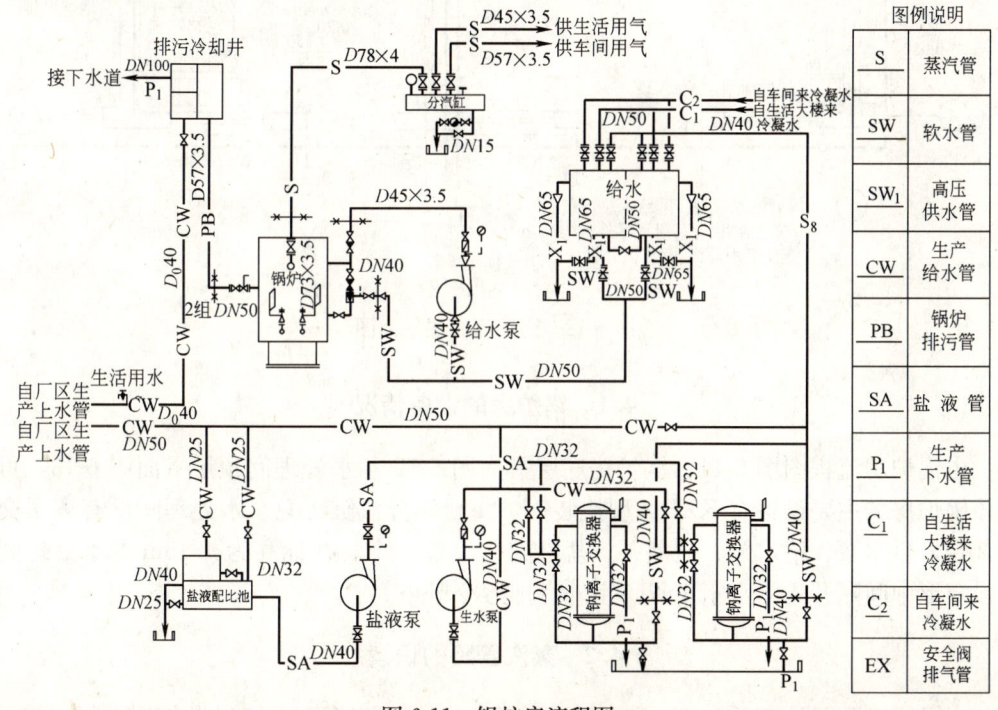

图6-11 锅炉房流程图

图、剖面图,两者对照。

现以某供热锅炉房施工图为例,说明其施工图的识读方法。

该锅炉房内设有一台 KZL-2 型快装蒸汽锅炉,因其规模较小,故上煤系统采用捯链吊煤罐,除渣系统采用人工除渣。其施工图如图 6-11~图 6-17 所示。

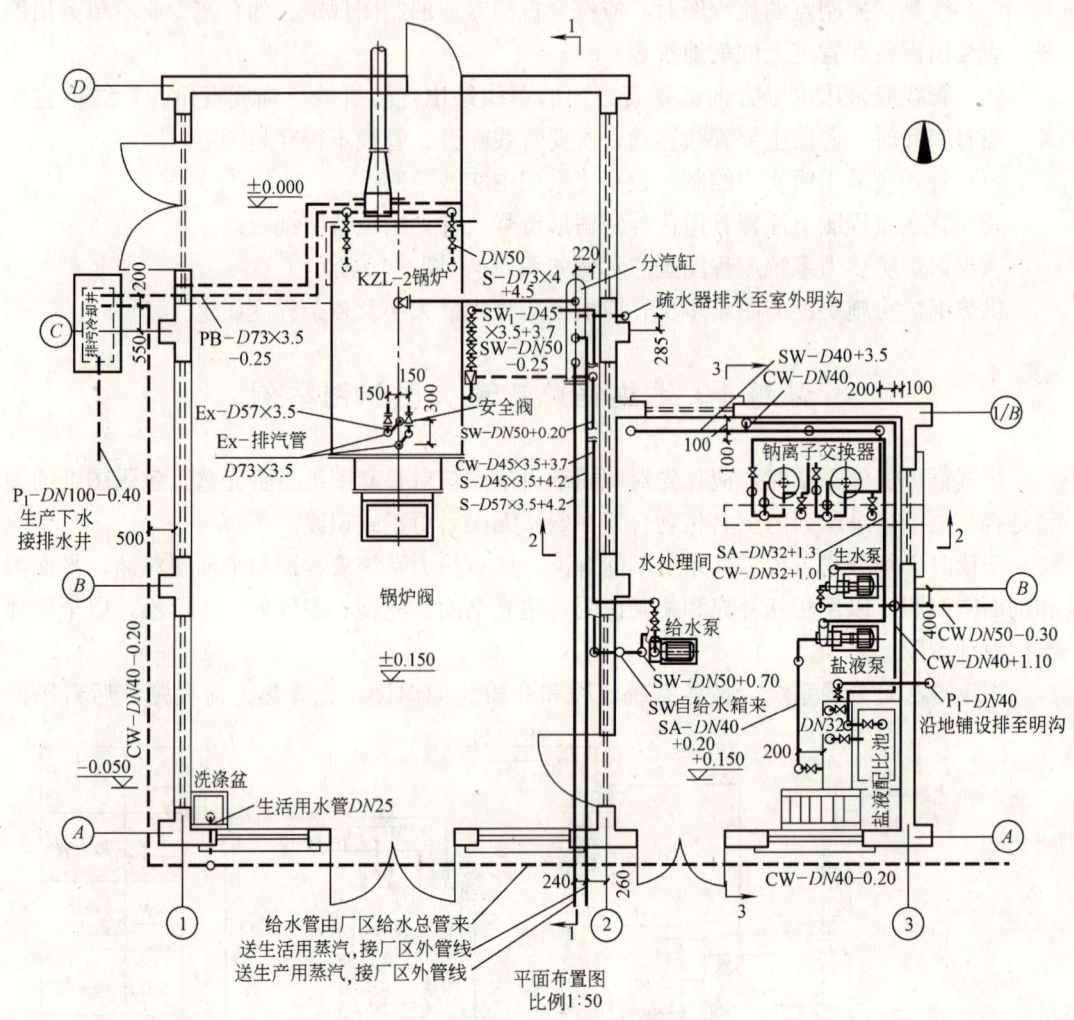

图 6-12 锅炉房底层平面图

4.1 锅炉房的设备情况

由锅炉房流程图图 6-11、锅炉房底层平面图 6-12 和水处理间顶层平面图 6-13,可查明该锅炉房的主要设备有 KZL-2 型快装锅炉 1 台,分汽缸 1 只。水处理间设有离子交换器 2 台,生水泵、给水泵、盐液泵、盐液配比池各 1 个。在标高为 4.15m 处水处理间顶层设矩形中间隔开的给水箱 1 只。室外有排污冷却井 1 个。

4.2 蒸汽管路的识读

由锅炉房平面图(图 6-12)和剖面图(图 6-14),可以全面了解到蒸汽管路系统情况。

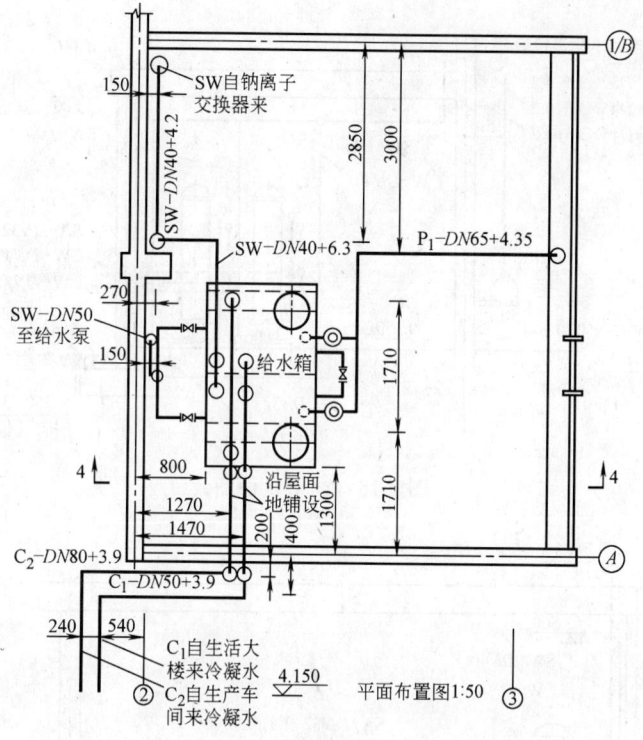

图 6-13 水处理间顶层管道平面图

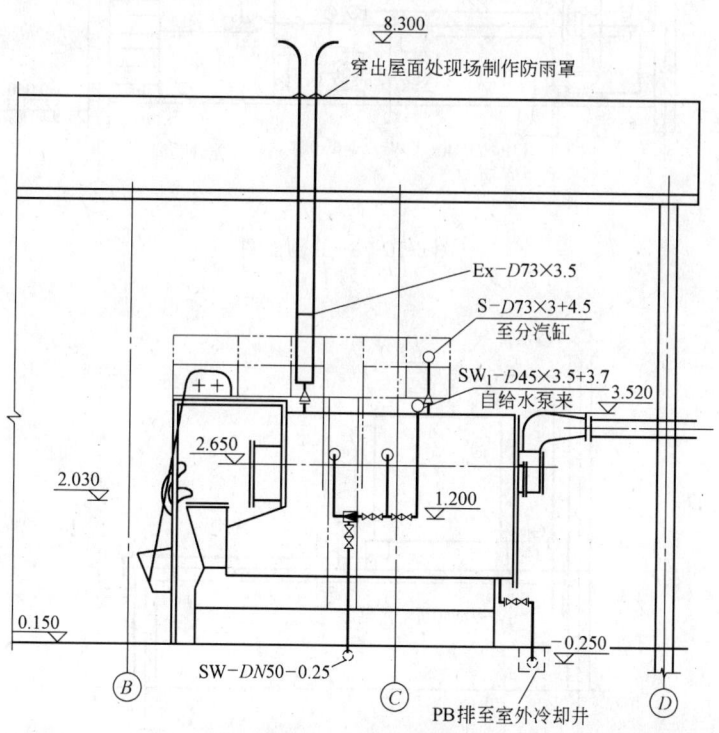

图 6-14 1—1 剖面图

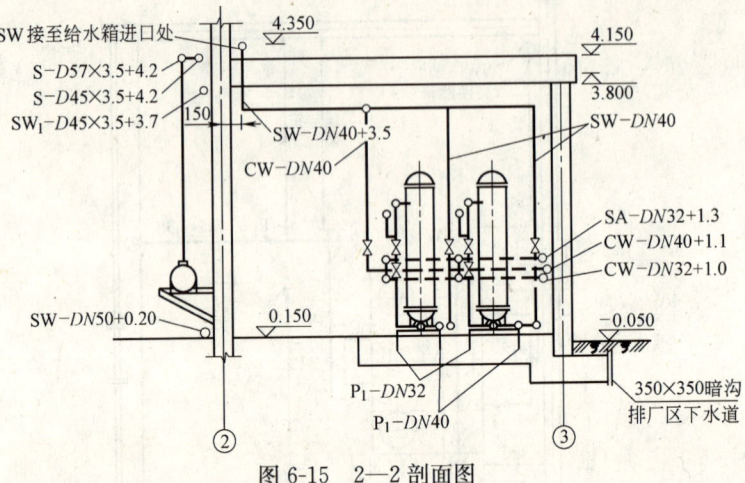

图 6-15　2—2 剖面图

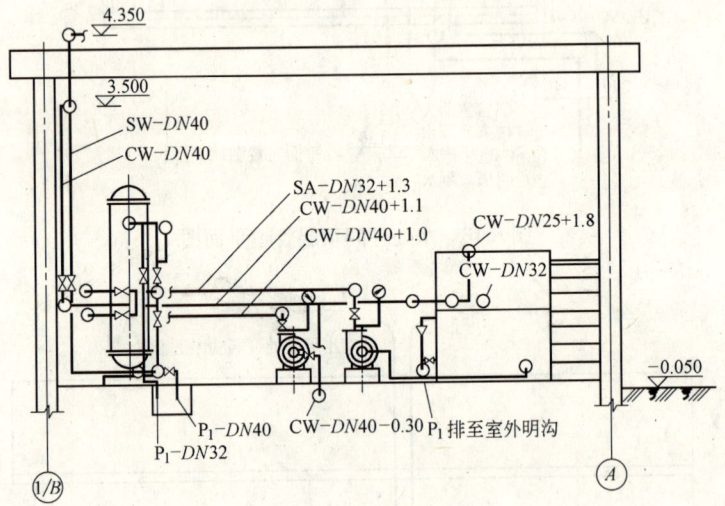

图 6-16　3—3 剖面图

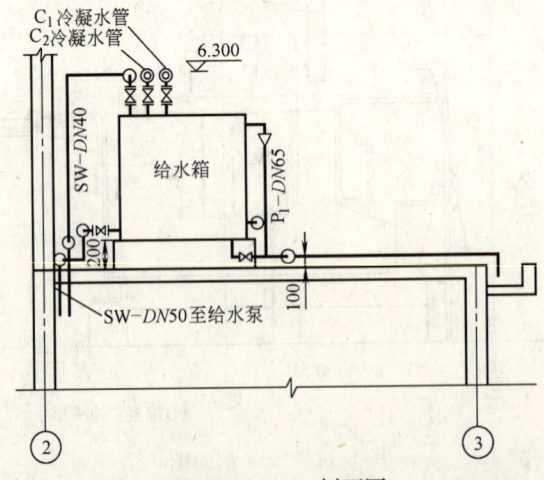

图 6-17　4—4 剖面图

蒸汽管代号为 S，锅炉主汽管管径为 $D73\times4$，自锅炉出汽口接出，至标高 4.50m 处转弯向东，到分汽缸上方转弯向下并与分汽缸连接。分汽缸分两路供汽：一路供生产车间使用，管径为 $D57\times3.5$；另一路供生活用热使用，管径为 $D45\times3.5$。两路管线均升至标高 4.20m 处，管线中心相距 240mm，并排沿墙向南出墙，与厂区管网连接。锅炉顶部设安全阀 2 个，其排气管代号为 EX，管径为 $D73\times3.5$，升高穿过屋面至标高 8.30m 处转弯。分汽缸底部设疏水器，排至室外明沟。

由锅炉房底层平面图可知，锅炉排污管代号为 PB，管径为 $D73\times3.5$，从锅炉后面底部分两处设双阀门后接出，在地沟内敷设，从轴线①出墙，管道标高为 -0.25m，接至排污冷却井。冷却井所有冷却水管代号为 CW，管径为 $DN40$，从室外给水总管沿外墙敷设，标高为 -0.20m。排污冷却井排水管代号为 D，管径为 $DN100$，从标高为 -0.40m 处接出。

4.3 给水管路的识读

锅炉给水系统由给水箱、给水泵、注水器和管路组成。由水处理间顶层平面图 6-13 和剖面图 6-17（4—4 剖面）可知道给水箱的配管情况，经软化处理后的软化水管代号为 SW，管径为 $DN40$，从②轴线和 $1/B$ 轴线的墙角穿过标高为 4.15m 的水处理间屋面，沿②轴线敷设，距墙面 150mm，在 B 轴线处升高至 6.30m 标高处，转弯后分两处进入给水箱。自生活大楼来的冷凝水管 C_1 和生产车间来的冷凝水管 C_2，管径分别为 $DN50$、$DN80$，两管道平行敷设间距为 240mm，自标高 3.90m 处上升，沿屋面敷设，至水箱边上翻后转弯，自标高 6.30m 处从水箱上面均分两处接进水箱。

给水箱的溢水管代号为 P_1，管径为 $DN65$。由水箱上部接出排入漏斗，排污管自水箱底部接出。溢水管与排污管相接后沿屋面敷设，标高位 4.35m，排至③轴线的天沟内。

给水箱出水管自水箱下部分两处接出，管路代号为 SW，管径为 $DN50$，汇合后穿过屋面进入水处理间。

由锅炉房底部平面图和 1—1 剖面图可知，自来水箱出来的软化水管 SW，进入水处理间后在标高位 0.70m 分两路向锅炉房供水：一路是高压供水，进入给水泵加压，加压管（SW_1）管径为 $D45\times3.5$，上翻至标高为 3.70m，穿墙进入锅炉间，沿②轴线敷设，过了 $1/B$ 轴线后转弯，至锅炉边上转弯向下至标高 1.20m 水平敷设，同时连接闸阀和止回阀，向上与锅炉进水口相接；另一路是利用注水器供水（SW），管径为 $DN50$，在水处理间标高 0.70m 处分支后，穿越②轴线沿墙壁进入锅炉间，向下至标高 0.20m 处沿墙敷设，过 $1/B$ 轴线后转入埋地敷设，标高 -0.25m，至锅炉边出地坪向上，安装闸阀 2 个后与注水器进水口连接（见 1—1 剖面图）。注水器中心标高为 1.20m，注水器用蒸汽自锅炉直接接至注水器的蒸汽喷嘴，注水器出水口安装有止回阀和闸阀与高压供水管（SW_1）接通。

由锅炉房底层平面图和剖面图 6-15（2—2 剖面）、剖面图 6-16（3—3 剖面），可以看到软化系统。生产给水总管（SW）管径为 $DN50$，埋深为 -0.30m，在距 B 轴线 400mm 处进入水处理间，分成两路：一路变径为 $DN40$，继续向前上翻后加装阀门，再接入生水泵；另一路上翻后至标高 1.10m 处再分支，第一路向南分两处进入盐液配比池，第二路是反洗管，向北沿墙敷设至 $1/B$ 轴线向西，上翻装阀门后与钠离子交换器流出来的软化水汇总管相连接。生水泵出口管径为$DN32$,至标高1.00m处转弯向东,再沿③轴线墙壁敷设至1/B轴线向西分支,变为两路向南,各自加装阀门后翻高,分别与两台钠离子交换器的盐液管连接,这条管线是正洗管。

盐溶液在盐液配比池中制备,盐液管代号为SA,盐液从配比池下部接出,管径为$DN40$,加装阀门后距池边200mm处沿地面敷设,标高为0.20m,至盐液泵边翻高转弯接入盐液泵。盐液泵出口的压水管管径为$DN32$,加装阀门后接至标高1.30m处,向东至③轴线,沿墙向北敷设至1/B轴线,转弯向西1.3m左右分支,两路都向南加装阀门后与正洗管接通,并引向钠离子交换器,再分上下两路加装阀门与钠离子交换器上下接口相连。

钠离子交换器制备的软化水(SW)从设备底部接出,管径为$DN40$,接出后与生水盐液共用管接通,向东再折向北面,至1/B轴线翻高至3.50m处,两台交换器的软化水管汇合后送往给水箱。

钠离子交换器上的排水管有两处:一处是反冲排水管(P_1),管径为$DN32$,从交换器上口的生水盐液共用管接出,并设有阀门,排入交换器前面的排水沟内。另一处是正冲洗排水管(P_1),管径为$DN40$,从交换器下口软化水管上接出,也排入排水沟内。

盐液配比池的溢排水管(P_1)管径为$DN40$,沿池边地坪敷设,排至室外明沟内。盐液配比池本身的盐液输送管上设阀门,管径为$DN32$。

4.4 其 他

管材、阀门型号、油漆及保温等根据施工说明、设备材料明细表来确定。

实 训 课 题

本单元设计了2个实训课题,分别为燃煤、燃油燃气锅炉房施工图的识读。学生可在教师的指导下完成该项目实训教学,有条件时也可结合锅炉房工程实地完成该项目实训教学。

1. 燃煤锅炉房施工图的识读

(1)锅炉房的基本情况:该锅炉房内安装3台SHL10-1.27-AⅡ型锅炉,供生产用蒸汽,常年负荷,其中2台运行,1台备用。锅炉本体外形尺寸为长×宽×高=10455mm×6580mm×12960mm。

水处理采用单级钠离子交换软化,设置2台逆流再生钠离子交换器,采用热力除氧,设置2台大气压力式热力喷雾式除氧器。

上煤方式:煤经槽式给煤机、带式输送机(倾斜及水平),自煤场输送至锅炉间的原煤斗。

除渣方式:灰渣经马丁除渣机及带式输送机,自锅炉灰渣斗输送至锅炉间外的集中灰渣斗。

(2)锅炉房主要设备明细表见表6-7。

主要设备明细表 表6-7

序号	设备名称	型号及规格	单位	数量	备注
1	蒸汽锅炉	SHL10-1.27-AⅡ	台	3	
2	送风机	G4-73-11 NO8D, $Q=19000m^3/h, H=2110Pa, N=15kW$	台	3	左90°
3	引风机	Y5-47 NO9C, $Q=30000m^3/h, H=2550Pa, N=37kW$	台	3	左0°
4	陶瓷多管旋风除尘器	XLD-10	台	3	
5	分汽缸	$D478×9$ $L=2870mm$	个	1	
6	连续排污扩容器	$V=1.5m^3$	个	1	
7	煤闸板	800×800	个	6	
8	马丁除渣机	STC-4,出渣量4t/h,$N=2.2kW$	台	3	
9	电动给水泵	DG80-30×6, $Q=43m^3/h, H=150m$水柱,$N=30kW$	台	2	
10	汽动给水泵	ZQS-29/17 $Q=19～29m^3/h, H=175m$水柱	台	1	
11	除氧水泵	IS80-65-160 $Q=50m^3/h, H=32m$水柱,$N=7.5kW$	台	2	
12	盐液泵	50FS-25	台	1	
13	钠离子交换器	$\phi1500$	台	2	
14	压力式滤盐器	$\phi1000$	台	1	
15	软化水箱	$V=15m^3$ 3200mm×2200mm×2400mm(H)	个	2	
16	稀盐池	$V=4.5m^3$ 3000mm×1500mm×1000mm(H)	个	1	
17	浓盐池	$V=1.5m^3$ 1000mm×1500mm×1000mm(H)	个	1	
18	1号带式输送机	TD72-50	台	1	
19	2号带式输送机	TD72-50	台	1	
20	槽式给煤机	750型给煤量12～66m³/h,$N=2.2kW$	台	1	
21	悬挂式电磁分离器	CFL-60	台	1	
22	电子皮带秤	DBC-2C	台	1	
23	大气压式热力喷雾式除氧器	QRY-20	台	2	
24	炉前溜煤管		个	2	制作
25	除氧取样冷却器	$\phi254$	个	1	
26	连续排污取样冷却器	$\phi254$	个	1	

(3) 锅炉房施工图如图6-18～图6-22所示。

2. 燃油燃气锅炉房施工图的识读

(1) 锅炉房的基本情况：本锅炉房选用德国劳斯公司UL-S4000型蒸汽锅炉4台，其中两台为燃油、燃气两用锅炉，另两台为燃气锅炉，锅炉的蒸发量均为4t/h，专供饭店生产、生活所需蒸汽。

锅炉燃料以城市燃气为主，当城市燃气管网供气不足时，启动油、气两用锅炉的供油系统，以保证不间断地为饭店供应蒸汽。

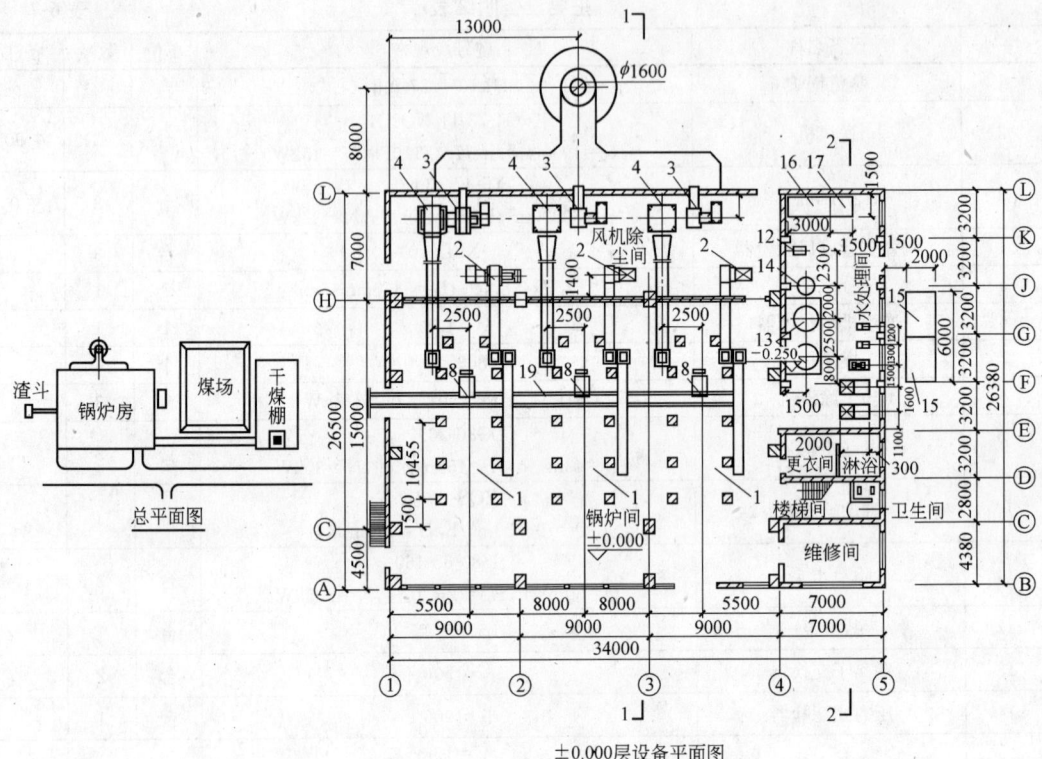

图 6-19 锅炉房总平面图及 0.000 层设备平面图

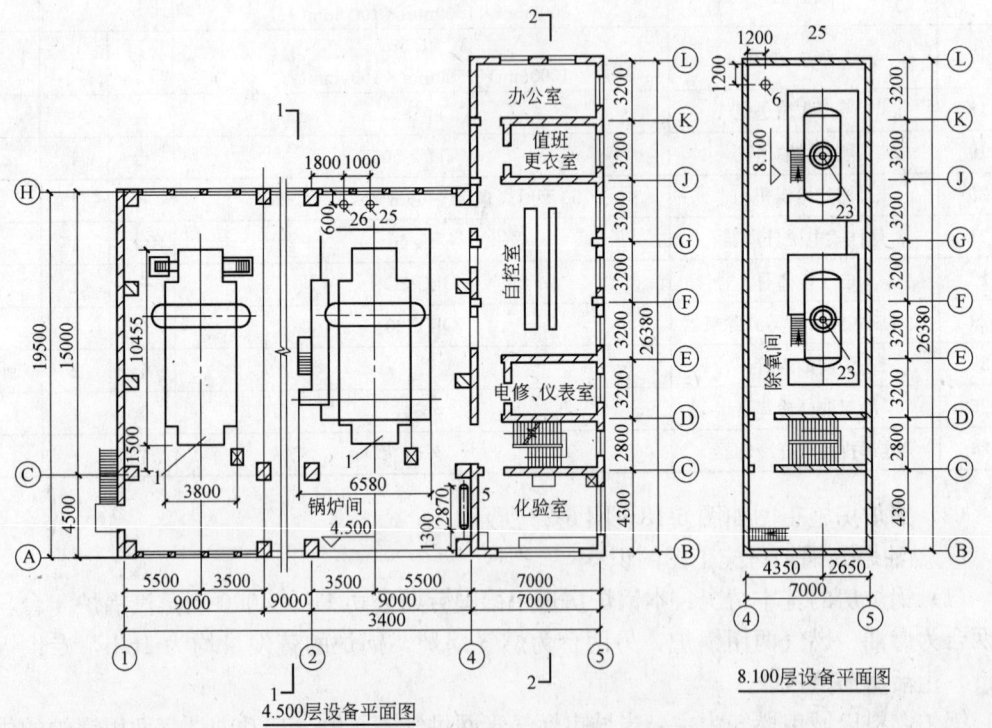

图 6-20 4.500 层及 8.100 层设备平面图

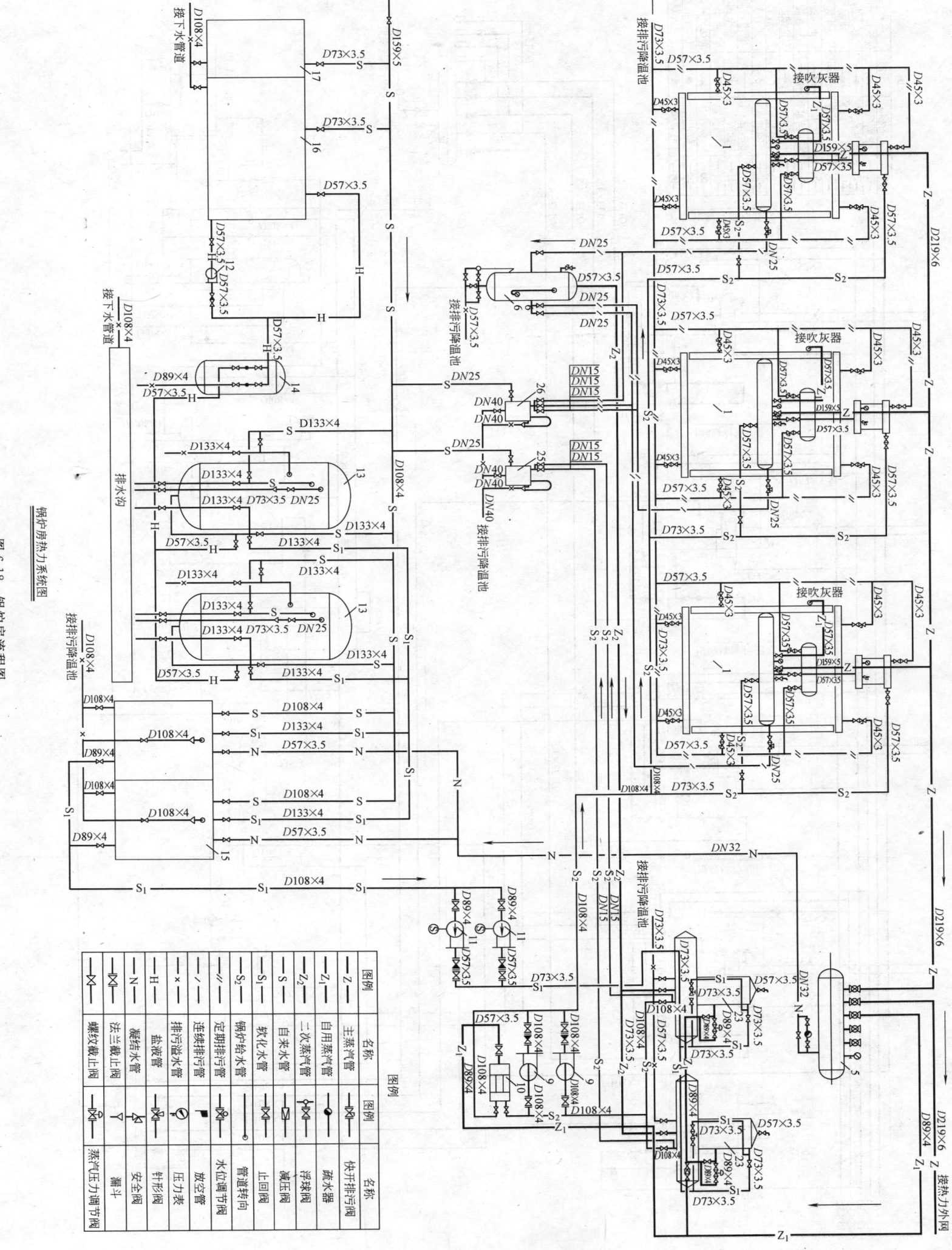

图 6-18 锅炉房热力系统图

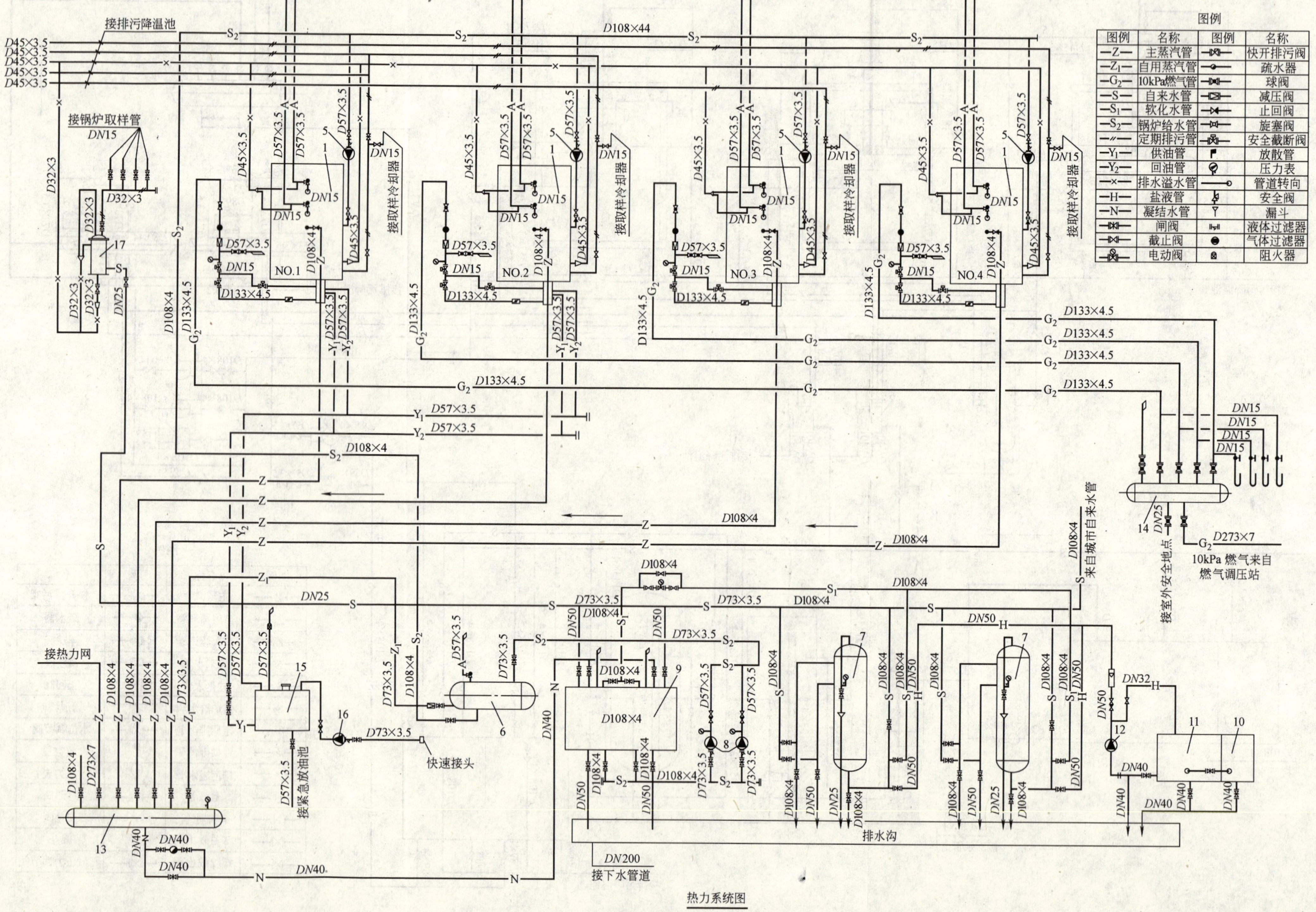

图例	名称	图例	名称
—Z—	主蒸汽管		快开排污阀
—Z_1—	自用蒸汽管		疏水器
—G_2—	10kPa燃气管		球阀
—S—	自来水管		减压阀
—S_1—	软化水管		止回阀
—S_2—	锅炉给水管		旋塞阀
—//—	定期排污管		安全截断阀
—Y_1—	供油管		放散管
—Y_2—	回油管		压力表
—×—	排水溢水管		管道转向
—H—	盐液管		安全阀
—N—	凝结水管		漏斗
	闸阀		液体过滤器
	截止阀		气体过滤器
	电动阀		阻火器

图 6-23　锅炉房流程图

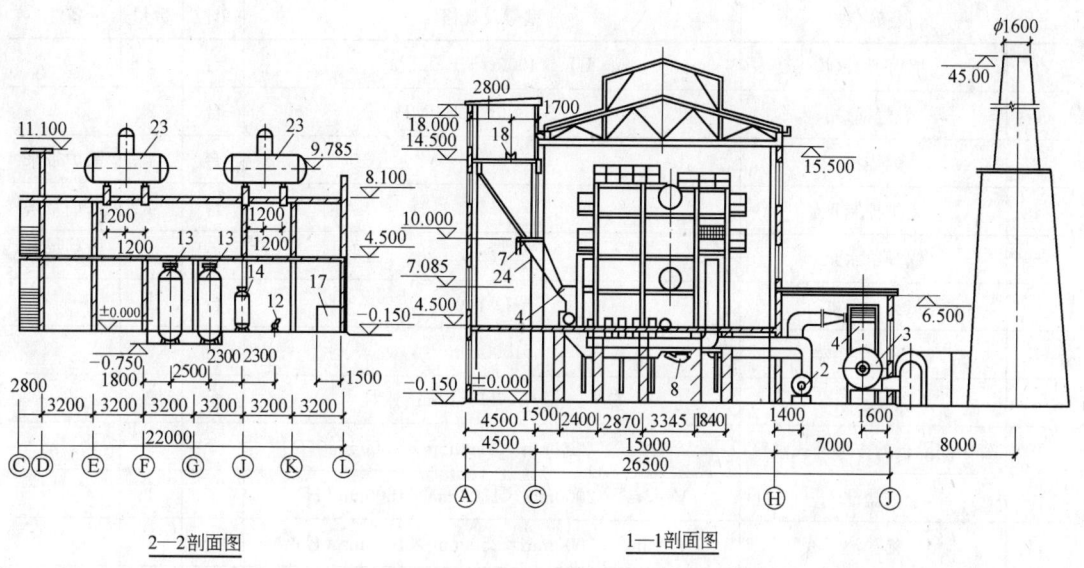

图 6-21 锅炉房设备剖面图

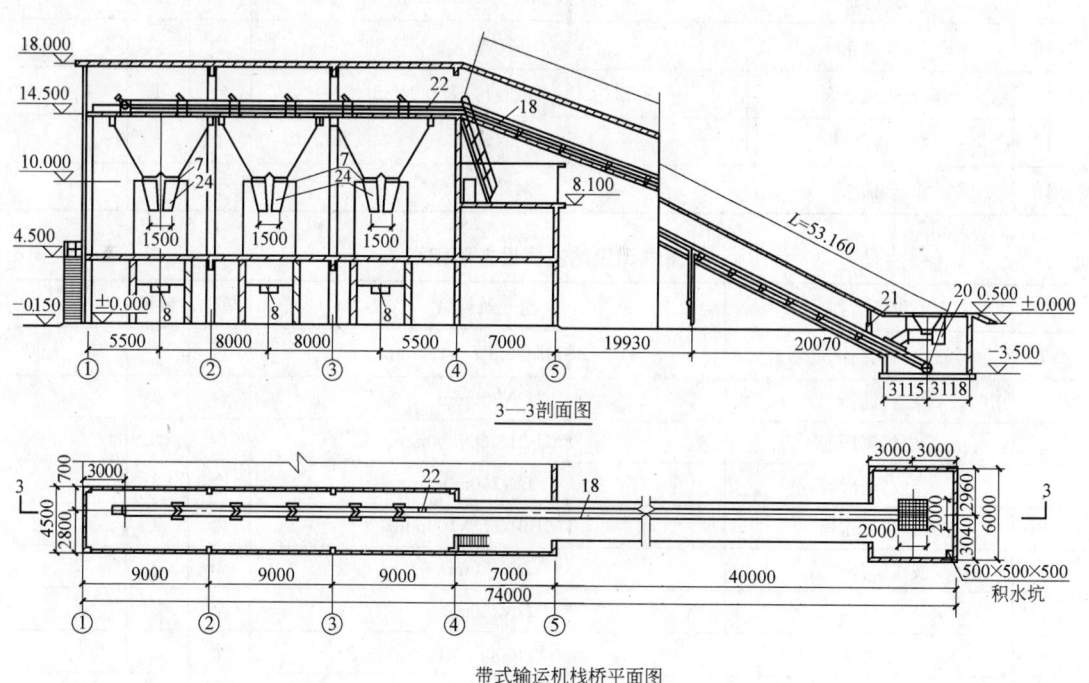

图 6-22 带式输送机及栈桥平、剖面图

锅炉房为地上式并与其他建筑毗邻建造。
(2) 锅炉房及燃气调压站主要设备明细见表 6-8、表 6-9。
(3) 锅炉房施工图如图 6-23～图 6-27 所示。

锅炉房主要设备明细表　　　　　表6-8

序号	设备名称	型号及规格	单位	数量	备注
1	油气两用锅炉	UL-S 4000t/h 1.0MPa	台	2	
2	燃气锅炉	UL-S 4000t/h 1.0MPa	台	2	
3	燃烧机		台	4	锅炉带来
4	锅炉控制柜		台	4	锅炉带来
5	锅炉给水泵		台	4	锅炉带来
6	热力除氧器	TA-12 7400L	台	1	
7	钠离子交换器	$\phi 1500mm$	台	2	
8	除氧水泵	$Q=14m^3/h$　$H=12mm$水柱	台	2	
9	带中间隔板的方形开式水箱	$V=15m^3$　$3800mm \times 2600mm \times 1800mm(H)$	个	1	
10	浓盐池	$V=3m^3$　$2000mm \times 1000mm \times 1500mm(H)$	个	1	
11	稀盐池	$V=5m^3$　$2000mm \times 2500mm \times 1000mm(H)$	个	1	
12	盐液泵	40FS-20　$Q=12\sim16m^3/h$　$H=20mm$水柱	台	1	
13	分汽缸	$\phi 426mm$　$L=2100mm$	个	1	
14	分气缸	$\phi 426mm$　$L=2100mm$	个	1	
15	工作油箱	$1m^3$	个	1	
16	离心管道油泵	65YG24　$Q=25m^3/h$　$H=24mm$水柱	台	1	
17	取样冷却器	$\phi 254mm$	个	1	
18	烟囱	$\phi 475mm$	个	4	

燃气调压站主要设备明细表　　　　　表6-9

序号	设备名称	型号及规格	单位	数量	备注
1	三角柱涡街流量器	LS110-20H $DN200mm$	台	1	
2	过滤器	$DN200mm$	台	2	
3	燃气调压器	TMJ-218 $DN200mm$	台	2	
4	波纹管补偿器	$DN200mm$	个	2	
5	燃气调压器	TMJ-314 $DN100mm$	台	2	
6	波纹管补偿器	$DN150mm$	个	2	
7	过滤器	$DN150mm$	个	2	
8	压力表	Y-100 0.1MPa	个	5	
9	水封	$\phi 219mm \times 1950mm$	个	2	
10	水封	$\phi 219mm \times 950mm$	个	1	
11	双头旋塞阀	$DN15mm$	个	3	
12	U形压力计	1500mm	个	6	
13	内螺纹旋塞阀	X13W-10	个	3	

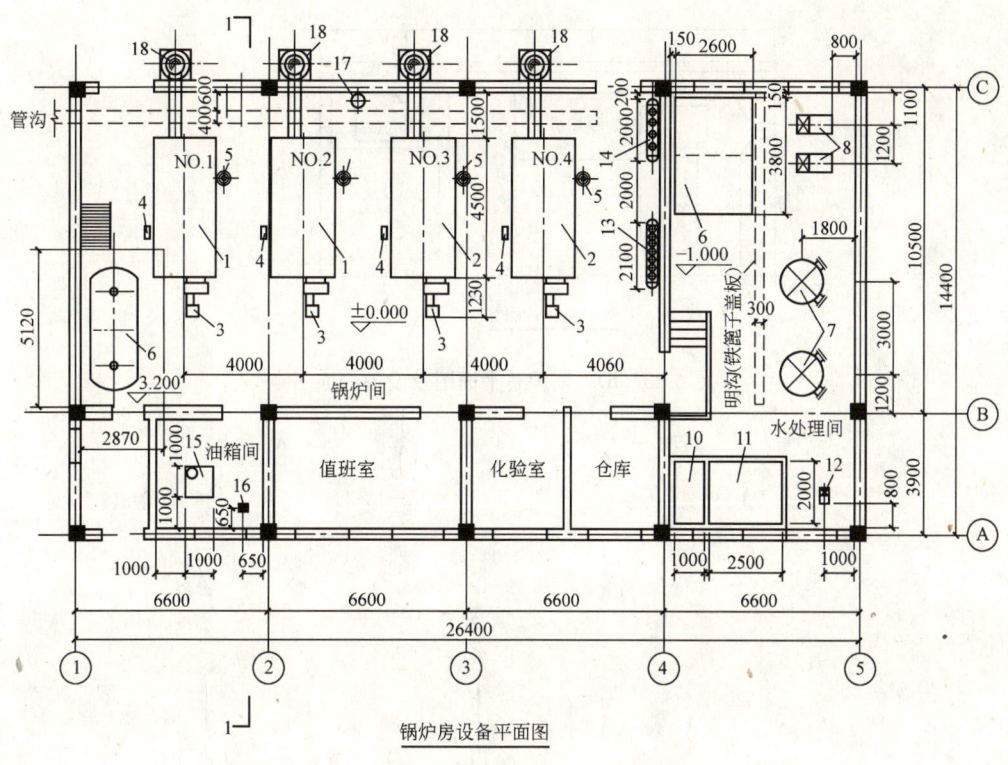

图 6-24 锅炉房设备平面图

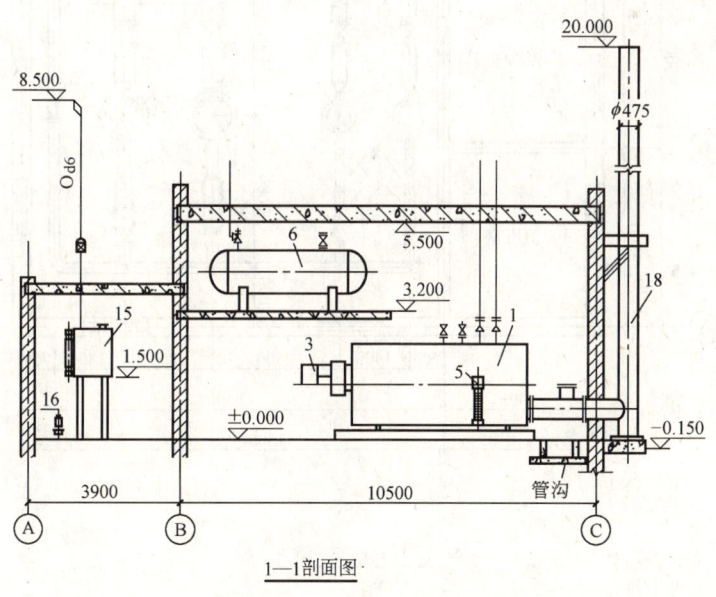

图 6-25（a） 锅炉总平面图及设备剖面图

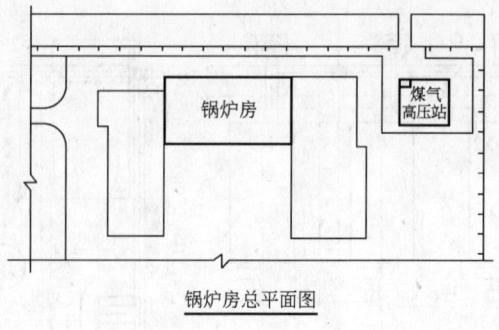

图 6-25（b） 锅炉总平面图及设备剖面图

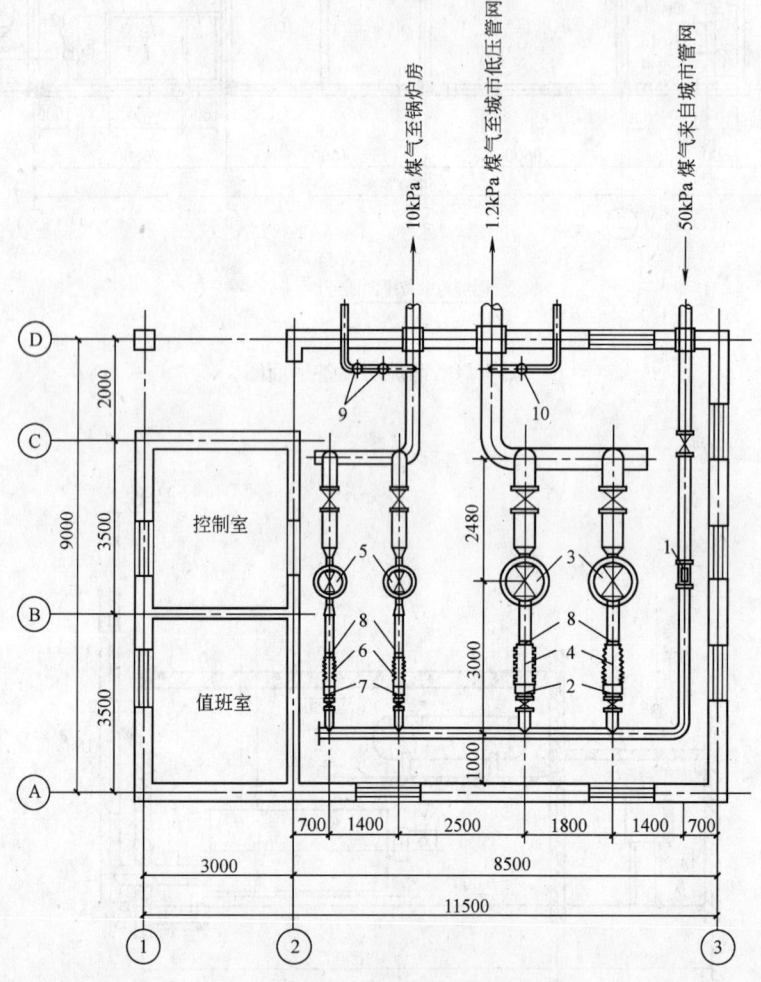

图 6-26 燃气调压站设备平面图

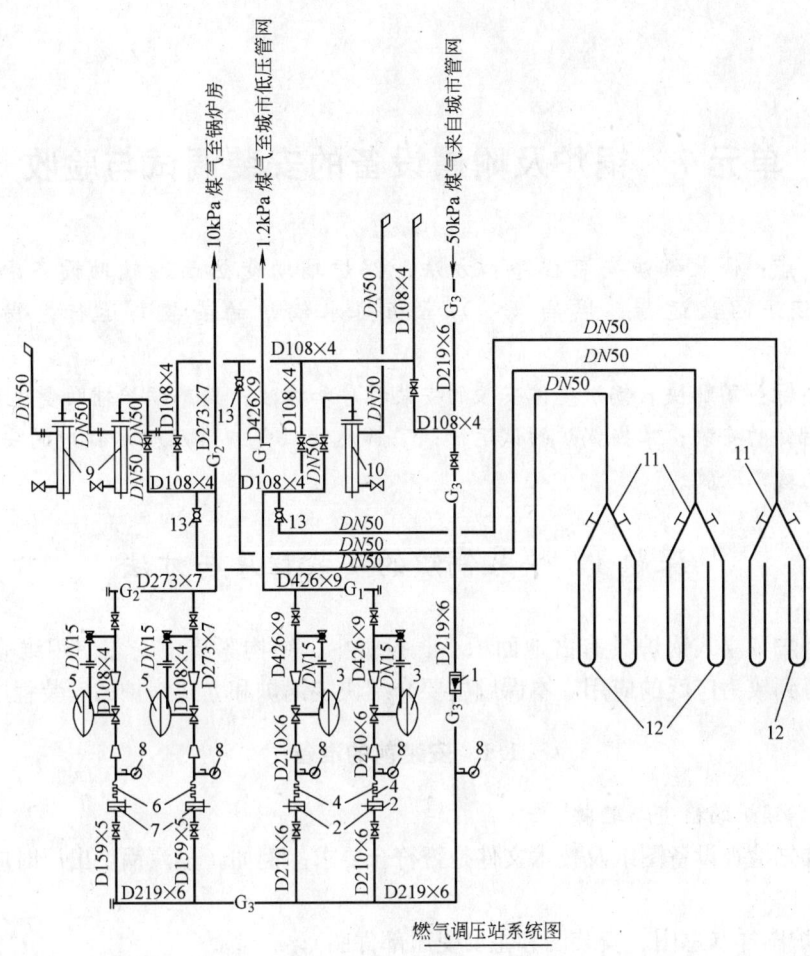

图 6-27 燃气调压站系统图

思考题与习题

1. 供热锅炉房施工图一般由哪些部分组成？各部分的作用是什么？
2. 供热锅炉房施工图常用图例有哪些？
3. 供热锅炉房设备、管道平面图和剖面图应表达哪些内容？
4. 供热锅炉房鼓、引风系统管道平面图和剖面图应表达哪些内容？
5. 供热锅炉房上煤、除渣系统平面图和剖面图应表达哪些内容？
6. 供热锅炉房流程图应表达哪些内容？
7. 燃煤锅炉房与燃油、燃气锅炉房施工图表达的内容有什么区别？
8. 怎样识读锅炉房施工图？

单元7 锅炉及附属设备的安装调试与验收

知 识 点：快装锅炉安装程序和方法；锅炉辅助受热面、辅助设备和安全附件的安装；锅炉的试运行；燃油（气）常压热水锅炉的安装与运行；锅炉的竣工验收。

教学目标：了解快装锅炉整体安装的安装程序和方法；熟悉锅炉辅助受热面、辅助设备和安全附件的安装；掌握锅炉的试运行；了解燃油（气）常压热水锅炉的安装与运行；熟悉锅炉的竣工验收。

课题1 快装锅炉的安装程序与方法

快装锅炉和立式锅炉具有占地面积小、投资少、结构紧凑、安装使用维修方便等优点，因而得到较为广泛的应用。本课题主要介绍快装锅炉和立式锅炉的安装程序及方法。

1.1 安装前的准备

1.1.1 锅炉的检查与验收

（1）首先检查设备图纸及技术文件是否符合要求。例如，蒸汽锅炉出厂时应具备以下资料：

1) 锅炉图样（总图、安装图和主要受压部件图）；
2) 受压元件强度计算书；
3) 安全阀排放量计算书；
4) 锅炉质量证明书（包括出厂合格书、金属材料证明、焊接质量证明和水压实验证明）；
5) 锅炉安装说明书和使用说明书；
6) 受压元件设计更改通知书；
7) 新制造的锅炉必须有金属铭牌，锅炉的型号、规格必须符合设计要求。锅炉应是劳动部门批准的锅炉生产厂家制造，并按具有锅炉设计资格的设计单位的设计图纸生产的合格产品。锅炉应具有出厂合格证。

（2）检查锅炉铭牌上型号、名称、主要技术参数是否与质量证明书相符。

（3）检查锅炉表面、筒体焊缝、炉胆、人孔、短管焊接处有无制造缺陷和因运输而产生的损坏变形，有无裂纹、撞伤、分层、重皮等缺陷。检查人孔、手孔、法兰结合面有无凹陷、径向沟痕等缺陷。

（4）按锅炉供货清单和图纸逐件检查锅炉的零部件、阀门、水位表、安全阀等附件的规格、型号、数量是否与图纸相符，有无损坏现象。对于阀门、安全阀、压力表还应检查有无出厂合格证。

(5) 对于检查结果做好记录，办理验收手续。如有缺件和损坏现象双方应协商解决办法，并办理核定手续。

1.1.2 基础施工要求和验收

为保证锅炉设备的安装质量及今后运行安全，应严格控制设备安装基础的各项要求，要对基础的施工质量进行认真地验收。

锅炉的基础一般为混凝土结构，对其提出如下要求：

(1) 混凝土基础必须水平；

(2) 混凝土基础要易排水，基础应高出锅炉房地坪10～20cm，以防止水浸埋锅炉基础；

(3) 混凝土内要预埋固定螺栓，即地脚螺栓；

(4) 混凝土外观质量要确保无空洞、露筋、虚角或水泥砂石搅拌不匀等现象。

基础的施工质量及尺寸位置要符合图纸要求，并符合工程设计与国家规定的质量标准。

1.1.3 基础画线

基础画线是用红铅油等明显标记，将锅炉钢架立柱的具体安装位置画在基础上，作为安装的依据。通常根据设计要求在基础上画出纵、横中心线位置和锅炉炉前横向基准线。

1.2 快装锅炉的安装

快装锅炉结构紧凑，整装为一体，底座为条状，目前快装锅炉的第三代称为组装锅炉。一般民用供暖采用快装锅炉和组装锅炉。由于快装锅炉是整装出厂的，安装较容易，主要的工作在锅炉的搬运上。

1.2.1 快装锅炉的卸车和水平搬运

快装锅炉运到施工现场后，在场地和机械等条件许可的情况下应尽量使用起重机械进行卸车搬运。在无起重机械或场地狭窄时，可采用滚杠搬运卸车法进行卸车。具体方法是：先用枕木搭设一个和车辆一样高的斜坡走道，用千斤顶把锅炉顶起放进滚杠和下坡道，在锅炉的前面用牵引滑轮组牵引，后面用溜放滑轮组拖住，如图7-1所示。当锅炉进入斜坡道时，注意使锅炉均匀缓慢地滚下，并在斜坡道上洒些砂子，防止滚杠下滚。

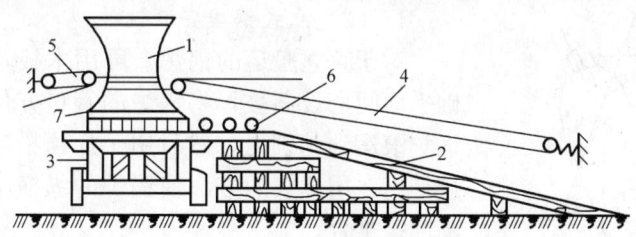

图7-1 滚杠搬运卸车法
1—设备；2—枕木坡路；3—车辆；4—牵引滑轮组；
5—溜放滑轮组；6—滚杠；7—排子

快装锅炉卸车后需水平搬运至放置地点，通常也采用滚运法。因其具有条形的钢制炉脚，滚运时不必加排子。用齿条千斤顶将炉体顶起，直接塞入滚杠及道木即可。因牵引负荷较大，常以卷扬机为动力，牵引力大于卷扬机的额定负载时要加设滑轮组。由于快装锅炉的外形尺寸较大，因此在锅炉房砌墙时应按锅炉外形尺寸留出预留空洞。当基础高于地坪时，应用木板、道木搭设坡面，将锅炉牵引到基础上就位。锅炉安装前在现场的放置地点，应尽量靠近锅炉房，并考虑到安装时搬运方便。锅炉放置的地方要防雨。保管人员要检查各部件设备有无损坏。

1.2.2 快装锅炉的安装

根据锅炉本身重量选用钢丝绳，并绑扎在预先选好的部位上，用绞磨滑轮等搬动锅炉至安装位置。移动时在锅炉底部放置钢管以便于滚动，减小搬动时所需要的动力。

当锅炉被搬运到基础上，应对锅炉的水平度和垂直度进行调整。水平度可用胶管水平仪测量锅炉左右、前后的水平度，并利用垫铁进行调整，直到水平为止；垂直度用铅垂法进行校正。当找平、找正后，对锅炉进行二次灌浆、填灰，使锅炉就位。

锅炉的后烟箱、煤闸门及后烟箱检查门等所需的异形砖均由锅炉设备随带，在安装其他设备前应先砌筑，砌筑按锅炉的图纸技术要求进行，并注意砌筑必须严密。安装锅炉时，应尽量堵塞一切漏风的部位。水、汽管路应正确、通畅，各个阀门要启闭灵活，若阀门漏水或漏汽应更换合格的阀门，对不合格的阀门要进行研磨，直至密封严密为止。当发现阀门压盖漏水时，要修理压盖并加垫盘根。

锅炉安装完毕，要对锅炉的各部分进行检查，确认无误后才可上水，水位上到低水位为止，同时开启排气阀门。

1.3 立式锅炉的安装

1.3.1 立式锅炉的搬运

因立式锅炉的锅炉房一般不大，施工现场通常道路狭窄，所以不便于采用机械化运输，而是通常采用木排滚运、滚杠（可采用厚壁无缝钢管）滚动的方法，使用倒链（或绞磨）进行牵引。搬运时可将立式锅炉直立在木排上，并用钢丝绳固定牢，防止在运输过程中锅炉倾倒发生事故。

1.3.2 立式锅炉安装就位

对于直立搬运的锅炉，可用木板及道木在地面与基础平面间搭设斜坡，将锅炉的管口方位调整好后直接将锅炉滚运到基础上。然后用千斤顶抬起锅炉将滚杠和木排抽出，用撬拨的方法使锅炉的纵横中心线与基础上的基准线重合。

对于横置搬运的立式锅炉可设立独木桅杆或人字桅杆进行吊装就位，如图7-2所示。将锅炉吊起后与基础成45°角，然后慢慢松动倒链让锅炉缓缓落下，待锅炉底的一部分与基础上所放的底座线轨迹相吻合时，让锅炉顶部的缆绳受力，使锅炉沿轨迹就位。在锅炉下落过程中，要随时用撬棍进行调整，使锅炉找正。找正合格后应将地脚螺栓拧紧。锅炉炉脚圈与基础之间的间隙要用混凝土填满封严。

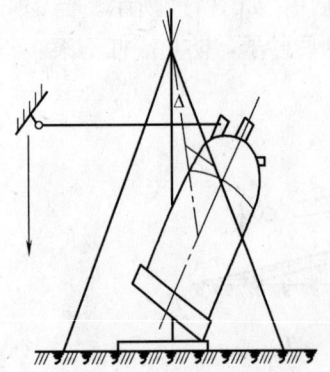

图7-2 立式锅炉吊装就位

课题2 锅炉辅助受热面的安装

2.1 蒸汽过热器的安装

蒸汽过热器的安装有组合安装法和单体安装法两种方法。组合安装法是将过热器管子与集箱在地面组合架上组装成整体，再整体吊装安装；单体安装法是在炉顶吊一根管子和集箱连接一处，逐根吊装，最后组合成过热器整体。组合安装高空作业工作量小，安装进度快、质量易于保证，但应采用可靠的吊装方法，使整体吊装时不会造成损伤及变形。中、小型锅炉过热器安装多采用组合安装法。

2.1.1 过热器的组装

过热器组装前必须将集箱清理干净，检查各管孔有无污物堵塞，所以管座的管孔清理后均应用铁皮封闭；过热器蛇形管应逐根检查与校正；安装时应逐根管子做通球试验。

过热器组装时，集箱应先牢固固定（单根炉内安装时，集箱安装位置应找正，使位置正确无误），先组装集箱前、后、中间三根蛇形管，以此为基准管，基准管经位置检测及找正后点焊固定，然后由中间基准管向两侧基准管逐根组装；每装一根管子都使其紧靠于垂直梳形板槽内并点焊固定。组装结束后，经全面检测校正，即可焊接成整体过热器。焊接时，应使焊口间隔施焊，以免热力集中产生热变形。组装后的过热器，首排的上、下部安装水平夹板使管排相对稳定，如图7-3所示。同时在过热器底部安装垂直梳形板，以进一步加固。

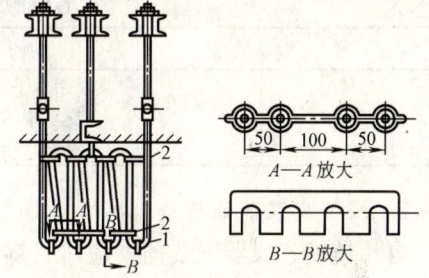

图7-3 过热器的组装与固定
1—垂直梳形槽板；2—水平夹板

（1）过热器组装的质量要求：

1）过热器集箱两端面水平度偏差应不超过2mm；集箱标高安装偏差为±5mm。

2）过热器集箱中心与蛇形管底部弯管边缘距离偏差为±5mm，管排高低偏差为±5mm。

3）过热器各管排间间隙误差为±5mm；管排中个别管子突出不超过±20mm。

4）过热器边排中心与钢柱中心距离偏差为±5mm。

（2）过热器组装时的注意事项：

1）蛇形管与上部集箱焊接时，一定要把管子（或管排）临时吊住或托住，减少焊口处的拉力，以防焊口红热部分的管壁拉薄变形。

2）对流过热器管排间距小，施焊较困难，组合时应考虑此情况，必要时可单根施焊。

3）蛇形管排下部弯管的排列应整齐，否则有可能因顶住后水冷壁折烟角上斜面，而影响其膨胀的自由伸缩。

4）当蛇形管采用合金钢时，应注意严防错用钢种，并且在管子校正加热时，注意加热温度使其符合钢种特性。

5）蛇形管与集箱集中施焊时，应采用间隔跳焊，防止热力集中产生大的变形；当采用胀接连接时，应符合有关胀接的规定。

2.1.2 过热器的安装

过热器安装应在水冷壁管安装前进行,或与水冷壁管束安装交错进行,以免造成因工作面狭小而无法进行安装的返工事故。为便于吊装,过热器的组合宜采用在组合架上的垂直组合。过热器整体吊装就位后,应立即检测并校正其与锅炉锅筒、相邻立柱等的相对位置,使过热器的各部安装尺寸都符合规定。

整体过热器的安装与稳固方法由设计确定。图 7-3 为通过三根吊杆的吊挂安装方法,其中两端吊点在过热器集箱中部;中间吊点在过热器蛇形管排中间,经横梁(槽钢)吊挂,三根承力吊杆可最后用螺栓固定于钢架承重横梁上。

2.2 省煤器的安装

常用的非沸腾式铸铁省煤器由许多外侧带有方形或圆形肋片的铸铁管组成,管长约 2m,管端带铸铁法兰,管与管之间用法兰弯头相连,组成不同受热面积的省煤器整体。

省煤器组装过程中,先在基础上安装省煤器支承框架;然后在框架上将单根省煤器管通过法兰弯头组装成省煤器整体。支承框架的安装质量决定着省煤器安装位置的正确与否,因此,应根据表 7-1 的规定,对省煤器支承框架的安装质量进行认真的检测与校正后,方可进行省煤器的组装。

省煤器支承框架的安装偏差　　　　　　表 7-1

序　号	项　　目	偏差不应超过
1	支承架水平方向位置偏差	±3mm
2	支承架的标高偏差	±5mm
3	支承架纵横向不水平度	1/1000

2.2.1 安装前的检查

翼片铸铁省煤器安装前,应对省煤器管、法兰弯头进行检查,检查项目如下:

(1) 省煤器管、法兰弯头的法兰密封面应无径向沟槽、裂纹、歪斜、凹坑等缺陷,密封面表面应清理干净,直至露出金属光泽。

(2) 用直尺(或法兰尺)检查法兰密封面与省煤器管垂直度;用钢板直尺检测 180°弯头,两法兰密封面应处于同一平面上。

(3) 省煤器管的长度应相等,其不等长度偏差为 ±11mm。

(4) 查省煤器管肋片的完整程度,每根管上破损肋片数最多不应超过肋片总数的 5%,省煤器组中有肋片缺陷的管子根数,不应多于省煤器组总管子根数的 10%。

2.2.2 省煤器的组装

省煤器组装时,应选择长度相近的肋片管组装在一起,使上下左右两管之间的长度误差在 ±1mm 以内,以保证弯头连接时的严密性,相邻两肋片管的肋片,应按图纸要求相互对准或交错,如图纸无明确要求,则应使其相互对准在同一直线上。组装时,法兰密封面之间应衬以涂有石墨粉的石棉橡胶板,将法兰螺栓自里向外透过垫片上的螺孔穿入,拧紧螺母前,在肋片管方形法兰四周的槽内再充填石棉绳以增加法兰连接的严密性,螺母拧紧时应对角加力,以保证法兰的受力均匀。

省煤器组装的顺序是先连接肋片管(法兰直接连接)使其成为省煤器管组,再用法兰弯头把上下左右的管组连通。在管组组合后,弯管连通前,必须对管组的组装质量进行检测并调整，使符合如下要求：

(1) 管的不水平度偏差不应大于±1mm；
(2) 相邻肋片管的中心距偏差不大于±1mm；
(3) 每组肋片管各端法兰密封面所组成的表面应为垂直面，其偏差不大于5mm。

2.2.3 法兰弯头的串接

全部肋片管组装并经检测合格后，即可用法兰弯头将肋片管串通，操作时，须用小号弯头串接水平排列的肋片管，用大号弯头串接垂直排列的肋片管。弯头与管排用法兰串接，方法同上述，但法兰螺栓必须从里向外穿，并用直径为10mm的钢筋将上下螺栓点焊牢固，以防拧紧螺母时螺栓转动打滑，如图7-4所示。

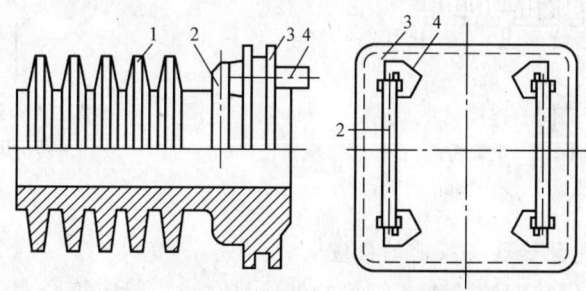

图 7-4 省烟器的法兰连接
1—省煤器；2—圆钢；3—法兰；4—螺栓

组装后的省煤器须根据规范要求，进行水压试验，试验压力 $P_s=1.25P+0.5\text{MPa}$（P 为锅炉工作压力）。

2.3 空气预热器的安装

常用管式空气预热器由管径为40～51mm，壁厚为1.5～2.0mm的焊接钢管或无缝钢管制成，管子两端焊在上、下管板的管孔上，形成方形管箱。为使空气在预热器内能多次

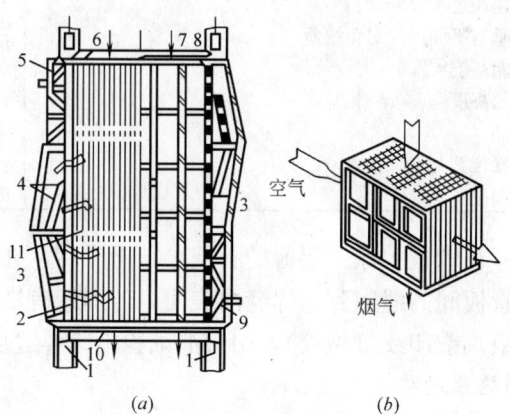

图 7-5 管式空气预热器组的结构
(a) 空气预热器组的纵剖面图示；(b) 管箱
1—锅炉钢架；2—预热器管子；3—空气连通罩；4—导流板；5—热风道连接法兰；6—上管板；
7—预热器墙板；8—膨胀节；9—冷风道连接法兰；10—下管板；11—中间管板

交叉流通,还装有中间管板。空气预热器组置于省煤器后的尾部烟道内,用空气连通罩(转折风道)及导流板组织空气在中间管板隔绝的上、下预热器之间交叉流动,烟气则从预热器管内自上而下流通,如图 7-5 所示。在管箱与管箱之间的连接处,转折风道上还设有膨胀节,以补偿受热后的伸缩,保证空气预热器组的正常运行,如图 7-6、图 7-7 所示。

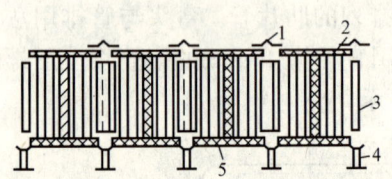

图 7-6 管箱间的连接
1—膨胀节密封板;2—上管板;
3—挡板;4—支承架;5—管箱

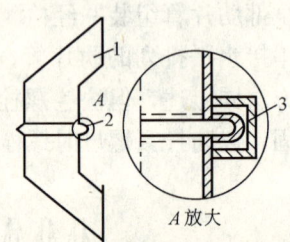

图 7-7 转折风道的安装
1—转折风道;2—膨胀节;
3—临时加固板

2.3.1 管式空气预热器安装前的检查

管式空气预热器安装前应检查各管箱的外形尺寸,一般应符合表 7-2 的规定。检查管子与管板的焊缝质量,应无裂纹、砂眼、咬肉等缺陷。管板应作渗油实验,以检验焊缝的严密性,不严密的焊缝应补焊处理。管子内部应用钢丝刷拉扫,或用压缩空气吹扫,以清除污物。

管式空气预热器外形尺寸偏差　　　　表 7-2

序号	项　目	允许偏差(mm)
1	管箱高度	±8
2	管箱宽度	±5
3	管箱在垂直平面内中心线偏差	
	当管箱高度<2.5m 时	±8
	当管箱高度<6.0m 时	±12
4	管箱在垂直平面内的对角线差	
	当管箱高度<2.5m 时	8
	当管箱高度<6.0m 时	12
5	管板弯曲	10
6	中间管板位置与设计偏差	±5
7	管子弯曲度	1.5

渗油试验的方法是:在管板上涂一层薄的石灰水,干燥后,在管板内部用喷雾器喷洒煤油,油液通过管子与管板间的缝隙到达焊缝内表面,若焊缝有缺陷,干燥的石灰上即因油的渗透出现黑点(砂眼)或印纹(裂纹),用渗油试验检验焊缝质量最为简便可靠。

2.3.2 管式空气预热器的安装

管式空气预热器一般是在锅炉制造厂组装成组合件并随机供货,如为分散零件供货时,应在现场按设计图纸组装成管箱。

管式空气预热器的安装一般按以下步骤进行:

(1) **支承框架的安装** 管式空气预热器安装在支承框架上,支承框架必须首先安装完好，并严格控制其安装质量。安装后应进行认真的检测和校正，以符合表7-3的规定。支承框架校正合格后，在支承梁上画出各管箱的安装位置边缘线，并在四角焊上限位短角钢，使管箱就位准确迅速。在管箱与支承梁的接触面上垫10mm厚的石棉带并涂上水玻璃以使接触密封。

管式空气预热器支承框架的偏差　　　　　表7-3

序号	项目	偏差不应超过
1	支承框架水平方向位置偏差	±3mm
2	支承框架的标高偏差	0、-5mm
3	预热器安装的垂直度	1/1000

(2) 管箱的吊装　起吊管箱时，用四根长螺丝杆对称穿过管箱四角的管子，螺丝杆下端安有锚板和螺母以托住管箱，上端通过槽钢对焊并钻孔的起重框架，垫上锚板用螺母将钢丝绳拧紧后吊起，如图7-8所示。

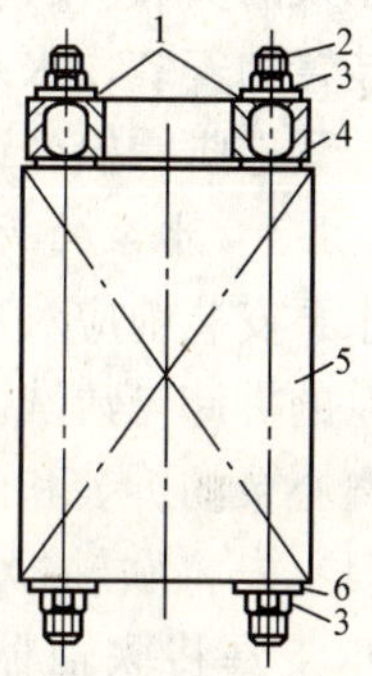

管箱经检查合格后，方可进行吊装。吊装单个管箱时应缓慢进行，使其就位于支承梁的限位角钢中间，经找正与调整，使管箱安装位置与钢架中心线的距离偏差为：±5mm，垂直度误差为±5mm。管箱垂直度检查方法是：

从管箱上部中心处挂垂球，量测线锤与管子四壁的距离，以测得安装垂直度误差，调整垂直度时，可在管箱与支承梁间加垫铁。

图7-8　管箱的吊装方法
1—钢丝绳及压紧锚板；2—螺杆；3—螺母；4—框架；5—管箱；6—锚板

(3) 同一层管箱经吊装打正后，将相邻管箱的管板用具有伸缩性的"几"形密封板焊接在一起，如图7-6所示。

(4) 烟道装好后，再装每段空气预热器上层管箱与烟道之间的伸缩节。

(5) 安装转折风道，转折风道用钢板制作，按设计尺寸先在平台上进行组合，以组合件的形式进行吊装，如图7-7所示；安装时，转折风道的膨胀节应临时加固，否则起吊时容易拉坏。

(6) 安装管箱外壳与锅炉钢架间的膨胀节，如图7-9所示。

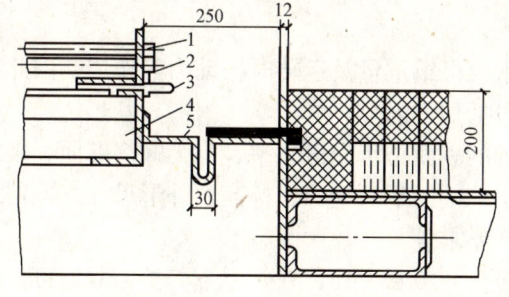

图7-9　管箱外壳与锅炉钢架间的膨胀节
1—预热器管子；2—上管板；3—上管板与外壳间的膨胀节；4—外壳；5—管箱的外壳与锅炉钢架间有膨胀节

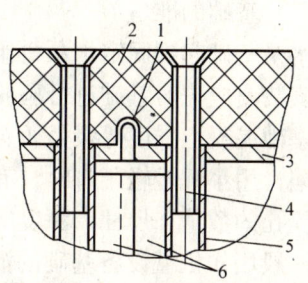

图7-10　管式空气预热器的防磨套管
1—膨胀节；2—耐火塑料；3—上管板；4—防磨套管；5—预热器管子；6—挡板

(7) 防磨套管应与管孔紧密结合，一般以稍加用力即可插入为准，露在管板外面的高度应一致，一般允许偏差为±5mm，如图 7-10 所示。

(8) 管式空气预热器安装完毕，应检查和清除安装杂物，避免运行时阻塞预热器管子。最后，应在堵住出风口的情况下，进行送风实验，以检查安装的严密性。

课题 3　锅炉辅助设备的安装

3.1　水泵的安装

水泵的安装一般按以下几个步骤进行：泵的拆卸和清洗、泵的安装和找正、电动机及传动装置的安装、水泵与电机安装同心度及水平度的检测、二次浇灌、复测同心度及水平度、拧紧地脚螺栓、试运转。

3.1.1　水泵的拆卸与清洗

水泵安装前应对水泵及其附件进行清点检验。较大型单体组装的泵或旧泵，安装前应进行泵的拆卸与清洗。由于泵的结构不尽相同，拆卸的方法也有一定的差异，现介绍一般单级离心泵的拆装和清洗。

(1) 先将联轴器（或皮带轮）拆卸下来。联轴器用键固定在轴上，抽去键销后，用三爪工具将联轴器从轴端慢慢拉下，或用铅锤沿轮周敲打下来（严禁用铁锤敲打）；

(2) 用扳手松开泵盖上的螺母拆下泵盖，松开叶轮螺母，再将叶轮与联轴器的键拆下；

(3) 将连接托架与泵体的螺栓螺母松开，再松下填料盖上的螺栓螺母，卸下泵体；

(4) 拆下泵体上的挡水环，松下连接轴承压盖同支架的螺栓螺母，将前后轴承压盖拆下；

(5) 用铅锤把轴和轴承从托架上敲下，再将轴从轴承上敲下来；

(6) 检查全部的零件并用煤油进行清洗后，即可按拆卸的相反顺序进行装配。装配时要仔细，不得乱敲乱打，防止漏装或损坏零件。

3.1.2　水泵机组在基础上的安装

(1) 基础的准备

水泵基础起到固定水泵机组位置、承受水泵机组重量及运转时振动力等作用，因此在机组安装前应先对基础进行验收，基础验收包括如下内容：

基础混凝土强度等级是否符合要求；基础的表面是否光滑平整、有无蜂窝麻面、裂纹等缺陷；用小锤轻轻敲打时，有无脱落现象；基础的平面坐标、标高、外形尺寸、预留地脚螺栓孔的数量、尺寸、深度等是否符合设计要求等。

一般用作机械设备基础的混凝土强度等级为 C10 或 C15，在常温下养护 48h 后可拆卸模板，继续养护至设计强度的 70% 以上，即可进行水泵机组的就位安装。

(2) 水泵的安装

水泵在基础上就位时，应先在基础上画出纵横中心线，然后将底座吊装到基础上，套上地脚螺栓和螺母，使水泵就位。大型水泵应使用三角架吊装，注意不要将吊装钢丝绳系在泵体、轴承架或轴上。水泵就位后要进行以下找正：

1) 中心线找正　可用撬棍调整位置，使水泵和基础上面画定的纵横中心线吻合，要求误差不得超过±20mm。

2) 水平找正　用水平尺放在轴上检查泵安装的轴向水平度，调整底座下的垫铁，使水平尺气泡居中，误差不得超过0.1mm/m；再将水平尺靠在泵进、出口法兰密封面上检测径向水平度，用同样的方法使水平尺气泡居中。

3) 标高检测　测量泵轴中心安装标高是否符合设计要求，调整垫铁使误差不超过+20mm、-10mm。

大型水泵找正时可采用水准仪或者使用吊垂线法。吊垂线法是将垂线从水泵进口吊下，用钢板尺测量法兰面与垂线的距离是否上下相等，如不等，则不水平，应反复调整，至相等为止。

(3) 电机的安装

电机吊装就位后，应将电机中心调整到与已安装的水泵的同一中心线上。检测时从电动机吊装环中心和泵壳中心拉线进行粗测，如果测线完全落于泵轴的中心，说明粗测合格；然后再用钢板尺检测水泵与电动机连接处的两个联轴器径向间隙，使径向间隙误差保持在0.03mm以下，如图7-11(a)所示；在用塞尺测量水泵与电动机连接处的轴向间隙，使轴向间隙误差保持在0.05mm以下，如图7-11(b)所示。

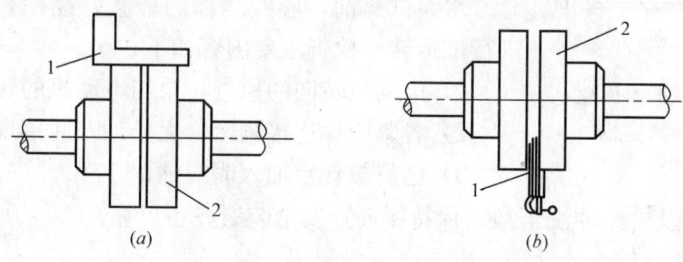

图7-11　泵与电机同心度的检测
(a) 径向间隙检测；(b) 轴向间隙检测
1—钢板尺或塞尺；2—联轴器

当轴向与径向间隙均检测合格，说明同心度良好；如检测不合格，可松动水泵、电动机与底座的紧固螺栓进行微调，直到合格后再拧紧地脚螺栓。

(4) 二次浇灌

向地脚螺栓孔内灌注细石混凝土并捣实，使地脚螺栓与基础连为一体。细石混凝土的配制比为：水泥：细砂=1:2。二次浇灌后要再次检测同心度与水平度，防止水泵在二次灌注或拧紧地脚螺栓的过程中发生移动。检测后，用手盘动联轴器，如果轴能够轻松转动，轴箱、泵壳内没有刮研现象，则水泵机组的安装合格。

3.1.3　水泵机组在减振台座上的安装

当水泵安装在楼板、箱基上时，考虑到减振要求，常将水泵机组安装在减振台座上。减振台座是在水泵机组的底座下增加槽钢框架，使框架通过地脚螺栓孔与底座紧固，框架下用减振垫或减振器减振。常用的有橡胶减振垫、弹簧减振器等。立式水泵的减振装置不应采用弹簧减振器。

橡胶减振垫的安装示意图如图 7-12 所示。

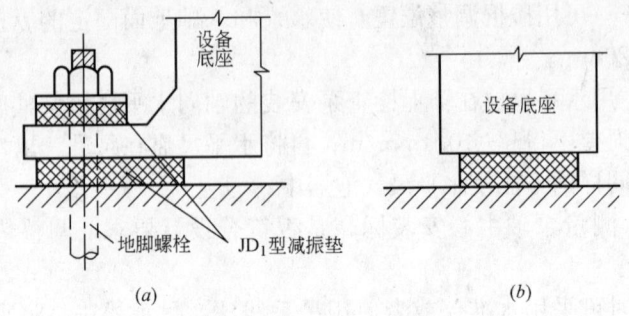

图 7-12 橡胶减振垫安装示意图
(a) 设备固定时；(b) 设备不需固定时

弹簧减振器由单只或数只相同尺寸的弹簧、弹簧簇组成，地板上贴有橡胶板，起到一定的阻尼和消声作用。减振器配有地脚螺栓，可根据需要将减振器与地基、楼面、屋面连接。弹簧减振器的安装示意图如图 7-13 所示。

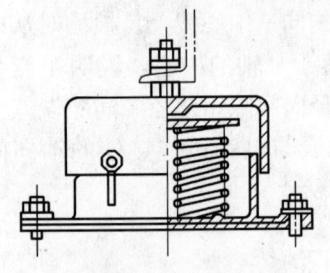

图 7-13 弹簧减振器用地脚螺栓锚固时的安装

3.1.4 水泵的试运转

(1) 试运转前的检查

水泵试运前，应做全面的检查，经检查合格后，方可进行试运转，检查主要内容如下：

1) 电动机转向的检查，泵与电动机的转向必须一致；
2) 各紧固件连接紧密，无松动及脱落现象；
3) 已经按规定加入润滑油；
4) 附属设备及管路冲洗干净，保持畅通，安全装置齐备可靠。

(2) 无负荷试运转

1) 将入口阀门开启，出口阀门关闭，排尽吸入管内的空气并注满水进行无负荷试运转，运转 1~3min 后停止；
2) 无负荷运转中要求水泵机组无不正常的声响，各紧固件无松动，轴承无明显的升温。

(3) 负荷试运转

无负荷试运转合格，进行负荷试运转，运转时间不应小于 2h，负荷试运转的合格标准为：

1) 设备运转正常，压力、流量、温度等参数应符合设备技术文件的规定，安全装置灵敏可靠；
2) 泵体运转中无杂声，无泄漏，紧固件无松动；
3) 滚动轴承温度不高于 75℃，滑动轴承温度不高于 70℃；
4) 轴封填料温度正常，软填料可有少量泄漏（每分钟不超过 10~20 滴），机械密封的泄漏量每分钟不超过 3 滴，如渗漏过多，可适当拧紧压盖螺栓；
5) 水泵的原动机功率和电动机的电流不超过额定参数；
6) 设备运转振幅符合设备技术文件规定或者规范标准，见表 7-4。

泵的径向振幅（双向）　　　　　　　　　　　　　表 7-4

泵转速(r/min)	≤375	>375～600	>600～750	>750～1000	>1000～1500
振幅(mm)不超过	0.18	0.15	0.12	0.10	0.08
泵转速(r/min)	>1500～3000		>3000～6000	>6000～12000	>12000
振幅(mm)不超过	0.06		0.04	0.03	0.02

（4）试运转结束后，关闭泵出、入口的阀门和附属系统阀门，放尽泵内积液；对于长期停运的泵，应采取保护措施；将泵试运行过程中的记录整理好填到"水泵试运转记录"表中。

3.2　水箱的安装

给水箱是贮存给水的设备。若贮存的是经过除氧后的给水时，给水箱要有良好的密封性，则可采用密闭水箱；如果贮存的是未经除氧的给水，则可采用开口水箱。给水箱分为圆形和矩形两种，大型水箱宜采用圆形，以节省钢材。

水箱一般应设置成两个独立的水箱，相互间采用连通管连接起来，当其中一个水箱进行检修和清洗时，另一个水箱可以继续独立工作。

水箱安装时，底部要装设支座，如果水箱放置在地面上，可用砖砌支座，并铺上油毡，防止水箱底板受潮腐蚀；水箱放置在楼板上时，可采用混凝土支座。

水箱的内外表面应进行防腐处理，根据贮存水温的不同，内表面的处理方法：

水温 30℃以下　　　　　　　刷红丹漆 2 遍
水温 30～70℃　　　　　　　刷聚氯乙烯漆 4～5 遍
水温 70～100℃　　　　　　 刷汽包漆 4～5 遍

水箱的外表面一般刷红丹漆，水温高于 50℃时，应对其做保温处理，使外表面温度小于 40～50℃。

敞口水箱安装前应做满水试验；密闭水箱应以工作压力的 1.5 倍做水压试验，但不得小于 0.4MPa。检验方法：满水试验满水后静置 24h 不渗不漏；水压试验在试验压力下 10min 内无压降，不渗不漏。

3.3　除污器的安装

为阻止管道内的污物、泥砂进入到水泵、锅炉中，保护锅炉和管道，通常在热水锅炉系统的回水总管上的循环水泵前安装除污器。有的还在减压阀、流量计及疏水器之前安装小型过滤器。一般常用的除污器为立式直通式除污器，其构造简单，除污效果明显，安装和检修方便，但由于出水管受尺寸限制，往往会使过滤孔数不够，增大水流阻力。近年来，还使用一种带有过滤网的 GL 型过滤器；在一些大型热力站中也有使用角式除污器的，以减少占地。

在安装中使用的除污器的规格和型号，过滤网的材质规格以及包扎方法必须符合设计或者施工规范规定。

3.3.1　立式直通式除污器的安装

安装立式直通式除污器前，应该先对规格尺寸和检修口方向进行核对，检查过滤段管的规格、长度，过滤小孔的孔径、孔数，过滤网的材质规格和包扎方法、挡扳的高度等，待检查合格后再封盖，装配放风阀。

立式直通式除污器体积不大，但重量较大，安装时一般是先按照设计的位置将除污器定位。小型的除污器可以用临时支架支撑，配管与除污器用法兰连接，再做管道支架，当管道支架达到应有强度后再将临时支架拆除；大型的除污器则采用支座式安装，在设计安装位置预先安放混凝土垫块或者用砖砌好支墩，然后再把除污器安放在垫块上，进行连接配管。如果设计要求不拆卸的话，可以不使用法兰连接而将管道直接焊接在除污器上。

3.3.2 GL型过滤器的安装

GL型过滤器必须水平安装，安装高度一般在0.5m以上。安装前应先核对过滤器的规格，特别要检查过滤网的孔径（$d=1\sim 5mm$）和安装牢固程度。安装过滤器前要先做支架，再将过滤器安放在支架上，使用U形卡固定，然后再进行管道连接。

3.3.3 小型过滤器

小型过滤器按照使用的系统可分为水过滤器和汽过滤器；按照壳体材质可分为铸铁、铸钢和不锈钢三种；按照管道连接方式可分为丝接和法兰连接。

安装前应该按照设计要求核对过滤器的种类、型号、规格以及工作压力；安装时要辨明方向；安装后要先将滤芯卸装一次，以检查卸装滤芯是否可行，并清洗过滤器内的杂物。

3.4 分汽缸的安装

分汽缸是热力站中分散和汇集热介质的装置，分汽缸的工作压力和锅炉相同，属于压力容器，其加工制作和运行应符合压力容器安全监察条例，未经批准的单位和安装部门不得随意制造分汽缸，加工单位在供货时应提供该产品的资质证明、产品的质量证明书和测试报告。

分汽缸一般安装在角钢支架上，支架形式由安装位置决定，有落地式和挂墙悬臂式两种。有时也将分汽缸安装在混凝土基础的角钢支架上，用圆钢制的U形卡箍固定，安装位置应有0.005～0.01的坡度。

3.4.1 分汽缸的安装程序

(1) 预制预埋件；
(2) 为支架预埋件放线定位，并复查坐标和标高；
(3) 浇筑C15混凝土；
(4) 预制钢支架，并刷上防锈漆；
(5) 将上述的钢支架支立在预埋件上，检查支架的垂直度和水平度，经检查合格后进行焊接固定；
(6) 在挂墙支架的支端填灌C15细石混凝土；
(7) 检查分汽缸的外观并进行水压实验；
(8) 将检验合格的分汽缸抬或吊上支架，并用U形卡固定；
(9) 按照设计要求对分汽缸及其支架进行刷漆和保温。

3.4.2 分汽缸的安装标堆

(1) 分汽缸安装前应进行水压试验，试验压力为工作压力的1.5倍，但不得小于

0.6MPa。检验方法：试验压力下 10min 内无压降，无渗漏。

（2）支架结构符合设计要求，安装平正牢固，支架与分汽缸接触紧密。

（3）分汽缸与支架表面涂刷的油漆种类、遍数均符合设计要求，附着良好、厚度均匀、色泽一致，没有流淌、污染、起泡、漏涂现象。

（4）安装位置的最大偏差值不超过：坐标：15mm，标高：±5mm。

（5）分汽缸保温厚度的允许偏差：±0.1δ～±0.05δ（δ 为保温层厚度）。

（6）分汽缸保温表面平整度的最大偏差小于：卷材：5mm，涂抹：10mm。

课题 4　锅炉安全附件的安装

4.1　压力表的安装

压力表用于测量和指示锅炉及管道内介质的压力，常用弹簧管压力表。

弹簧管压力表分为测正压的压力表、测正压和负压的压力真空表与测负压的真空表，分别以代号 Y、YZ 和 Z 表示。弹簧管压力表构造，如图 7-14 所示。在管道上安装压力表的形式如图 7-15 所示。

压力表安装要求如下：

（1）装前应检查压力表有无铅封，无铅封者不能安装。

（2）压力表应安装在便于观察、检修和吹洗的位置，且不受振动、高温和冻结影响，不应安装在三通、弯头、变径管等附近，以免产生过大误差，安装地点的环境温度宜在 −4～60℃，相对湿度不大于 80%。

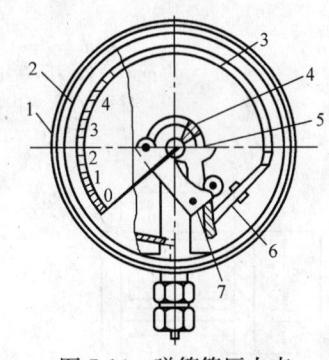

图 7-14　弹簧管压力表

1—表壳；2—表盘；3—弹簧管；4—指针；5—扇形齿轮；6—连杆；7—轴心架

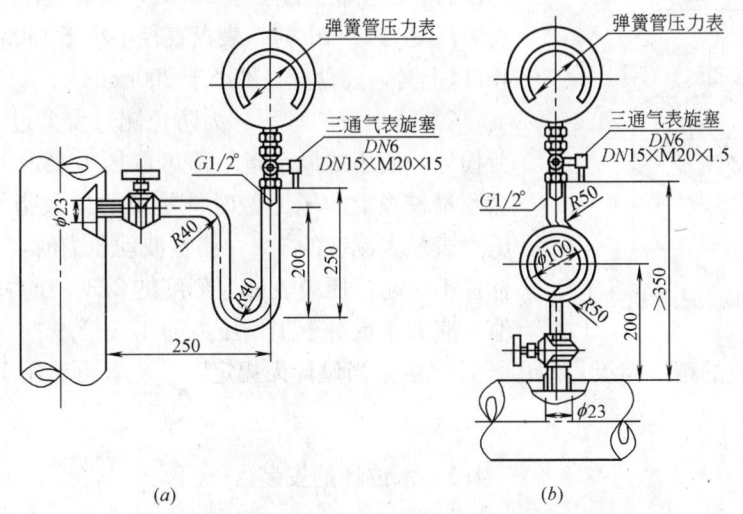

图 7-15　在管道上安装压力表

(a) 在垂直管上安装；(b) 在水平管上安装

(3) 压力表安装时应有表弯管，弯管内径不应小于 10mm。表弯管有 P 形、圆形两种，分别用于表管座水平、垂直连接，如图 7-15 所示。

压力表弯管不得保温，如管道保温层厚度大于 100mm 时，压力表连接管与管道连接部分尺寸应适当加大，以免表弯管被包入保温层内。

(4) 压力表应垂直安装在直管段上，当安装位置较高时，压力表可向前倾斜 30°。

(5) 在蒸汽系统中，为校验压力表，冲洗表弯管，应在压力表与表弯管之间安装三通旋塞，以便在吹洗管路或拆修压力表时能切断工质，三通旋塞的操作过程如图 7-16 所示。

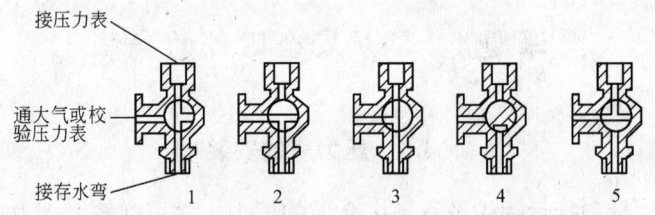

图 7-16 三通旋塞操作过程
1—正常工作时的位置；2—冲洗存水弯管时的位置；3—连接校验压力表时的位置；
4—使存水弯内蓄积凝结水时的位置；5—压力表连通大气时的位置

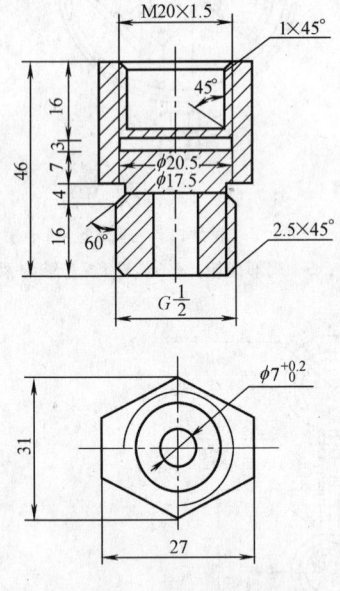

图 7-17 压力表转换接头

(6) 在管道上开孔安装压力表时，须在试压前进行。开孔后应去掉毛刺、熔渣，并锉光。

(7) 安装压力表时，如压力表接头螺纹与旋塞或阀门的连接螺纹不一致时，需在压力表与旋塞之间配制一个如图 7-17 所示的转换接头。

(8) 压力表盘、量程和精度的选择应符合以下条件：

1) 压力表的表盘大小与安装高度有关。一般情况下，当压力表的安装高度小于 2m 时，表盘直径不小于 100mm；安装高度为 2～4m 时，表盘直径不小于 150mm；安装高度 4m 以上时，表盘直径不小于 200mm。

2) 压力表的量程，为防止测量误差过大和弹簧管疲劳损坏，使用的最小指示值可取压力表最大刻度的 1/3；当测量较稳定的压力值时，使用的最大指示值不应超过压力表最大刻度的 3/4，测量波动压力时，使用的最大指标值不应超过压力表最大刻度的 2/3。压力表的刻度极限值，应大于或等于工作压力的 1.5 倍。

3) 压力表的精度等级，应由设计规定，当设计无规定时，一般可选用 1.5～2.5 级的压力表。

4.2 水位计的安装

水位计是观察炉内水位的仪表，其上、下端分别与锅筒的汽、水空间连通，利用连通器内水面高度一致的原理工作。

水位计有玻璃管和玻璃板式两种,由汽旋塞、水旋塞、平板玻璃(或玻璃管)、金属保护框、吹洗阀等组成。水位计与锅筒有三种连接方式,即与锅筒壁直接连接、与锅筒的引出管相连接、与锅筒口接出的水表柱相连接。由于采用与锅筒壁直接连接时,受锅筒高温壁的热影响,水位计容易造成损坏,故应用较少,而后两种连接方法应用较多。

对于容量较大的锅炉,上锅筒的安装位置较高,司炉人员难以观察水位,因此,当水位计距操作层地面大于6m时,除在上锅筒上装设独立的水位计外,还应在操作平台上装设低位水位计,以便水位的观察与控制。低位水位计有重液式、轻液式及浮筒式三种形式。

图7-18为重液式低位水位计的安装。在U形管内有密度大于水且不溶于水的有色液体,如四氯化碳、三氯甲烷等。U形管两端分别与锅筒汽、水空间相连通。当锅炉水位下降时,左侧水柱对重液的压力减小,而U形管右侧的水柱高度是不变的,此时重液将由右向左移动,反之,锅炉水位升高时,低位水位计指示器上的液面交界面将上升。

图7-19为轻液式低位水位计的安装。在倒置的U形管内装有密度小于水的煤油和机油的混合液,混合液浮于水面上,当锅炉水位发生变化时,低位水位计指示器上指示的两种液体交界面将产生升、降,即表明锅炉水位的升降。

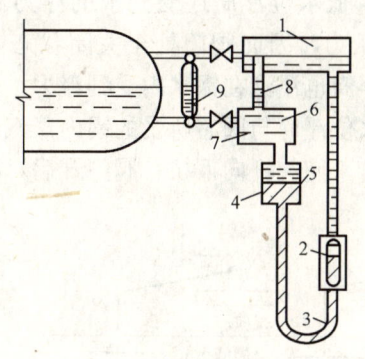

图7-18 重液式低位水位计
1—冷凝器;2—低位水位指示器;3—浮筒;4—连杆;5—连接管;
6—炉水;7—沉淀器;8—溢流管;9—高位水位指示器

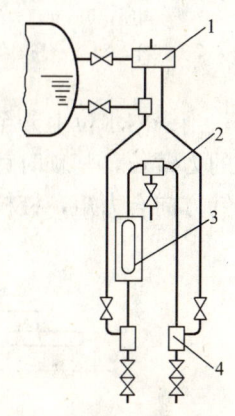

图7-19 轻液式低位水位计
1—平衡器;2—倒U形器;
3—U形管;4—膨胀器

图7-20为浮筒式低位水位计的安装。由连通器、连接管、平板玻璃、浮筒、连杆及重锤指针等组成。连通器通过连接管与锅筒连通,连通器内的水位及水面上的浮筒即为锅筒内水位,浮筒通过连杆带动的重锤指针在低位水位指示器上指示的位置,即锅筒的水位。浮筒式低水位计构造简单,制造容易,运行可靠。

为使低位水位计的浮筒不致被锅筒内水蒸气压坏,在浮筒制造时,可在筒内装一些液体,当浮筒受热后内部液体汽化产生内压力,此内压力与锅筒工质外压力抵消,从而保证浮筒不会产生变形。

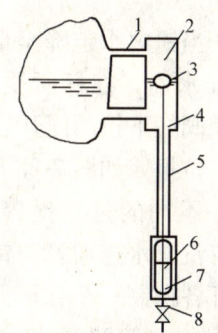

图7-20 浮筒式低位水位计
1—连接管;2—连通器;3—浮筒;
4—连杆;5—连接管;6—重锤指针;
7—平板玻璃;8—放水阀

4.3 水位报警器的安装

蒸发量大于 2t/h 的锅炉，除安装水位计外，还应装设水位报警器，以便安全可靠地控制锅炉水位。水位报警器的安装有炉内安装、炉外安装两种形式。

锅内水位报警器由高、低水位浮筒、杠杆、警报汽笛、阀杆和阀座等组成，如图 7-21 所示。阀杆连在杠杆上，以支点为中心两端可上下移动来开启或关闭通向汽笛的阀门。当阀门开启时，蒸汽冲出汽笛鸣响而发出警报。

锅内水位报警器的原理如图 7-22 所示，当水位正常时，低水位的浮筒完全浸泡在锅水中，高水位的浮筒悬在水面上，此时杠杆所受合力矩为逆时针方向，即阀杆受向上的力，由于两浮筒重量相同，低水位浮筒还受到水的浮力和阀受到锅内蒸汽压力，因而阀门处于关闭状态，汽笛不会

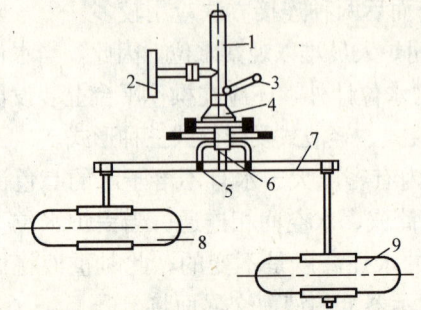

图 7-21　锅内水位报警器
1—警报汽笛；2—停止阀；3—试鸣杆；
4—阀座；5—支点；6—阀杆；
7—杠杆；8、9—高、低水位浮筒

鸣笛；当锅内水位上升至高水位线时，高水位浮筒也浸泡在锅水内受到浮力，由于低水位浮筒的力臂长，其顺时针方向的力矩将大于高水位浮筒与阀芯所受的锅内蒸汽压力产生的逆时针方向合力矩，杠杆就会沿顺时针方向旋转，使阀杆向下拉，阀门开启，蒸汽冲出而

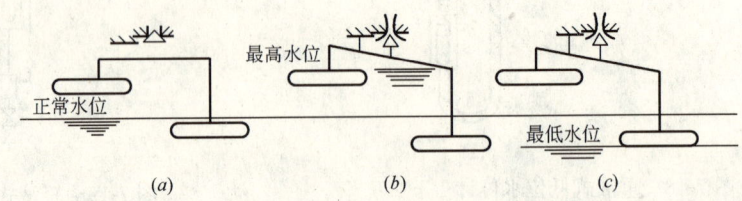

图 7-22　锅内水位报警器工作原理图
(a) 关闭状态；(b) 开启状态；(c) 开启状态

发出鸣笛；当锅内水位降至最低水位时，低水位浮筒也随之离开水面，杠杆所受合力矩沿顺时针方向旋转，同样使阀杆下拉阀门开启，汽笛鸣笛报警。

锅外水位报警如图 7-23 所示，工作原理同锅内水位报警器。不同的是其报警装置是装设于一个圆筒内，筒内有汽、水连通管与锅筒相连，筒内有两个浮筒通过连杆各控制一个针形阀。正常水位在两浮筒之间，即低水位浮筒浸于水中，高水位浮筒在水面之上。当水位降低时，低水位浮筒露出水面，浮力减小浮筒向下，浮筒连杆控制的针形阀开启而报警；当水位上升到高水位线以上时，高水位浮筒逐渐浸入水

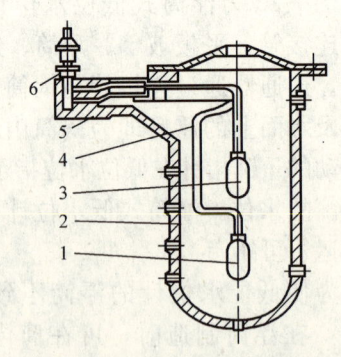

图 7-23　锅外水位报警器
1—低水位浮筒；2—筒体；3—高水位浮筒；4—连杆；5—针形阀瓣；6—汽笛

中，因受浮力使浮筒向上，浮筒连杆控制的针形阀开启而报警。

4.4 安全阀的安装

工程上普遍使用的是弹簧式安全阀，其基本构造如图 7-24 所示。

4.4.1 安全阀的定压

安全阀在安装前应按设计文件规定进行调试定压，以校正其开启压力。调试定压必须在安全阀处于工作状态时进行，若用冷水试验作为正式定压将会造成压力误差过大或安全阀失灵。

安全阀定压试验所用介质：当工作介质为气体时，应用空气或惰性气体调试，并应有足够的贮气容器；工作介质为液体时，用洁净水调试。调试定压应与安装在高度定压装置上的压力表相对照，边观察压力表数值，边进行调整安全阀。

弹簧式安全阀定压，首先拆下安全阀顶盖，拧转调整螺栓。当调整螺栓被拧到在压力表准确地指示要求的开启压力时，安全阀便自动地泄放出介质，再稍微拧紧一点，即作为定压完毕。定压之后要试验其准确性，即稍微扳动安全阀的扳手或将开启压力增大一点，如立即有介质排放出来时，即认为定压合格。然后做安全阀的启闭试验，每个安全阀的启闭试验不少于三次。安全阀应有足够的灵敏性，当达到开启

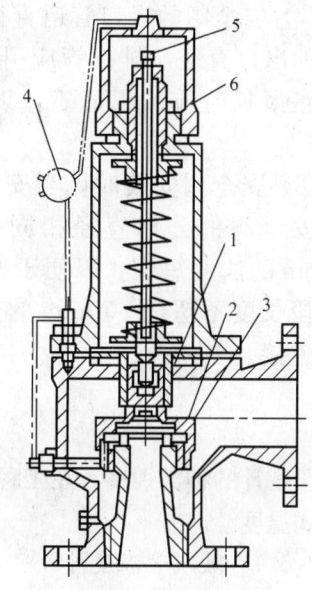

图 7-24 弹簧式安全阀
1—阀瓣；2—反冲盘；3—阀座；
4—铅封；5—调整螺栓；6—顶盖

压力时，应无阻碍地开启；当达到排放压力时，阀瓣应全开并达到额定排量；当压力降到回座压力时，阀门应及时关闭，并保持密封，如出现启闭不灵敏等故障，应及时进行检修和调整，直至合格。安全阀调试合格后，应进行铅封，严禁乱动，并填写调试记录。

4.4.2 安全阀安装注意事项

（1）安装前须对产品进行认真检查，验明是否有合格证及产品说明书，以明确出厂时的定压情况；检查铅封完好情况、外观有无伤残。对铅封破坏，出厂定压不符合设计工作压力要求的，均应重新进行调试定压，以确保系统运行安全。

（2）安全阀应尽可能布置在平台附近，以便检查和维修。塔体或立式容器上的安全阀一般应安装在顶部，如不可能时，尽可能装设在接近容器出口的管道上，但管道的公称直径应不小于安全阀进口的公称直径。

（3）安全阀应垂直安装，应使介质从下向上流出，并要检查阀杆的垂直度。

（4）一般情况下，安全阀的前后不能设置截断阀，以保证安全可靠。

（5）安全阀泄压：当介质为液体时，一般排入管道或密闭系统；当介质为气体时，一般排至室外大气，排入大气的安全阀的放空管，出口应高出操作面 2.5m 以上。

（6）油气介质一般可排入大气，安全阀放空管出口应高出周围最高构筑物 3m，但以下情况应排入密闭系统，以保证安全。

1) 当排入密闭系统比排至最高构筑物以上 3m 更为经济时。
2) 水平距离 15m 以内有加热炉或其他火源。
3) 高温油气排入大气有着火危险时。
4) 介质为毒性气体。

(7) 安全阀的入口管道直径，最小应等于阀门的入口管径；排放管直径不得小于阀门的出口直径，排放管应引至室外，并用弯管安装，使管出口朝向安全地带。排放管路太长时应加以固定，以防振动。当排液管可能发生冻结时，排液管要进行伴热。

(8) 安全阀安装时，当安全阀和设备及管道的连接为开孔焊接时，其开孔直径应与安全阀的公称直径相同；法兰连接的安全阀，开孔后焊上一段长度不超过 120mm 的法兰短管，以便于安全地进行法兰连接；螺纹连接的安全阀，开孔后焊上一段长度不超过 100mm 的带钢制管箍的短管，以螺纹连接的方法和安全阀的外螺纹连接。

4.5　温度计的安装

温度计的种类很多，在工程中常用膨胀式温度计，即玻璃管温度计、双金属温度计和压力式温度计。

4.5.1　玻璃管温度计

玻璃管温度计分为带保护套管、不带保护套管和工业棒式等种类，如图 7-25 所示，其尾部分为直形、90°角形和 135°角形。

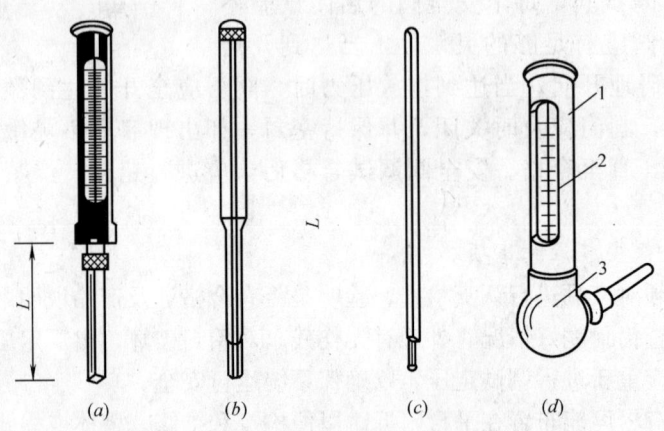

图 7-25　玻璃管温度计
(a) 带保护套管；(b) 不带保护套管；(c) 工业棒式；(d) 角式
1—保护壳；2—刻度盘；3—温包

直形温度计在水平、垂直管道上的安装如图 7-26 所示。直形温度计所配用的套管形式，应根据所测介质、压力等情况选用。当被测介质温度小于 150℃时，保护套管中应灌机油；当被测介质温度大于或等于 150℃时，保护套管中应填铝粉。直形温度计的安装尺寸见表 7-5。

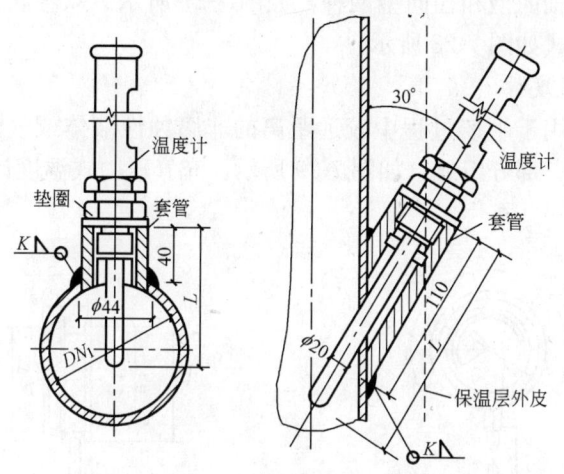

图 7-26 直形温度计在水平、垂直管道上的安装

直形温度计安装尺寸（mm）　　　　　　　　表 7-5

管子公称直径 DN		50	65	80	100	125	150	200	250
管子外径 D		57	76	89	108	133	159	219	273
L	水平管	60	80	80	100	100	120	160	160
	垂直管	120	160	160	200	200	200	320	320

玻璃管温度计的安装要求如下：

（1）安装在便于检修、观察且不受机械损伤及外部介质影响的位置。

（2）安装时，温包端部应尽可能伸到被测介质管道中心线位置，如图 7-26 所示，且受热端应与介质流向逆向。

（3）带套筒的水银温度计与焊接于锅筒或管道上的钢制管接头用螺纹连接。

4.5.2 双金属温度计

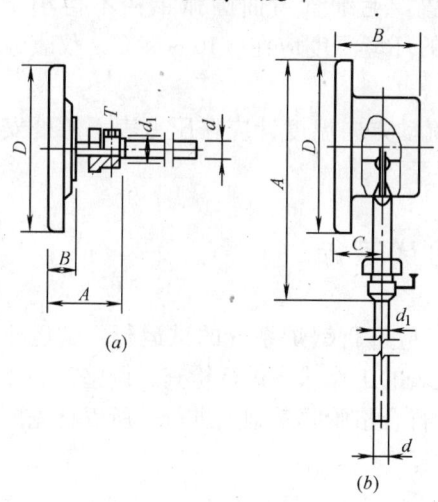

图 7-27　WSS 型双金属温度计
（a）轴向型；（b）径向型

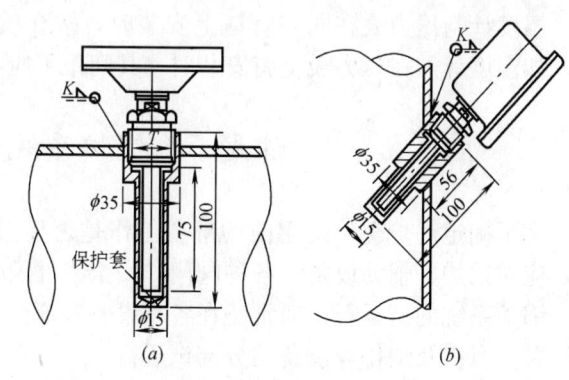

图 7-28　双金属温度计在水平、垂直管道上的安装
（a）双金属温度计在水平管道上安装（轴向型）；
（b）双金属温度计在立管上安装（径向型）

双金属温度计有轴向型和径向型两种,如图7-27所示。双金属温度计在水平管道及垂直管道上的安装形式如图7-28所示。

4.5.3 压力式温度计

压力式温度计适用于生产过程中较远距离的非腐蚀性液体或气体的温度测量,由温包、毛细管和指示仪三部分组成,如图7-29所示。充气压力式温度计型号为WTQ,充液压力式温度计型号为WTZ。

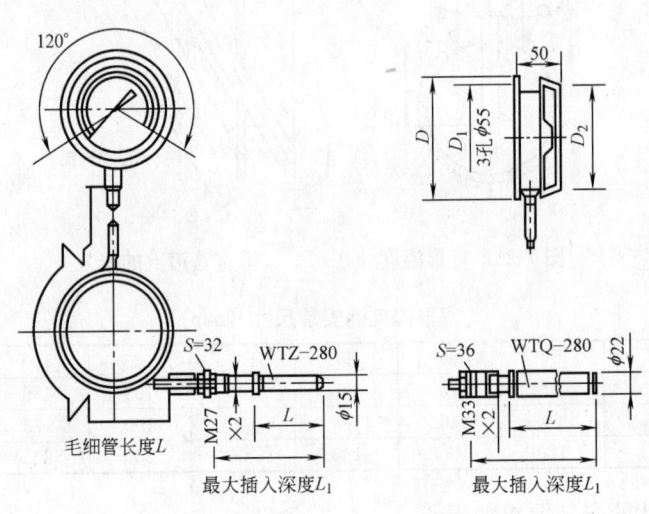

图7-29 压力式温度计

压力式温度计的温包安装方法同玻璃管温度计。温包应全部浸入被测介质中,测量时被测介质需经常流动。压力式温度计的毛细管外面用金属丝编织的包皮保护,敷设时应尽量少转弯,毛细管一般为管内或线槽内敷设,也可直接沿墙敷设,每隔200~300mm设固定夹固定,多余的毛细管盘好,固定在适当位置,毛细管弯曲圆弧半径不得小于50mm。压力表应安装在无振动的平板上,安装地点的环境温度应在-10~55℃。仪表经常工作温度最好能在量程范围的1/2~3/4处。

温度计与压力表在同一管道上安装时,按介质流动方向温度计应在压力表下游处安装,如温度计需在压力表上游安装时,其间距不应小于300mm。

课题5 锅炉系统的试运行

为了确定锅炉交付使用前的准备工作是否妥当,应进行锅炉系统的试运行。试运行时,应对锅炉、辅助设备、各种阀门、安全附件及仪表的工作状态进行检查、调整。

锅炉系统的试运行,通常是在各种设备分部试运行合格验收基础上进行。所以首先要进行泵、风机及炉排等设备的分部试运行。

5.1 各种设备的分部试运行

5.1.1 泵与风机的检查及其分部试运行

核对风机、电动机等型号规格是否与设计相符合,然后检查泵、风机的联轴器、润滑油、冷却水管路等是否连接牢固及挡板、闸门是否齐全可靠。同时润滑油应清洁，油位在指示线上；冷却水应畅通无阻，将水门打开，观察水流入漏斗的情况应正常；挡板或阀门用手转动应灵活；电机、水泵和风机用手盘车时应无卡碰现象。

试运行前应将风机入口风门或水泵出口阀门关严。合上电闸，电流表应该立即指示最大值。如果电流表在1s内不动，说明未投入，应立即拉掉电闸，然后重新合闸，如仍未投入，则应查明原因并予以排除。合上电闸，电流表指到最大位置后，应在规定时间内逐渐回到正常指示值。

空载试运行时间15～20min，情况正常，试运行结束。

试运行期间应注意：回转方向要正确，应无摩擦、无碰撞、无异味。电流表指示在正常值，应测量振动值、轴窜动量和轴承温度。

5.1.2 炉排的检查及分部试运行

在空载试运行过程中应对炉排各部分进行检查，要求炉排运行正常，然后，装煤进行冷态试运行，运转时间应不少于8h。要求下煤均匀，不跑偏，不堆积，煤斗及炉排两侧不应漏煤，否则应重新调整。

链条炉排、往复推动炉排还应用各挡速度试运行，电流表读值应符合规程规定。抛煤机也要试运行，如果叶轮形状改变，还应试抛煤，检查落煤是否均匀。

运煤系统、除渣系统、上水系统也应进行分部试运行，按规定内容要求进行检查和验收。

5.2 锅炉系统的试运行

5.2.1 试运行前的检查与准备

首先，要求炉墙、拱、水冷壁、联箱、汽包内外及观火孔、人孔、吹灰孔等均完好无缺陷。管束内是否有焊瘤或堵塞，可用通球试验检查。汽包内、炉内、烟道内检查完毕，确实无人、无杂物后，应将汽包、人孔、联箱、手孔封闭，炉门关闭，至此，炉内、外检查完毕。

其次，汽、水管道各阀门应处于点火前位置。

最后，开始上水。上水时首先启动给水泵，打开给水阀，将已处理好的水送入锅内，进水温度不高于40℃，将炉内水位升至最低水位处，或水位表的三分之一处。由于点火后，水温升高，体积膨胀，水位会上升。然后关闭给水阀门，待锅内水位稳定后，要注意观察水位的变化，不应上升或下降。

5.2.2 点火

准备工作结束后，就可以点火。锅炉必须在小风、微火、汽门关闭、安全阀或放气阀打开的条件下进行升火，炉火逐渐加大，炉膛温度均匀上升，炉墙与金属受热面缓慢受热，均匀膨胀。

新装锅炉试运行时，初次升火，从点火到汽压升至1.3MPa，需要的时间不少于5～6h。

5.2.3 升压和升压过程中的检查及定压

为保证锅炉各部分受热均匀，升压不可太快。在升压过程中必须进行全面检查和调试。工业锅炉升压过程一般作如下的检查及定压工作：

(1) 当炉内气压上升,打开的放气阀或安全阀冒出蒸汽时,应立即关闭放气阀或安全阀。

(2) 当锅内压力达到 0.1MPa 表压时,进行冲洗压力表和水位表,并用标准长度的扳手重新拧紧各部分的螺栓。

(3) 气压升至 02~0.3MPa 表压时,检查人孔、手孔是否渗漏,并上水、放水,以均衡锅炉各部分温度。同时,应检查排污阀是否堵塞。

(4) 气压升至 0.5MPa 表压时,再次在高压情况下吹洗水位表和压力表,并打开蒸汽阀,启动蒸汽给水泵,观察是否正常运转。

(5) 气压升至 0.7~0.8MPa 表压时,再次上水、放水,检查辅助设备运转情况。

(6) 气压升至工作压力,再次进行全面检查并对安全阀定压。

安全阀的调整顺序:应先调整开启压力最高的,然后依次调整压力较低的。同时对炉墙进行漏风检查。

锅炉还应在全负荷下连续运行 72h,经检查和试验各部件及附属设备运转正常时,试运行完毕,编写试运行记录书,存入锅炉档案。

课题6 燃油(燃气)常压热水锅炉的安装

燃油(气)常压热水锅炉的结构形式与小型承压热水锅炉基本相同,有立式锅壳水管锅炉、立式锅壳火管锅炉、卧式内燃锅壳锅炉、卧式外燃锅壳锅炉等形式,所不同的是这种锅炉工质的压力是大气压(常压),即表压力为零,亦称无压锅炉。锅炉制造时在本体上开一个流通面积足够大的孔,以便安装通气管,保证在锅炉水位线上,表压力永远为零。

6.1 机房的布置与要求

6.1.1 选址

由于常压热水锅炉具有"运转安全、振动极小、噪声及环保性能佳、无爆炸危险"等特点,所以,机房场地选择十分方便,地下室、地面、楼层中、屋顶都可选作机房,但应考虑房屋结构承重。地下室的通风和排水较为复杂,而楼层中水电较难解决,且吊装也会增加许多难度。循环水静压过高的场合(比如超过 0.8MPa),可考虑将机房设于楼层中或屋顶。因水泵振动较大,泵房与机房应隔离。

6.1.2 通风

机房通风不良将导致燃油(气)炉运转所需空气量不足,并且会引起机房潮湿而腐蚀。锅炉需要空气量由燃料输入量决定,并考虑事故通风措施。

6.1.3 排水

机房排水十分重要,外部系统管路阀门不可避免会有泄漏,一旦机房积水会引发电气故障和锅炉设备锈蚀。排水施工应注意:

(1) 保证锅炉基础处于最高位置。

(2) 锅炉四周设置排水沟,沟上须垫铸铁网板,坡度合适,保证排水沟的水能顺利排出机房。

(3) 机房所有泄水管、信号管均应置于排水沟上可见处，不能埋入沟内。
(4) 地下室机房应设置集水坑和潜水泵，潜水泵应尽可能装设自控装置，能自动排水。

6.2 锅炉安装就位

(1) 锅炉基础的验收及测量放线要求同燃煤锅炉的安装。

(2) 锅炉的水平和垂直运输要根据施工现场具体情况与条件，选择机具。水平运输可采用吊车、排架来吊运，也可采用原包装作为底架用滚杠、道木、卷扬机或绞磨拖运至锅炉房内。拖运时一般在路面上垫上厚度大于 25mm 的道木及滚杠，让滚杠在道木上滚动，滚杠可与木板交替使用，详见图 7-30。

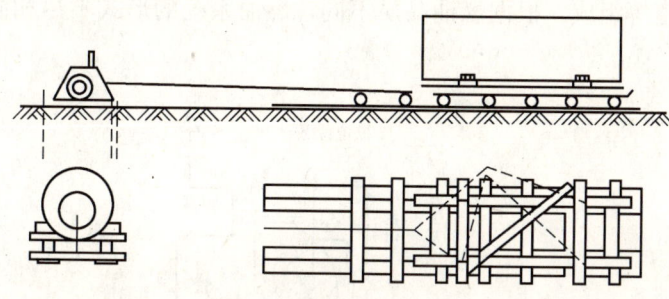

图 7-30 滚杠搬运

锅炉安装时起吊高度一般很小。垂直运输可采用起重机、捯链、千斤顶完成。

(3) 锅炉就位

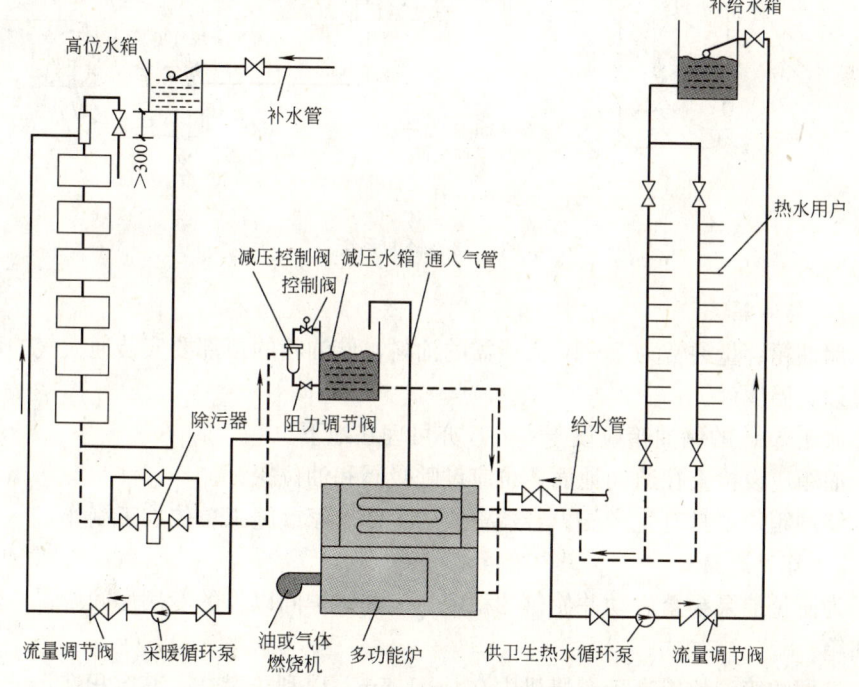

图 7-31 锅炉水箱的安装

1）按设计规定的位置，将支垫炉体的垫铁就位。

2）将地脚螺栓灌以混凝土固定在基础中，待地脚螺栓混凝土凝结坚固，然后用千斤顶将锅炉顶起，取去垫木垫堆，将炉体稳放在铁垫上。用水平尺校正锅炉左右侧是否水平，整个炉体的倾斜不应大于5mm。

3）锅炉水箱的安装，选择计算水箱的容积及合理布置，保证锅炉系统安全正常运行，锅炉水箱的安装布置如图7-31所示。

6.3 燃油系统安装

燃油管道系统主要由储油箱、日用油箱、粗细滤油器、油泵、溢油管、油箱通气管和阻火器、连接管道等组成。根据燃油品质不同，燃油系统的形式不尽相同，如图7-32所示为轻油系统。

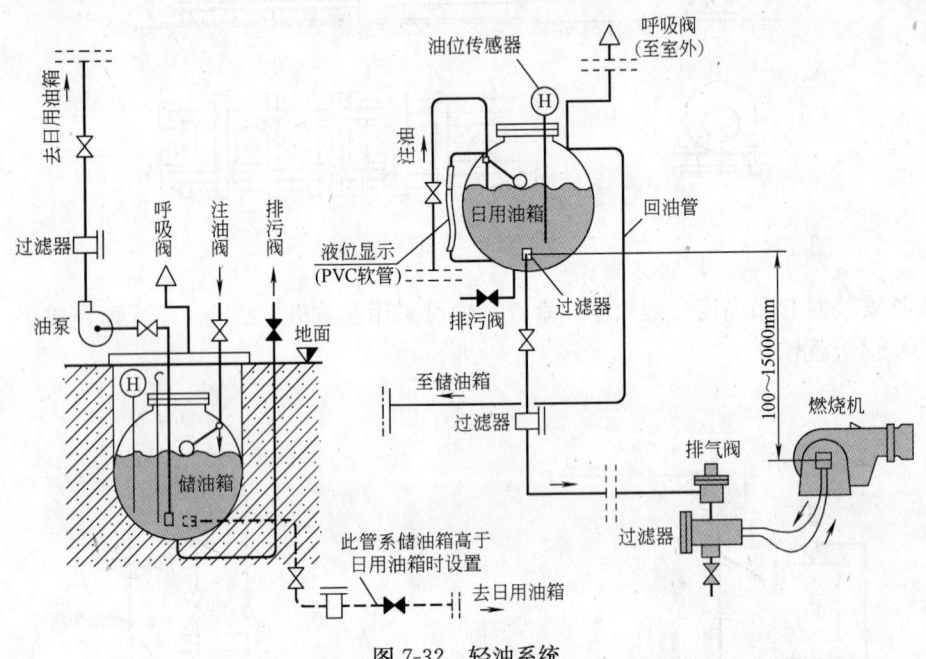

图 7-32 轻油系统

6.3.1 储油箱

（1）储油箱容量通常为7～10天所需的油料，储油箱的顶部要安装通大气的弯管，应装设油位计、温度计。

（2）大于$5m^3$的储油箱应设于室外，亦可埋在地下。

（3）油箱应设检查孔通向地面，也应设呼吸阀和油位探针。

（4）储油箱须由具有生产压力容器资质的生产厂家或施工单位加工制作。

6.3.2 日用油箱

（1）为避免油泵频繁启动并使供油稳定，应在锅炉间以外的专用房间设置一较小容积的日用油箱。

（2）日用油箱油位应高于燃烧机中0.5～1.5m，以利于燃烧，其容积在$1m^3$即可。

（3）油箱应安装液位计以显示油位情况。油箱顶部接有通气管，通气管上安装有阻火器。进入油箱的连接管道应采用高位式,而进入燃烧器的油管宜在油箱侧下位置接出。

(4) 油箱附近 6m 范围内不允许有火源;油箱周围应通风良好,油箱房应配备灭火器。

6.3.3 油过滤器

因燃料在装卸或运输过程中常会混入杂质。管道上要安装二级油过滤器,油泵前安装中燃油过滤器,燃烧机前安装细燃油过滤器,以防油泵及燃烧器堵塞。对于重油系统应增加一级过滤装置。

6.3.4 油泵

当储油箱位置低于日用油箱,应设置加压油泵。另外应设置备用油泵。油泵一般采用齿轮泵或螺杆泵,泵的流量为锅炉额定用油量的 1.1 倍,泵电机功率比泵额定功率大,以适应油黏度变化对泵所需电功率的影响。

6.3.5 输油管道系统

(1) 自日用油箱到燃烧器的管道总长不宜超过 5m,管径按油料流速≤0.3m/s 选择,输油管宜采用无缝钢管或铜管焊接。

(2) 管道与燃烧器连接的水平管段,为避免管道集气或积存污物,应采用坡向立管的逆坡敷设方式,轻油管道坡度不小于 0.003,重油管道不小于 0.004。

(3) 在整个燃油管路上应至少安装两只串联的截止阀。

(4) 为最大限度地减少燃烧器附近燃油的积存量,应尽量缩短燃油截止阀到燃烧器的管路长度。

(5) 在管道最高处设自动排气阀,最低处设排污阀。

(6) 应安装能显示燃烧器喷油泵排出压力的压力表。为防止燃烧器油泵进口的吸入压力过低,应减小燃油配管和燃油过滤器阻力。

6.4 燃气系统安装

燃气管道系统主要由放散管、压力表、球阀、气体过滤器、流量计、电磁阀、检漏仪和连接管道组成,如图 7-33 所示为燃气配管线路图。

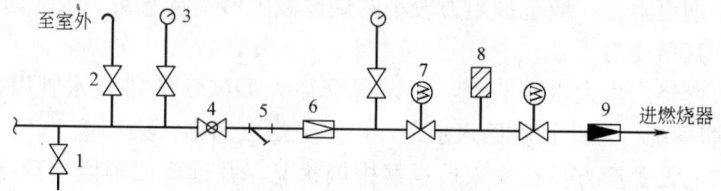

图 7-33 燃气配管线路图

1—放泄阀;2—安全放散阀;3—压力表;4—球阀;5—汽过滤器;
6—减压阀;7—电磁阀;8—检漏仪;9—流量计

(1) 燃气管道系统多采用无缝钢管焊接。

(2) 燃气的输配、调压、液化气储罐等供气总系统,均由城市燃气公司来完成。其施工必须由专业施工或供气单位承担。

(3) 在机房内有 3 台以上机组时(包括燃气型冷热水机组)必须安装燃气泄漏检测报警器,且有良好的通风条件。

（4）一般燃气锅炉等生产设备，不宜设置在地下室、半地下室或通风不良的场所，当特殊情况需要设置时，应有机械通风和相应的防火、防爆安全措施，并应符合下列要求：

1）引入管宜设快速切断阀；

2）管道上宜设自动切断阀、泄漏报警器和送排风系统等自动切断连锁装置；

3）地下室、半地下室净高不应小于 2.2m；

4）有良好的通风设施，地下室或地下设备层内应有机械通风和事故通风设施；

5）应当有固定照明设备；

6）应用非燃烧体的实体墙与变电室、修理间和储藏室隔开；

7）地下室内燃气管道末端应设引出地面的放散管，放散管的出口位置应保证吹扫放散时的安全和卫生要求；

（5）燃气进入机房的压力不宜低于 1.2kPa，高于 14.7kPa 应装设减压装置。

（6）所有管路应进行严密性试验，室内低压管道一般不做强度试验。

（7）燃烧器附近，燃气与空气的混合气体应控制在最小范围，应尽可能缩短燃烧器和安全截止阀的间距。

（8）使用混合燃烧器时，要安装止回机构，防止产生回火。

（9）主燃气和点火管中要安装燃气压力调节器，同时安装燃气压力开关。

（10）燃气管道应进行静电接地，在法兰连接处采用扁钢做跨接线。燃气管道安装完毕必须进行清扫，一般采用压缩空气吹扫，吹扫压力不超过 0.3MPa，连续吹扫 30min，检查从吹扫口吹出的气体纯净即为合格。

6.5 排烟系统安装

（1）燃油（气）常压热水锅炉排烟系统的安装应根据国家《城镇燃气设计规范》(GB 50028—93)（2002 年版）的规定施工。

（2）机组排烟口处压力维持 10～100Pa，烟气流速以 3～5m/s 为宜。当水平烟道长度小于 8m 时，亦可直接将机组排烟管尺寸定为烟道、烟囱尺寸。一般横向烟道每增加 1m，截面应增大 5%，最大增加不超过 1 倍。

（3）为减小烟道阻力，应选择阻力较小的烟道截面形式及弯头。水平烟道做成沿流动方向向上倾斜，其斜度为 1/8。

（4）因燃料燃烧产生大量水蒸气，应设置管径为 $DN25$ 的排凝水管以排除凝水，如图 7-34 所示排烟系统。且此管应插入水中，以避免烟气逸出污染环境。

（5）排烟口的设置应方便机房人员观察排烟状况，并远离门窗及屋顶冷却塔等设备，且应高于周围 1m 内建筑 0.6m 以上。

（6）多台机组共用烟道时应注意：

1）必须采用插入式进行共同烟道连接；

2）共用烟道截面取各烟道之和；

3）只限于与使用同种燃料的热水锅炉共用烟道；

4）停机时为防止废气倒流，各台锅炉的排烟口均须装设风门。

（7）烟囱

1）为使烟囱的通风能力满足排烟要求，烟囱应具有一定高度，烟囱高度应符合现行

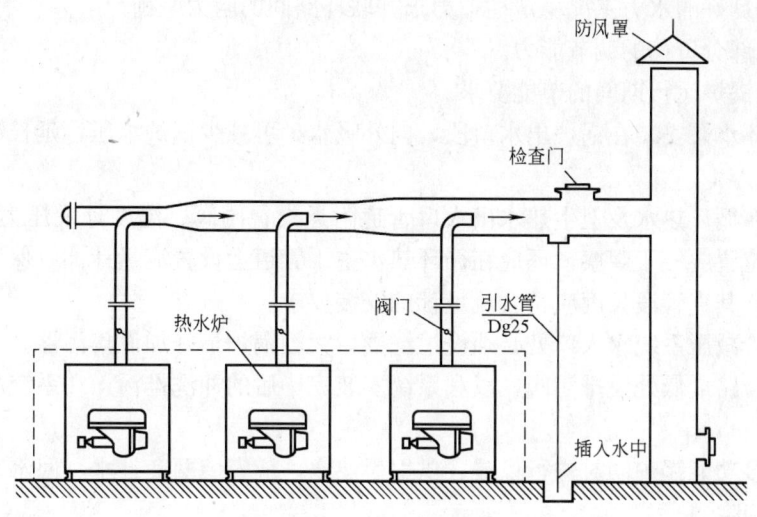

图 7-34 排烟系统图

国家标准和《锅炉烟尘排放标准》(GB 3841—1983) 的规定。

2) 烟囱出口应设防风罩,以免因雨水、风力影响通风力。

3) 必要时烟囱应装避雷针。

(8) 在水平烟道上需设置泄爆口及检查门,泄爆口泄压方向朝上以确保人身安全。烟囱应设置清扫门。

(9) 烟道宜采用厚 4mm 左右钢板焊制,直段较长处应设置伸缩节,且注意安装方向。烟道穿墙、楼板处和法兰面上应垫防火耐热材料。

(10) 烟道中要装设加强筋和支架等结构件,以防振动和承重,不能由机组承重。

(11) 确定烟道密封良好后再进行保温施工,保温材料按工作温度 400℃ 选择。

6.6 电气系统安装

(1) 燃油(气)电气系统的安装应严格按照我国现行的规范规定进行施工。

(2) 机房三相动力线必须是三相四线制,其规格必须满足锅炉设备配电总功率要求。

(3) 燃气锅炉房装设燃气泄漏检测器和消防检测器等装置,应将其输出继电器的一触点预留给机组进行电气控制,且各需敷设两根 $0.5mm^2$ 的导线,并做好标记。

(4) 循环水泵、供卫生热水泵电机,配电屏内需另设启动、停止控制线端及手动/自动转换开关,用于锅炉与上述设备的联动控制。

(5) 送至锅炉的动力线及控制线必须分管敷设,且做好标记。

(6) 水泵、风机宜设置变频器,以实现节能,并对电机及管路系统起到保护作用。

6.7 水系统安装

(1) 应严格按照常压热水锅炉安装规范规定进行水系统的设计、施工。

(2) 水系统配置

1) 具备足够的输送能力,经济合理地选定管材、管径以及水泵台数、型号和规格。

2）具有良好的水力工况稳定性,力求并联环路间的阻力平衡。
3）满足部分负荷的调节能力。
4）实现锅炉运行期间的节能要求。

（3）循环水泵安装在锅炉出水口段,向外吸水,可减少锅炉承压,延长锅炉使用寿命及运行安全。

（4）应在循环热水及卫生热水出入口管道附近设置闸阀、温度计及压力表,温度计、压力表安装位置应便于观察。还应在循环热水主干管道上设置流量计,以保证锅炉在正常工况下运行,其直管段长度应符合流量计的安装要求。

（5）锅炉减压系统水入口处必须设过滤器,大型锅炉最好加设集污器。

（6）在管路最低处设排污阀,以利系统安装完毕后的冲洗排污,在系统高处设自动排气阀。

（7）用多功能锅炉同时进行供暖、供卫生热水,应安装两套补水、回水系统,且保证卫生热水的卫生。

（8）锅炉房设多台锅炉时,安装宜采用并联形式,且设置流量调节阀,以达到出力平衡,利于锅炉机组运行稳定。所有独立管路系统之间应由旁通管路阀门连接。锅炉房应安装备用水泵,以免因辅机故障引起系统停运。

（9）减压水箱的位置和高度,应符合常压热水锅炉安装运行条件要求。位置应靠近锅炉炉体或在炉体上方,安装高度应保证减压水箱的出水管与锅炉热水出水管高差应不小于500mm。

（10）所有锅炉的外管及阀门的重力应由支吊架承重,连接处应安装软接头,以避免锅炉因受震动而影响使用寿命。

（11）锅炉额定功率较小时,锅炉给水可采用炉内加药处理,对锅炉的结垢,腐蚀和水质加强监督,做好加药工作。额定功率较大时,应安装锅炉给水除氧设备,锅炉供暖安装离子交换器水处理设备,锅炉供卫生热水则可安装电子除垢仪。

（12）循环热水、卫生热水管路阀门应在试压及系统试运行合格后进行保温施工,保温材料按耐热≥100℃选取。

课题7 燃油（燃气）常压热水锅炉的试运行

为保证锅炉系统的安全正常运行,锅炉投入运行前必须认真做好锅炉系统的试运行工作。在试运行过程要检查锅炉及供暖、供卫生热水是否正常运行,尤其应检查燃油燃气系统能否安全正常工作。新安装或经过重大修理改造的燃油（气）锅炉,应经有关部门验收合格。

7.1 运行的准备工作

（1）锅炉的内部检查及外部检查,燃油（气）锅炉功率小,整装出厂,其检查检验工作主要由厂家负责。

（2）附属设备的检查

1）检查锅炉安全附件（如水位计及防爆门）是否符合质量要求。

2）检查燃油（气）系统的安装应符合设计及规范要求，运行正常。

3）锅炉房应有良好的照明及通风设施。地下室或地下设备房内应有良好的机械通风和事故通风设施。

4）锅炉的防火防爆等安全设施符合设计规范要求。

5）检查电气控制系统全线路是否符合质量要求。锅炉及配套运行的水泵、风机等设备、仪表控制系统、电气控制系统等应符合试运行的要求。

6）参加锅炉系统试运行的工作人员，应熟知锅炉房的工艺流程及锅炉供暖、供卫生热水系统的工艺特点，熟练掌握本岗位操作规程，合格后方可上岗操作。

7）确认各项基本检查合格后，可进行满负荷试运行。

7.2 锅炉试运行

（1）打开补水进水阀，对锅炉系统注水，启动循环泵，调节阻力调节阀及控制装置，使锅炉水位及减压水箱水位稳定正常，冷态运行一定时间，如水位下降不稳定，应检查排污阀等阀件是否关闭严密。

（2）点火升温

1）点火前，必须首先打开烟道风门，再次检查燃油（气）系统是否正常。准备好点火工具进行点火。

2）送点火棒至燃烧器喷头的前下方或打开电子点火器，开启点火油阀，输入燃料点火。

3）打开电磁自动控制阀前后的截止阀门，启动电磁阀供给燃料后，并将燃烧调节到正常状态，再逐渐关闭点火阀门。在点火过程中，应注意监视炉内的燃烧情况，若喷油后不能立即着火，应迅速关闭燃料阀停止燃料供应，并查清原因妥善处理，此时应增大排风量5～10min，将炉内可燃气体排除后重新点火。

4）当锅炉上有上、下喷油嘴时，应先点下面的喷油嘴，点燃后再点上面的喷油嘴。

5）点火成功，经过几秒钟后，开始进行负荷调节，即打开风门与常闭电磁阀，实现较大燃烧量。

（3）锅炉的启动试运行

1）锅炉投入使用时，应先开循环泵。待管路系统中的水循环正常后，才能点火，以防止水温过高发生汽化。循环泵应无负荷启动，尤其对于大型管路系统，必须避免因启动电流过大而烧坏电动机。离心泵要在关闭水泵出口阀的情况下启动，待运转正常后，再逐渐开启出口阀门。

2）热水锅炉由开始点火到锅炉出水温度达到规定的正常供水温度这一过程为升温阶段。升温阶段应使炉温缓慢上升，避免因热膨胀过快温度应力过大而损坏锅炉部件，一般热水锅炉水温上升速度不应超20℃/h。

升温期间要进行下列操作：

① 整个升温期间应不断巡视检查锅炉系统，并密切监视锅水温度。当锅水温度达到60～70℃时应试用补水设备和排污装置，排污时先排污后补水。当水温上升到接近正常供水温度时，应检查各连接处有无泄漏。

② 密切监视燃油（气）系统工作状况，尤其是燃烧器的燃烧情况，发现异常，应及

时查清原因妥善处理。

③ 多台常压热水锅炉并联的热水供热系统中，已有一台或多台已在正常运行的情况下，将新装锅炉启动并投入运行的并炉，应缓慢打开回水阀引入系统回水，然后再放掉部分锅水。当水温接近供水系统水温时，缓慢开启热水出口阀门。如无振动、噪声等异常情况，再将出水阀门开大，并开大回水阀门。

④ 升温过程中，应随时监视锅炉水温及水位，以防超温，保证水系统控制装置正常运行。

(4) 停炉

燃油（气）锅炉的停炉分正常停炉和事故停炉。

1) 正常停炉

当需要停炉时，燃油（气）常压热水锅炉，只需停炉按钮动作，即可停止锅炉运行。一般应使燃烧器先处于小火位置，才停止锅炉运行为最佳。关闭燃烧器，关闭油阀10min后停止引风，最后关闭风门，以防止冷空气大量进入炉膛。当热水温度降至70℃以下时，方可放出锅水进行检修清理工作。燃油锅炉在停炉12h内应设专人监视各段烟道的烟温。如发现烟道温度异常升高时，应立即采取措施防止锅炉尾气二次燃烧。

2) 紧急停炉

立即关闭炉前燃料供应控制阀，停止燃烧器的燃烧，关闭风门。如无缺水现象可以边给水边排污以降低炉温。如有油（气）泄漏，应立即进行事故排风自救，并报警。

课题8 锅炉的竣工验收

锅炉是供热工程的产热设备，在一定的温度和压力下运行，其产品制造及安装质量、运行操作及管理水平都直接影响设备运行的安全性、稳定性及经济性。

锅炉安装工程应由经资质审查批准，符合安装范围的专业施工单位进行安装。为保证锅炉的安装质量，国家和制造厂对锅炉安装的质量都有明确的规范，供锅炉监督和安装工作参照。安装单位安装时除应按设计要求，并参照锅炉制造厂有关技术文件施工外，对于锅炉额定工作压力不大于1.25MPa、蒸发量不大于10t/h、热水温度不超过130℃的采暖和热水供应的整体锅炉，应遵照《建筑给水排水及采暖工程施工质量验收规范》（GB 50242—2002）的规定；对于工作压力不大于2.5MPa，蒸发量不大于35t/h的现场组装或散装锅炉，可遵照《机械设备安装工程施工及验收通用规范》（GB 50231—98）及《工业锅炉安装工程施工及验收规范》（GB 50273—98）的有关规定进行施工。锅炉本体及其附属设备管道的安装，应遵照《工业金属管道工程施工及验收规范》（GB 50235—97）的规定进行。

锅炉安装的分项、分部工程，如炉体安装、省煤器的安装、锅炉辅助设备的安装等应由施工单位会同建设单位及监理单位共同验收；单位工程应由主管单位组织施工、设计、建设、监理和有关单位联合验收，并应做好记录，签署文件，立卷归档。

锅炉安装工程的竣工验收，应在分项、分部工程验收的基础上进行。各分项、分部工程的工程质量，均应符合设计要求及现行的《建筑给水排水及采暖工程施工质量验收规范》的规定。验收时，应具有下列文件：
(1) 施工图、竣工图及设计变更文件；
(2) 设备、制品和主要材料的合格证或试验记录；
(3) 隐蔽工程验收记录和中间试验记录；
(4) 设备试运转记录；
(5) 水压试验记录；
(6) 汽水系统通水冲洗记录；
(7) 工程质量事故处理记录；
(8) 分项、分部、单位工程质量检验评定记录。

分项、分部工程的验收，根据暖卫工程施工的特点，可分中间验收和竣工验收。竣工验收时应重点检查和校验下列各项：
(1) 坐标和标高的正确性。
(2) 连接点或接口的严密性。
(3) 各类支架、柱墩安装的牢固性。
(4) 汽水系统的通水能力。
(5) 对锅炉房热力出口、入口处的热工况、参数作24小时检查。
(6) 锅炉、水泵、风机等主要设备的工作性能：
1) 锅炉连续运行48小时，检查锅炉及附属设备的热工性能及机械性能；
2) 锅炉水质和烟尘排放浓度是否符合设计要求。
(7) 燃油（气）系统工作性能：
1) 燃油（气）供应是否符合设计要求；
2) 燃油（气）系统是否符合《城镇燃气室内工程施工及验收规范》规定。
(8) 锅炉房土建结构是否符合锅炉房设计要求。
(9) 防腐层的种类和保温层的结构：
1) 防腐工程，防腐层构造形式和包裹层的种类；
2) 保温工程，应按设计要求对保温结构作外观检查，必要时可对保温层结构做热损耗试验。
(10) 电气控制系统的工作性能。
(11) 仪表的灵敏度和阀件启闭的灵活性。

实 训 课 题

本单元设计3个实训课题，分别是锅炉的安装、锅炉系统的试运行、工程验收。
1. 锅炉的安装
教学方法：参加锅炉安装工程实习；现场参观。
2. 锅炉系统的试运行
教学方法：现场参观实习。
3. 锅炉安装工程的验收
教学方法：参与工程验收。

思考题与习题

1. 简述快装锅炉安装工艺流程。
2. 锅炉安装前应做哪些准备工作?
3. 如何安装锅炉的省煤器?
4. 管式空气预热器如何安装?
5. 简述水泵的安装步骤。
6. 弹簧管压力表的安装要求有哪些?
7. 简述安全阀的作用和安装要求。
8. 简述玻璃管温度计的安装要求。
9. 简述锅炉系统的试运行。
10. 简述燃油(气)常压热水锅炉的安装步骤。
11. 锅炉安装工程验收时,应具有哪些文件?

模块 2 冷源系统

单元 8 蒸气压缩式制冷系统

知 识 点：蒸气压缩式制冷系统的组成与原理，制冷剂与载冷剂的种类及性质，蒸气压缩式制冷系统的设备。

教学目标：理解蒸气压缩式制冷的基本原理，熟悉蒸气压缩式制冷系统的组成及工作过程，掌握制冷剂的性质与应用，掌握制冷设备的构造与用途。

课题 1 蒸气压缩式制冷系统的组成与原理

1.1 蒸气压缩式制冷的基本原理

我们知道凡是液体气化时都要从周围物体吸收热量。蒸气压缩式制冷的基本原理就是利用液体（制冷剂）气化（沸腾）时，要吸收热量这一物理特性制冷的。

根据热力学第二定律，热量总是自发地从高温物体传向低温物体，如要低温物体的热量传向高温物体，就必须得有一个能量补偿的过程，显然，这个过程得消耗外界的能量（电能或热能）。有了这个补偿过程，热量就可以从低温物体传向高温物体，就像用水泵能将水从低处抽取送到高处一样。蒸气压缩式制冷就是利用压缩机等设备以消耗机械能作为补偿，借助制冷剂的状态变化将低温物体的热量传向高温物体。

1.2 蒸气压缩式氨制冷系统

空调用氨制冷系统主要由压缩机、冷凝器、膨胀阀、蒸发器、氨油分离器、贮液器、集油器、空气分离器、紧急泄氨器等设备组成，如图 8-1 所示。

空调用氨制冷系统的工作过程是：压缩机 1 将蒸发器 6 内所产生的低压、低温的氨蒸气吸入气缸内，经压缩后成为高压、高温的氨气，先经过氨油分离器 2，将氨气中所携带的少量润滑油分离出来，再进入冷凝器 3。高压高温的氨气在冷凝器中把热量放给冷却水后而使其自身凝结为氨液，并不断地贮存到贮液器 4 中，使用时贮液器的高压氨液由供液管送至膨胀阀 5 经节流降压后，成为低压低温的氨液，送入蒸发器 6。低压、低温氨液在蒸发器中不断地吸收空调回水的热量而气化，使空调回水温度降低，成为冷冻水送入空调喷淋室喷淋空气或送入水冷式表面冷却器中吸收被处理空气的热量，水吸热后再用水泵打入蒸发器继续冷却，循环使用，气化后形成的低压低温氨气又被压缩机 1 吸收，如此循环往复，实现连续制冷。

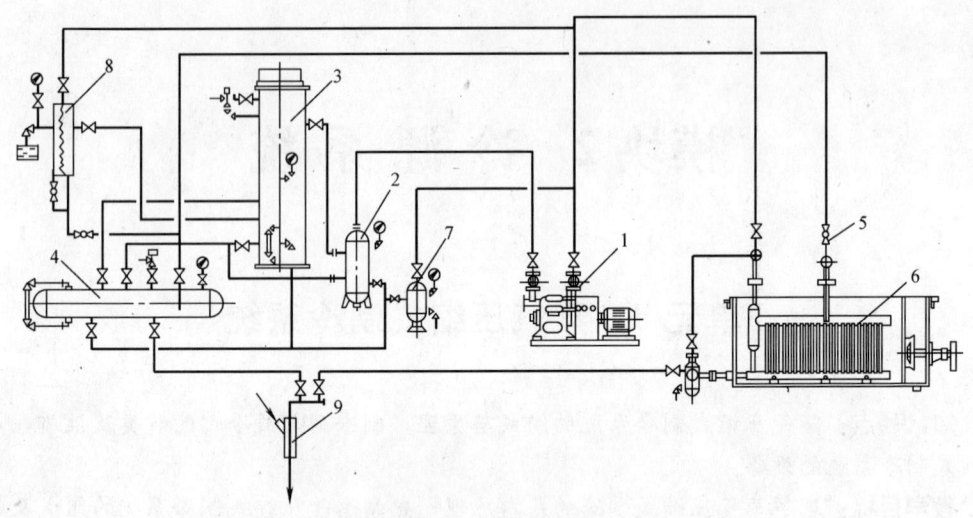

图 8-1 空调用氨制冷成套设备系统
1—压缩机；2—氨油分离器；3—冷凝器；4—贮液器；5—膨胀阀；
6—蒸发器；7—集油器；8—空气分离器；9—紧急泄氨器

在氨制冷系统中，压缩机的排气部分至膨胀阀以前属于高压高温部分；膨胀阀后至压缩机的吸气部分属于低压低温部分，所以膨胀阀是制冷系统高、低压力的分界线。

氨制冷系统中设置了紧急泄氨器，当机房发生火警等意外事故时，可将贮液器和蒸发器中的氨液分由两路迅速排至紧急泄氨器，在其中与自来水混合，排入下水道，以免发生严重的爆炸事故。

1.3 蒸气压缩式氟利昂制冷系统

氟利昂制冷系统与氨制冷系统在设备组成上，又增设了过滤干燥器、气液热交换器、热力膨胀阀、电磁阀等部件，如图 8-2 所示。

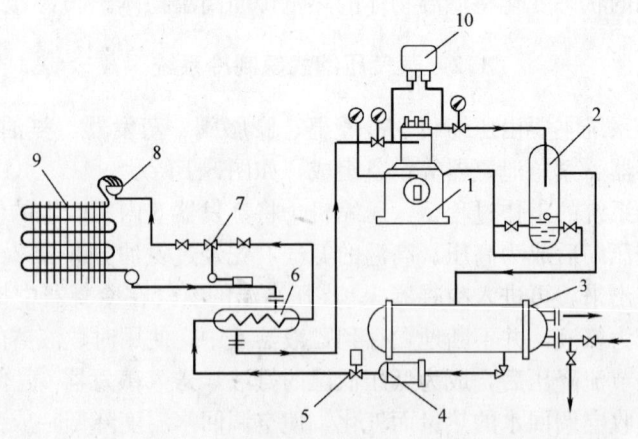

图 8-2 氟利昂制冷系统
1—压缩机；2—氟油分离器；3—水冷式冷凝器；4—过滤干燥器；5—电磁阀；
6—气液热交换器；7—热力膨胀阀；8—分液器；9—蒸发器；10—高低压力继电器

氟利昂制冷系统的工作原理是：低压、低温的氟利昂制冷剂蒸气由蒸发器 9 进入压缩机 1 内被压缩，压缩后的高压、高温制冷剂气体经氟油分离器 2 将携带的润滑油分离出去，然后进入水冷式冷凝器 3（也有风冷式），在其中制冷剂被冷凝成为液体，氟利昂液体由冷凝器下部的出液管排出并经过滤干燥器 4，将所含的水分和杂质过滤掉，再经电磁阀 5，并流经气液热交换器 6，经气液热交换过冷后的氟利昂液体进入热力膨胀阀 7 节流降压，经分液器 8 将低压低温的氟利昂液体均匀地送至蒸发器（肋片式）9，在蒸发器内，氟利昂液体吸收被冷却物体的热量而气化，气化后的低压低温制冷剂蒸气进入气液热交换器 6，在气液热交换器中吸收管内高压高温液体的热量而过热，过热后又重新被压缩机吸收，维持下一循环，实现连续制冷。

氟利昂制冷系统中设置了高低压继电器 10，与压缩机的吸排气管相连接，当排气压力高于额定值时，压缩机自动停机，以免发生事故；吸气压力低于额定值时，压缩机也会自动停机，以免压缩机在不必要的低温下工作而浪费电能。

电磁阀 5 装设在冷凝器与蒸发器之间的管路上，用来控制供液管路的自动启闭。当压缩机停机时，电磁阀立即将供液管路关闭，防止大量氟利昂液体进入蒸发器，导致压缩机再次启动时液体被吸入而发生冲缸事故；当压缩机再次启动时，电磁阀可将供液管路自动打开。

在蒸发器前的供液管路上安装了热力膨胀阀 7，它除了对氟利昂液体进行节流降压外，还可根据温包感受到的低压气体温度的高低，来自动调节蒸发液体的流量。

课题 2　制冷剂与载冷剂

2.1　制　冷　剂

制冷剂是制冷系统中实现制冷循环的工作介质，也称为制冷工质。制冷剂在蒸发器内吸收被冷却物体（水、盐水、食品）的热量而制冷，在冷凝器中将热量传递给周围空气或水而被冷凝。制冷机借助于制冷剂的状态变化达到制冷的目的。制冷剂的种类及其性质直接关系到制冷装置的结构形式及运行管理，更重要的是制冷剂的种类不同直接关系到运行的经济性。因此，了解制冷剂的种类、性质和选择是十分必要的。

2.1.1　对制冷剂的要求

（1）热力学方面的要求

1）在大气压力下制冷剂的蒸发温度要低，便于在低温下吸收；在常温下制冷剂的蒸发压力不宜过高，以减少制冷装置承受的压力，同时也可减少制冷剂向系统以外渗漏的可能性。

2）单位容积制冷量要大，这样可以缩小制冷机的尺寸。

3）制冷剂的临界温度要高，以便于用一般的冷却水或空气吸热冷凝；同时凝固温度要低，便于获得较低的蒸发温度。

4）绝热指数小，便于降低压缩机的排气温度，提高压缩机的容积效率，并且对压缩机的润滑也是有好处的。

（2）物理化学方面的要求

1) 制冷剂的黏度和密度应尽可能小,这样可以减小制冷剂的流动阻力,降低压缩机的耗功率和缩小管径。

2) 导热系数、放热系数要高,这样可以提高冷凝器和蒸发器的传热效率,减小其传热面积。

3) 对金属和其他材料的腐蚀作用小。

4) 具有一定的吸水性。当制冷系统中渗入极少的水分时,虽然会导致蒸发温度升高,但不至于在低温下形成"冰塞"现象,使制冷系统能正常运行。

5) 具有稳定的化学性质。在高温条件下不分解、不燃烧、不爆炸。

(3) 其他方面的要求

1) 制冷剂对人体健康无损害,不具有毒性、窒息性和刺激性,对环境的污染小。

2) 价格低,容易购买。

制冷剂要完全达到以上要求是不现实的。目前使用的各种制冷剂都存在一些缺点,因此在选用制冷剂时,应根据实际情况,综合考虑。

2.1.2 制冷剂的种类

常用制冷剂按其化学组成分为无机化合物类、氟利昂类(卤代烃)、碳氢化合物类(烃类)、混合制冷剂类四类。

(1) 无机化合物类

无机化合物类的制冷剂有氨(NH_3)、水(H_2O)、二氧化碳(CO_2)等,其中氨是常用的一种制冷剂。国际上规定用"R×××"表示制冷剂的代号。无机化合物制冷剂代号为"R7××",其中 7 表示无机化合物,7 后面两个数字是该物质分子量的整数。如 R717 为氨的代号,R718 为水的代号,R744 为二氧化碳的代号。

(2) 氟利昂类(卤代烃)

氟利昂是饱和烃类的卤族衍生物的总称,其种类较多,热力性质相差较大,可分别适用于不同要求的制冷机。

氟利昂的化学分子式为 $C_mH_nF_xCl_yBr_z$,氟利昂的代号用"$R(m-1)(n+1)\ XBZ$"表示。除符号 R 外,其余符号依次代表氟利昂分子式中的碳原子数(m)、氢原子数(n)、氟原子数(x)、溴原子数(z)。$m-1=0$ 时,该数字省略不写;数字 y 不表示;$z=0$ 时,与字母 B 一起省略。如果二氟一氯甲烷分子式为 $CHClF_2$,因为 $m=1$,$m-1=0$;$n=1$,$n+1=2$;$x=2$,$z=0$,故代号为 R22。

(3) 碳氢化合物类(烃类)

碳氢化合物称为烃。烃类制冷剂有烷烃类制冷剂(甲烷、乙烷),烯烃类制冷剂(乙烯、丙烯)等。该类制冷剂只用于石油化工制冷,在空调制冷及一般制冷中不采用。

(4) 混合制冷剂类

混合制冷剂是由两种或两种以上的制冷剂按比例相互溶解而成的混合物,因此又称为多元混合溶液。可分为共沸溶液和非共沸溶液。

共沸溶液是指在固定压力下蒸发或冷凝时,其蒸发温度和冷凝温度恒定不变,而且它的气相和液相具有相同组分的溶液。共沸溶液制冷剂代号的第一个数字均为 5,有 R500、R502 等。

非共沸溶液是指在固定压力下蒸发或冷凝时,其蒸发温度和冷凝温度是不断变化的,气、液相的组成成分也不同的溶液。目前常用的非共沸溶液有 R12/R13、R22/R114、R22/R152a/R124 等。

2.1.3 常用制冷剂的性质

常用制冷剂有水、氨和氟利昂，其性质见表 8-1。

常用制冷剂的性质　　　　　　　　　　　　表 8-1

制冷剂代号	分子式	分子量 M	标准沸点 (℃)	凝固温度 (℃)	临界温度 (℃)	临界压力 (MPa)	临界(比体积) (m^3/kg)	绝热指数 (20℃,101.325kPa)	毒性级别
R718	H_2O	18.02	100.0	0.0	374.12	22.12	3.0	1.33(0℃)	无
R717	NH_3	17.03	−33.35	−77.7	132.4	11.52	4.13	1.32	2
R11	$CFCl_3$	137.39	23.7	−111.0	198.0	4.37	1.805	1.135	5
R12	CF_2Cl_2	120.92	−29.8	−155.0	112.04	4.12	1.793	1.138	6
R13	CF_3Cl	104.47	−81.5	−180.0	28.78	3.86	1.721	1.15(0℃)	6
R22	CHF_2Cl	86.48	−40.84	−160.0	96.13	4.986	1.905	1.194(10℃)	5a
R113	$C_2F_3Cl_3$	187.39	47.68	−36.6	214.1	3.415	1.735	1.08(60℃)	4～5
R114	$C_2F_4Cl_2$	170.91	3.5	−94.0	145.8	3.275	1.715	1.092(10℃)	6
R134a	$C_2H_2F_4$	102.0	−26.25	−101.0	101.1	4.06	1.942	1.11	6
R500	$CF_2Cl_2/C_2H_4F_4$ 73.8/26.2	99.30	−33.3	−158.9	105.5	4.30	2.008	1.127(30℃)	5a
R502	CF_2Cl_2/C_2H_4Cl 48.8/51.2	111.64	−45.6	—	90.0	42.66	1.788	1.133(30℃)	5a

(1) (R718)

水作为制冷剂其优点是无毒、无味、不会燃烧和爆炸，而且是容易得到的物质。但水蒸气的比容大，单位体积制冷量小，水的凝固点高，不能制取较低的温度，只适用于蒸发温度 0℃ 以上的制冷。所以，常用于蒸气喷射制冷机和溴化锂吸收式制冷机中。

(2) 氨 (R717)

氨作为制冷剂其优点是单位容积制冷量大，蒸发压力和冷凝压力适中，当冷却水温度高达 30℃，冷凝压力仍不超过 1.5MPa，只要蒸发温度不低于 −33.4℃，蒸发压力总大于 1 个大气压，蒸发器内不会形成真空；氨黏性小，流动阻力小，传热性能好，对钢铁不产生腐蚀作用；氨易溶于水，导流不易发生"冰塞"现象；氨价格便宜，容易购买。但氨有强烈的刺激性气味，毒性大，对人体有害，且易燃易爆。

氨几乎不溶于油，如果润滑油进入换热设备，在换热设备的传热面上会形成油膜，影响其传热效果。因此，在氨制冷系统中必须设置油分离器和排油装置。

氨是目前应用最广泛的一种制冷剂，主要用于制冰和冷藏制冷。

(3) 氟利昂

氟利昂制冷剂种类很多，性能各异，但有其共同特点。

氟利昂制冷剂具有的优点是无毒，无臭，不易燃烧，绝热指数小，不腐蚀金属，分子量大，适用于离心式制冷压缩机。

氟利昂制冷剂的缺点是部分制冷剂 (R12) 的单位容积制冷量小，制冷剂的循环量较大；密度大，流动阻力大；含氟原子的氟利昂遇明火时会分解出有毒气体；放热系数较低；价格较高；容易泄漏且不易发现。

大多数氟利昂不溶于水。为防止"冰塞"现象必须设干燥器。多数氟利昂溶解于油，如 R22，R11，R12，R500，R113 等，有限溶油的有 R22，R502 等，不溶于油的有 R13 等。

1) 氟利昂 12 (R12)

R12 无色、无味，对人危害极小，不燃烧，不爆炸，是最安全的制冷剂。在中小型空调制冷，食品冷藏和冰箱制冷装置中使用的较普遍。

R12 在大气压力下的蒸发温度和凝固温度分别为 $-29.8℃$ 和 $-155℃$。冷凝压力较低，用水冷却时，冷凝压力不超过 1.0MPa，用风冷却时，也只有 1.2MPa 左右。

R12 溶于油，对水溶解度极小，会影响换热设备的传热效果，易产生"冰塞"现象，故用 R12 作制冷剂时应在制冷系统中设置干式蒸发器和干燥器。

R12 的最大缺点是单位容积制冷量小，对臭氧层有破坏作用，已被列为首批限用制冷剂。

2) 氟利昂 22 (R22)

R22 在常温下冷凝压力和单位容积制冷量与 R717 相差不多。R22 无色、无臭，不燃烧，不爆炸，毒性比 R12 稍大，对金属有腐蚀作用，传热性能与 R12 差不多，流动性比 R12 好，溶水性比 R12 稍大，与润滑油有限溶解。因此，在用 R22 作制冷剂的制冷系统中采取的措施与 R12 相同。

R22 是一种良好的制冷剂，故常用在窗式空调器、冷水机组、立柜式空调机组中。

3) 氟利昂 11 (R11)

R11 的溶水性、溶油性以及对金属的作用与 R12 相似，毒性比 R12 稍大，R11 的分子量大，单位容积制冷量小，所以主要用于空调用离心式压缩机制冷系统。

4) 氟利昂 13 (R13)

R13 因其蒸发温度和凝固温度低，可用于 $-70\sim-110℃$ 的低温系统中。其优点是低温下蒸气比热小，单位容积制冷量大。缺点是临界温度较低，常温下压力很高。

R13 不溶于油，而在水中的溶解性与 R12 大致一样，也是很小的。对金属不产生腐蚀作用。

R13 适用于复叠式制冷系统，作为低温级的制冷剂。

5) 氟利昂 134a (R134a)

R134a 是一种新开发的制冷剂，分子量为 102.03，大气压力下沸点为 $-26.25℃$，凝固温度为 $-101℃$，其热力性质与 R12 非常相近，毒性级别与 R12 相同，难溶于油。

R134a 已取代 R12 作为汽车空调中的制冷剂。

6) 氟利昂 123 (R123)

R123 也是一种新开发的制冷剂，分子量为 152.93，大气压力下沸点为 27.61℃，凝固温度为 $-107℃$，临界温度为 183.79℃，临界压力 3.676MPa。热力性质与 R11 很相似，但对金属的腐蚀性比 R11 大，毒性级别尚未确定。

(4) 混合制冷剂

1) R500

R500 制冷剂是由质量百分比为 73.8% 的 R12 和 26.2% 的 R152a 混合而成的。与 R12 相比，使用同一台压缩机其制冷量提高约 18%。在大气压下的蒸发温度为 -33.3℃。

2）R502

R502 制冷剂是由质量百分比为 48.8% 的 R22 和 51.2% 的 R115 混合而成的。与 R22 相比，单级压缩制冷量可增加 5%～30%，双级压缩制冷量可增加 4%～20%，低温下制冷量增加较大。

在大气压力下 R502 的蒸发温度为 -45.6℃，故蒸发温度在 -45℃ 以上时，系统内不会出现真空。

R502 制冷剂具有毒性小，不燃烧，不爆炸，对金属材料无腐蚀，对橡胶和塑料的腐蚀性也小，但价格较高。

R502 制冷剂宜于在蒸发温度为 -40～45℃ 的单级风冷式冷凝器的全封闭和半封闭制冷压缩机中使用。

3）R22/R152a/R124 三元混合制冷剂

R22/R152a/R124 三元混合制冷剂属于非共沸溶液，它是新开发的一种制冷剂。

R22/R152a/R124 制冷剂各组分的百分比为 36% 的 R22，24% 的 R152a 和 40% 的 R124，它的特性与 R12 很接近，其制冷效率比 R12 提高 3%。

2.1.4 制冷剂的应用

制冷剂的种类很多，由于性质各异，故适用于不同的制冷系统。常用制冷剂的适用范围见表 8-2。

常用制冷剂的适用范围　　　　　　　　　　表 8-2

制冷剂	温度范围	压缩机类型	用　途
R717	中,低温	活塞式、离心式	冷藏,制冰
R11	高温	离心式	空气调节
R12	高,中,低温	活塞式、回转式、离心式	空气调节,冷藏
R13	超低温	活塞式、回转式	超低温装置
R22	高,中,低温	活塞式、回转式	空气,冷藏,低温
R113	高温	离心式	空气调节
R114	高温	活塞式	特殊空气调节
R500	高,中温	活塞式、回转式、离心式	空气调节,冷藏
R502	高,低温	活塞式、回转式	冷藏,低温

注：普通制冷领域中，高温为 10～0℃，中温为 0～-20℃，低温为 -20～-60℃，超低温为 -60～-120℃。

2.1.5 CFC（氯氟烃）的限用与替代物的选择

（1）CFC 的限用

为了区别各类氟利昂对臭氧（O_3）层的作用，美国杜邦公司建议采用新的制冷剂代号，把不含氢的氟利昂写成 CFC，读作氯氟烃，如 R12 改写成 CFC12；把含有氢的氟利昂写成 HCFC，读作氢氯氟烃，如 R22 改写成 HCFC22；把不含有氯的氟利昂写成 HFC，读作氢氟烃，如 R134a 改写成 HFC134a。因此，CFC 不是氟利昂物质，而只是氟利昂物质中的一种。

研究成果证明不含氢的氟利昂即CFC在大气中具有相当长的寿命。当CFC穿过大气扩散到臭氧层时，会使臭氧层减薄或消失，导致地球表面紫外线增强，对人体健康、农作物及渔业生产等产生不利影响，还会加剧温室效应。因此R11、R12、R113、R114、R115五种氟利昂被限制生产和使用。

1989年5月在赫尔辛基召开的国际环保会上，有80个国家同意在2000年前禁止生产和使用CFC，2030年停止使用HCFC。

（2）CFC替代物的选择

对于空调用制冷，R22是目前主要的替代制冷剂，目前国外已生产和使用R22封闭式和开启式离心式冷水机组。R717将被重新评价，有可能扩大使用范围。

近年来在不断研究的基础上，美国杜邦公司提出用HFC134a（R134a）替代R12，用HCFC123（R123）替代R11等。专家们认为，长远的办法是采用HFC物质作制冷剂。

2.2 载 冷 剂

载冷剂又称冷媒，是用来把制冷装置中所产生的冷量传送给被冷却物体的媒介物。

常用的载冷剂有空气、水、盐水。在空气调节中，采用冷冻水作载冷剂，将冷冻水送入喷淋室或水冷式表面冷却器内用以处理送入房间的空气；在冷藏库中，常用空气或盐水来冷却贮存的食品。

对载冷剂的基本要求是：

（1）在工作温度范围内不凝固，不气化。

（2）比热容要大，这样载冷剂的载冷量就大，载冷剂流量就小，管道的直径和水泵的尺寸减小，节省电能。

（3）密度小、黏度小，可以减小流动阻力。

（4）导热系数大，传热能力强，以减小热交换器的传热面积。

（5）对金属不腐蚀，不燃烧、不爆炸、无毒，对人体无刺激作用，化学稳定性好。

（6）价格低，且易于购买。

用水作载冷剂时，对闭式冷冻水系统一般不需为防止水垢的形成而进行水处理，也不需要对水藻控制而使用药物。对开式冷冻水系统即用喷淋室处理空气，应采取防垢、防腐蚀、防水藻的水处理技术措施。

课题3 蒸气压缩式制冷系统设备

蒸气压缩式制冷系统的主要设备有压缩机、冷凝器、蒸发器和节流阀，还有贮液器、油分离器、气液分离器、集油器、空气分离器、氟利昂气液热交换器、紧急泄氨器、过滤器和干燥过滤器、安全装置等辅助设备。

3.1 制冷压缩机

制冷压缩机是压缩气体使其压力升高的一种机械，是蒸气压缩式制冷装置中最重要的设备。

3.1.1 制冷压缩机的分类

制冷压缩机根据其热力学原理，可分为容积型和速度型两大类。

（1）容积型制冷压缩机

容积型制冷压缩机是将一定容积的气体强制压缩，使其容积缩小，压力升高的压缩机。有活塞式和回转式两种结构形式。

（2）速度型制冷压缩机

速度型制冷压缩机是依靠气体的速度转化来实现气体压力的升高。在高速旋转叶轮的作用下，气体的速度大大提高，当气体流动滞止时，动能转变为压力能。有离心式、轴流式与混流式等结构形式。

制冷压缩机分类和结构如图 8-3 所示。

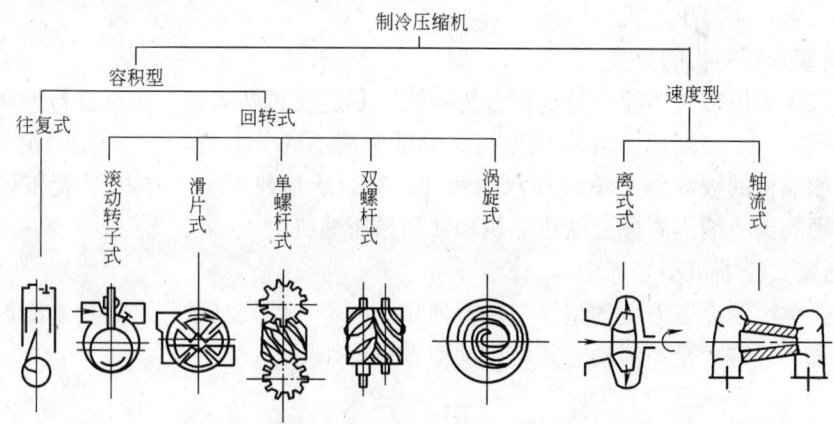

图 8-3 制冷压缩机分类和结构示意简图

3.1.2 制冷压缩机性能指标

（1）实际输气量

在一定工况下，压缩机的实际输气量是指在单位时间内，由吸气腔往排气腔输送的气体质量，换算到吸气状态的体积流量，便是压缩机的容积输气量，用 q_{va} 表示，单位是"m^3/s"。

（2）容积效率

压缩机的容积效率 η_v 用以衡量容积型压缩机气缸工作容积的有效利用程度，它是实际输气量与理论输气量之比值。

（3）制冷量

单位时间内，制冷系统低压侧制冷剂在蒸发器中吸收的热量，用 Q_0 表示，单位是 kW。

（4）指示功率和指示效率

压缩机指示功率 P_i 是指单位时间内实际制冷循环所消耗的指示功，单位为 kW。

指示效率 η_i 是指压缩机的绝热压缩功率 P_{is} 与指示功率 P_i 之比。指示效率表示压缩机循环过程中热力过程的完善程度。

（5）轴功率、轴效率和机械效率

轴功率 P_e 是由原动机（电动机）传到压缩机主轴上的功率。

轴效率 η_e 是绝热压缩功率 P_{is} 与轴功率 P_e 之比。

机械效率 η_m 是指示功率 P_i 与轴功率 P_e 之比，表示压缩机摩擦损失的程度。

(6) 电功率和电效率

输入电动机的功率就是压缩机消耗的电功率 P_{el}，单位为 kW。

电效率 η_{el} 是绝热压缩理论功率与电功率之比，是评定利用电动机输入功率的完善程度的参数。

(7) 性能系数

为了最终衡量制冷压缩机的动力经济性，采用性能系数（COP），它是在一定工况下制冷压缩机的制冷量 Q_0 与所消耗轴功率 P_e 之比。

3.1.3 常用制冷压缩机特点

(1) 活塞式制冷压缩机

1) 活塞式压缩机的分类

活塞式压缩机按气体流动情况可分为顺流式和逆流式两大类；按气缸排列和数目的不同分为卧式、立式和高速多气缸压缩机；根据构造不同分为开启式、半封闭式和全封闭式；根据压缩机的级数分有单级和双级两种，双级压缩机又分为单机双级和双机双级两种；按采用的制冷剂不同分有氨压缩机和氟利昂压缩机。

2) 活塞式压缩机型号标记

活塞式单级制冷压缩机的型号包括下列几个内容，即气缸数目、所用制冷剂种类、气缸排列形式、气缸直径和传动方式等，其型号标记如下：

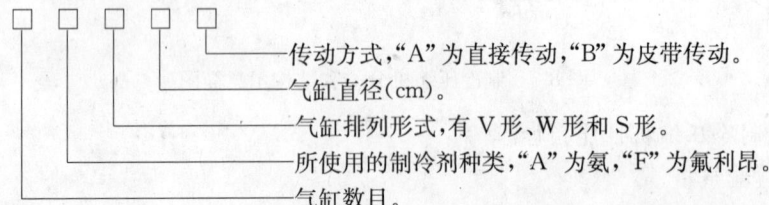

型号示例1：4AV12.5A 型制冷压缩机，该压缩机为4缸，氨制冷剂，气缸排列形式为 V 形，气缸直径为 12.5cm，直接传动。

对于单机双级制冷压缩机，在单机型号前加"S"表示双级。

型号示例2：S8AS12.5A 型制冷压缩机，该压缩机为双级，8缸，氨制冷剂，气缸排列形式为 S 形，气缸直径为 12.5cm，直接传动。

型号示例3：4FV7B 制冷压缩机，该压缩机为4缸，氟利昂制冷剂，气缸排列形式为 V 形，气缸直径为 7cm，B 为半封闭式。若最后字母是 Q 为全封闭式。

我国目前生产的制冷压缩机系列产品为高速多缸逆流式压缩机，根据缸径不同，有50mm、70mm、100mm、125mm、170mm，再配上不同缸数，共有22种规格，用来满足不同制冷量的要求。

3) 活塞式压缩机的构造

活塞式制冷压缩机主要由机体、活塞、曲轴、连杆、吸排气阀、气缸、气缸盖等组成，如图 8-4 所示。目前是一种应用广泛的基本机型，适用于中、小型制冷系统。

活塞式制冷压缩机在小流量时热效率较高，单位耗电较少，特别是偏离设计工况运行

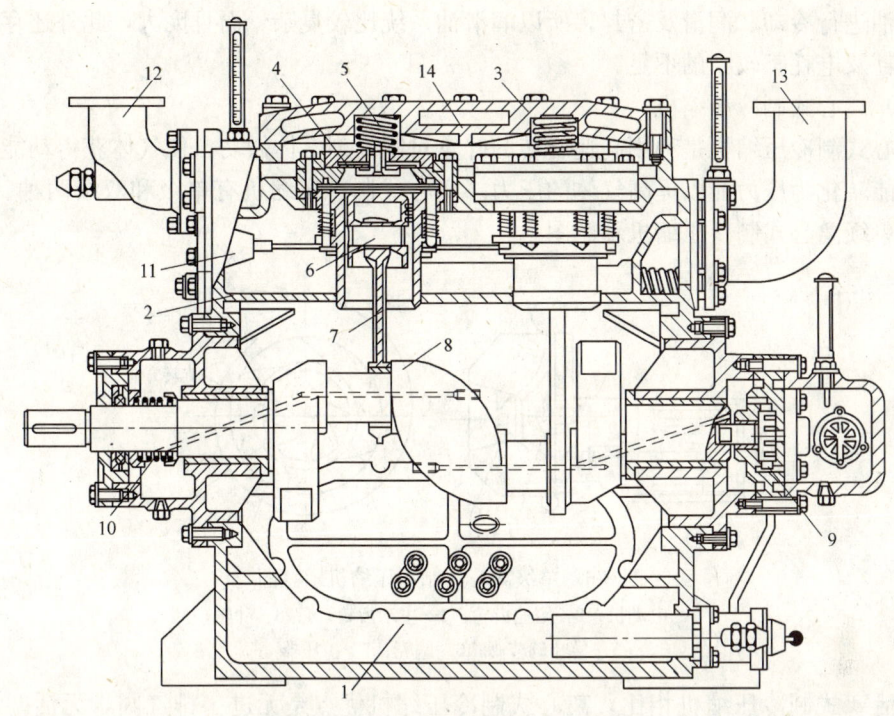

图 8-4　8AS12.5型制冷压缩机剖面图

1—曲轴箱；2—进气腔；3—气缸盖；4—气缸套及吸气阀组合件；5—缓冲弹簧；6—活塞；7—连杆；
8—曲轴；9—油泵；10—轴封；11—油压推杆机构；12—排气管；13—进气管；14—水套

时更为明显；能适应较为广阔的压力范围和制冷量要求，对材料要求低，多用普通钢铁、加工比较容易，造价也较为低廉，适用于各种制冷剂。其缺点是结构复杂、易损件多、维修工作量大、输气不连续和气体压力有波动等。

(2) 螺杆式制冷压缩机

螺杆式制冷压缩机属于容积式回旋压缩机。它是用一对螺杆的回转运动来造成螺旋状齿形空间的容积变化，以进行气体的压缩，有单螺杆和双螺杆两种。图 8-5 所示为双螺杆式制冷压缩机的构造。

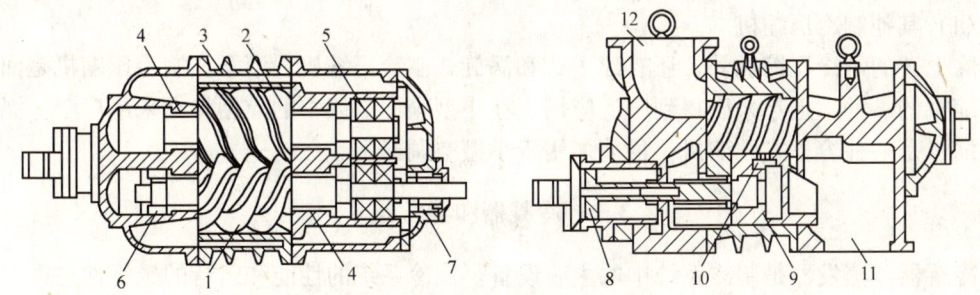

图 8-5　双螺杆式制冷压缩机

1—阳转子；2—阴转子；3—机体；4—滑动轴承；5—止推轴承；6—平衡活塞；7—轴封；
8—能量调节用卸载活塞；9—卸载滑阀；10—喷油孔；11—排气口；12—进气口

螺杆式制冷压缩机的优点是结构简单、体积小、易损件少、振动小、容积效率高、对湿压缩不敏感，同时，还可以实现无级能量调节。但是由于目前生产的螺杆式压缩机大都采用喷油进行冷却、润滑及密封，所以润滑油系统比较复杂，而且庞大，此外还存在噪声大、油耗及电耗都较大的不足。

(3) 离心式制冷压缩机

离心式制冷压缩机是利用高速旋转的叶轮对制冷剂气体做功，使气体获得动能，而后再将动能转化为压力能以提高气体的压力。离心式制冷压缩机有单级和双级两种。图8-6所示为单级离心式制冷压缩机示意图。

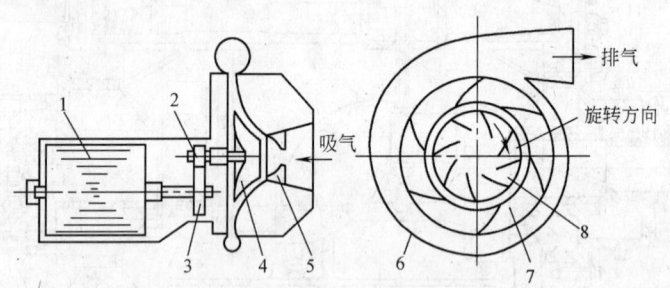

图 8-6 单级离心式制冷压缩机示意图
1—电动机；2—增速齿轮；3—主动齿轮；4、8—叶轮；
5—导叶调节阀；6—蜗壳；7—扩压器

与活塞式制冷压缩机相比，离心式制冷压缩机优点是无进、排气阀，无活塞、气缸等磨损部件，故障少，工作可靠，寿命长。无往复运动部件，动平衡特性好，振动少，基础要求简单。机组单位制冷量的重量、体积及安装面积小，在多级压缩机中容易实现一机多种蒸发温度。润滑油与制冷剂基本上不接触，从而提高了冷凝器及蒸发器的传热性能。机组的运行自动化程度高，制冷量调节范围广，制冷量在30%~100%范围内可无级调节。

离心式制冷压缩机的缺点是，制冷量较小时，效率较低。转速较高，需通过增速齿轮来驱动，当冷凝压力太高或制冷负荷太低时，机器会发生喘振而不能正常工作。因依靠动能转化成压力能，速度受到材料强度等因素的限制，故压缩机的一级压缩比不大，在压力较高时，需采用多级压缩。

因此，在蒸发温度不太低和冷量需求很大时，选用离心式制冷压缩机是比较适宜的。

(4) 其他制冷压缩机

除上述的制冷压缩机外，还有滚子式和涡旋式制冷压缩机。滚子式制冷压缩机是回转式压缩机的一种，近年来已得到广泛应用，在小型家用空调中的应用将越来越广泛。涡旋式压缩机是一种容积式压缩机，目前多用于小型空调器中。

3.2 冷凝器和蒸发器

冷凝器和蒸发器是制冷系统中的主要设备，制冷系统的性能和运行的经济性在很大程度上取决于冷凝器与蒸发器的传热能力。

3.2.1 冷凝器的种类、构造和工作原理

冷凝器的作用是将压缩机排出的高压高温制冷剂蒸气的热量传递给冷却介质（水或空气）冷凝为高压液体，以达到制冷循环的目的。

冷凝器按其冷却介质的不同，可分为水冷式、空冷式（风冷式），水—空气冷却式三

种类型。

(1) 水冷式冷凝器

这一类冷凝器是以水作为冷却介质。常用的有立式壳管式、卧式壳管式和套管式三种。

1) 立式壳管式冷凝器　这种冷凝器的构造如图 8-7 所示，其外壳是由钢板卷焊而成的大圆筒，上下两端各焊一块多孔管板，板上用膨胀法或焊接法固定着许多无缝钢管。冷凝器顶部装有配水箱，箱内设有均水板。冷却水自顶部进入水箱后，被均匀地分配到各个管口，每根钢管顶端装有一个带斜槽的导流管嘴。冷却水沿斜槽切向流入管内，沿管壁顺流而下落入冷凝器底部的水池内。高温高压的制冷剂气体由冷凝器上部管接头进入管束外部空间，放热凝结成的高压液体从下部接头排至贮液器。

在冷凝器外壳上还装有液面指示器、压力表、安全阀、放空气管、平衡管（均压管）、放油管和放混合气（不凝气体）等管接头，以便与相应的设备和管路连接。

立式壳管式冷凝器的优点是：垂直安装，占地面积小，可安装于室外，便于除垢，清洗时不必停止制冷系统的运行，对冷却水的水质要求不高。缺点是耗水量大、笨重、搬运不方便，制冷剂泄漏时不易发现。

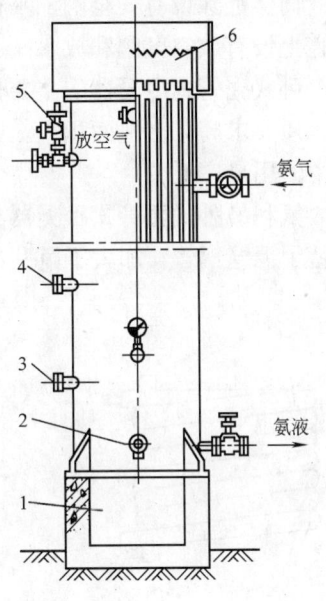

图 8-7　立式壳管式冷凝器
1—水池；2—放油阀；3—混合气体管；
4—平衡管；5—安全阀；6—配水箱

立式壳管式冷凝器在大中型氨制冷系统中采用较多。

2) 卧式壳管式冷凝器　这种冷凝器的构造如图 8-8 所示。其外壳用钢板焊成卧式圆

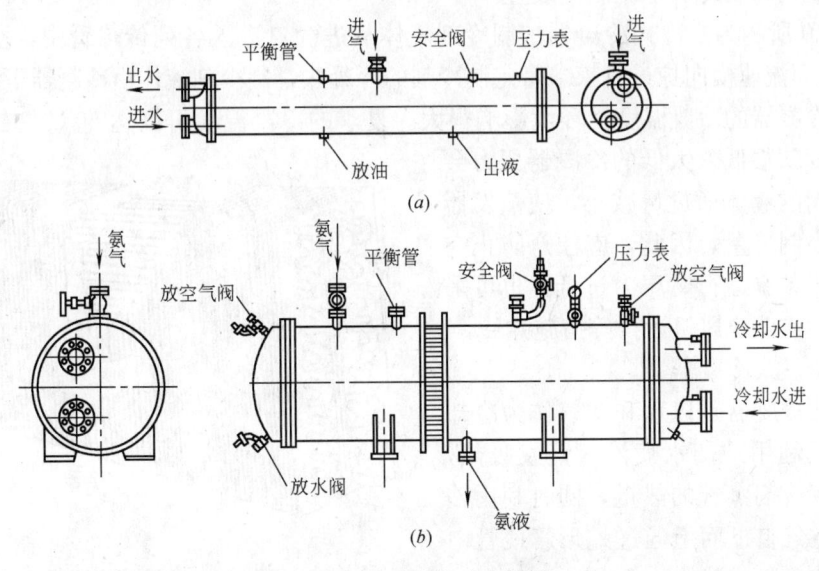

图 8-8　卧式壳管式冷凝器

筒形，壳内装有许多无缝钢管，并固定于筒体两端的管板上，两端管板的外面用带有隔板的封盖封闭，使冷却水在筒体内分成几个流程。冷却水在管内流动，从一端封盖的下部进入，按顺序通过每个管组，最后从同一端封盖上部流出。高温高压的制冷剂（氨）气体从上部进入冷凝器管束间，与管内冷却水充分发生热交换后，成为冷凝氨液由下部排至贮液器。

筒体上除设有安全阀、平衡管、放空气管和压力表、冷却水进出口等管接头外，还在封盖上设有放空气阀和放水阀，以便排除空气和检修或停运时排水。

卧式壳管式冷凝器的主要优点是传热系数高，耗水量较少，操作管理方便。但对冷却水水质要求高，占地面积大。因此一般应用于中、小型制冷装置中，特别是压缩式冷凝机组中使用最广泛。

氟利昂卧式壳管式冷凝器与氨用卧式壳管式冷凝器的不同之处在于用带有肋片的铜管代替了无缝钢管，加大了氟利昂侧的放热系数，另外由于氟利昂能与油相溶，冷凝器下无需设放油管接头。

3）套管式冷凝器 这种冷凝器如图8-9所示。一般用于小型氟利昂制冷机组。它的外管用 $DN50$ 的无缝钢管，内套有一根或多根纯铜管或低肋铜管，内外管套在一起后，用弯管机弯成圆螺旋形。

套管式冷凝器的优点是结构简单，制造方便，体积小、占地小，传热系数高；缺点是冷却水流动阻力大，清洗水垢不方便，单位传热面的金属耗量大。

(2) 空冷式冷凝器

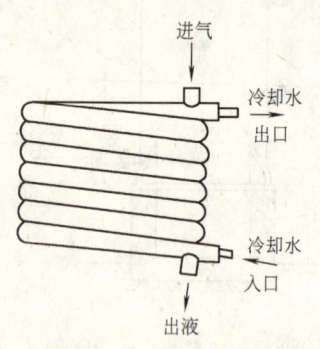

图8-9 套管式冷凝器

空冷式冷凝器又称为风冷式冷凝器，是用空气作为冷却介质使制冷剂蒸气冷凝成液态。根据空气流动方式可分为自然对流式和强迫对流式。自然对流式冷凝器传热效果差，只用于电冰箱或微型制冷机中，强迫对流式冷凝器广泛应用于中小型氟利昂制冷及空调制冷装置。

图8-10所示为空冷式冷凝器。制冷剂气体从进气口进入各列传热管中，空气以2~3m/s的迎面流速横向掠过管束，带走制冷剂的冷凝热，制冷剂液体由冷凝器下部排出。

这种冷凝器的冷凝温度受环境影响很大。夏季的冷凝温度可高达50℃左右，而冬季的冷凝温度就很低。太低的冷凝器压力会导致膨胀阀的液体通过量减小，使蒸发器缺液而减小制冷量。因此，应注意防止空冷式冷凝器冬季运行时压力过低，也可采用减少风量或停止风机运行等措施弥补。

(3) 蒸发式冷凝器

蒸发式冷凝器是以水和空气作为冷却介质。它是利用冷却水喷淋时蒸发吸热，吸收高压制冷剂蒸气的热量，同时利用轴流风机使空气自下而上通过蛇形管使管内制冷剂气体冷凝成液体。

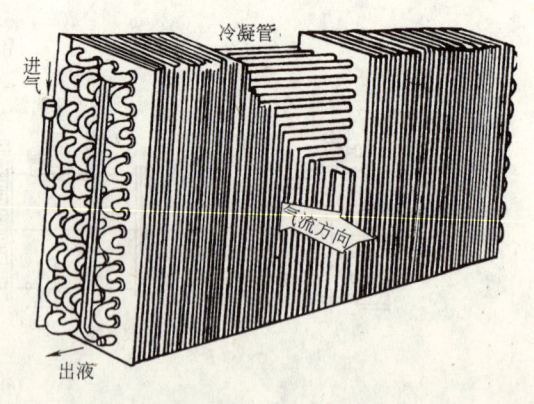

图8-10 空冷式冷凝器

根据轴流风机安装的位置不同蒸发式冷凝器可分为吸入式和压送式，其结构如图 8-11 所示。它由换热盘管、供水喷淋系统和轴流风机三部分组成。

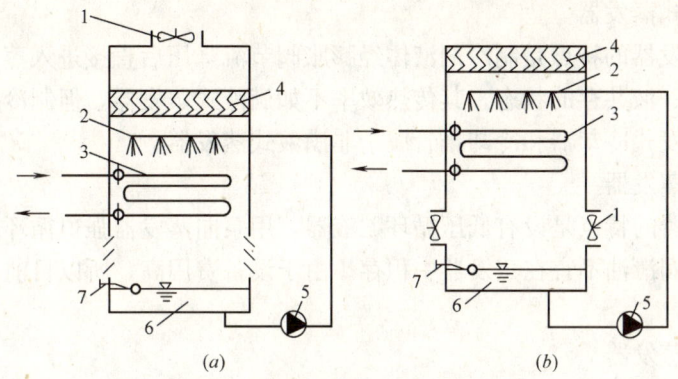

图 8-11 蒸发式冷凝器结构示意图
(a) 吸入式；(b) 压送式
1—轴流风机；2—淋水装置；3—盘管；4—挡水板；5—水泵；6—水箱；7—浮球阀

蒸发式冷凝器的优点是：与水冷式冷凝器相比，循环水量和耗水量减少，水泵的耗功率低；与风冷式冷凝器相比，其冷凝温度低，尤其是干燥地区更明显。缺点是蛇行盘管容易腐蚀，管外易结垢，且维修困难；既消耗水泵功率，又消耗风机功率。

蒸发式冷凝器适用于缺水地区，可以露天安装，广泛应用于中小型氨制冷系统。

3.2.2 蒸发器的种类、构造和工作原理

蒸发器也是一种热交换设备，它的作用是低压低温的制冷剂液体在其中蒸发吸热，吸收被冷却物体的热量，以达到制冷的目的。

根据供液方式的不同，蒸发器分为满液式、非满液式、循环式和喷淋式四种，如图 8-12 所示。

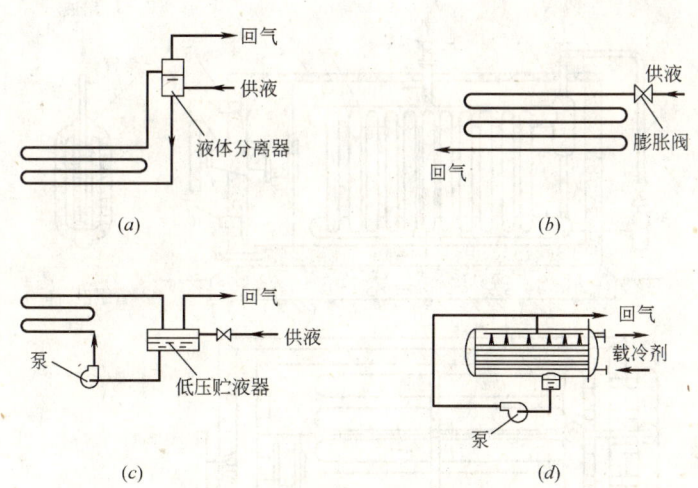

图 8-12 蒸发器的种类
(a) 满液式；(b) 非满液式；(c) 循环式；(d) 喷淋式

(1) 满液式蒸发器

满液式蒸发器的特点是设有气液分离器，它是利用制冷剂重力来向蒸发器供液，蒸发

器内充满液态制冷剂。优点是沸腾放热系数高，缺点是制冷剂用量大。立管式、螺旋管式和卧式壳管式蒸发器属于满液式蒸发器。

(2) 非满液式蒸发器

非满液式蒸发器的特点是制冷剂液体经膨胀阀节流降压后直接进入蒸发器，在蒸发器内制冷剂处于气、液共存的状态。其传热效率不如满液式蒸发器，但制冷剂用量少。干式壳管式、直接蒸发式冷却器和冷却排管属于非满液式蒸发器。

(3) 循环式蒸发器

循环式蒸发器的特点是设有低压循环贮液器，用泵向蒸发器强迫循环供液，因此沸腾放热系数高，且润滑油不宜在蒸发器中积存。由于设备费用高，所以目前只在大、中型冷藏库中使用。

(4) 喷淋式蒸发器

喷淋式蒸发器的特点是用泵将制冷剂液体喷淋在传热面上，这样可以减少制冷剂的充液量，又能消除静液高度对蒸发温度的影响。由于设备费用高，故适用于蒸发温度较低、制冷剂价格较高的制冷装置。

根据被冷却介质的种类不同，蒸发器还可分为冷却液体（水或盐水）的蒸发器和冷却空气的蒸发器。

(1) 冷却液体的蒸发器

冷却液体的蒸发器有直立管式蒸发器、螺旋管式蒸发器、卧式壳管式蒸发器和盘管式蒸发器。

1) 直立管式蒸发器 这种蒸发器如图8-13所示。蒸发器组装在一个长方形钢板制成的水箱内，每排蒸发管组由上、下集管和许多焊在两集管之间的末端微弯的立管所组成。上集管的一端焊有气液分离器，分离器下部有一根立管与下集管相通，使分离出来的液滴

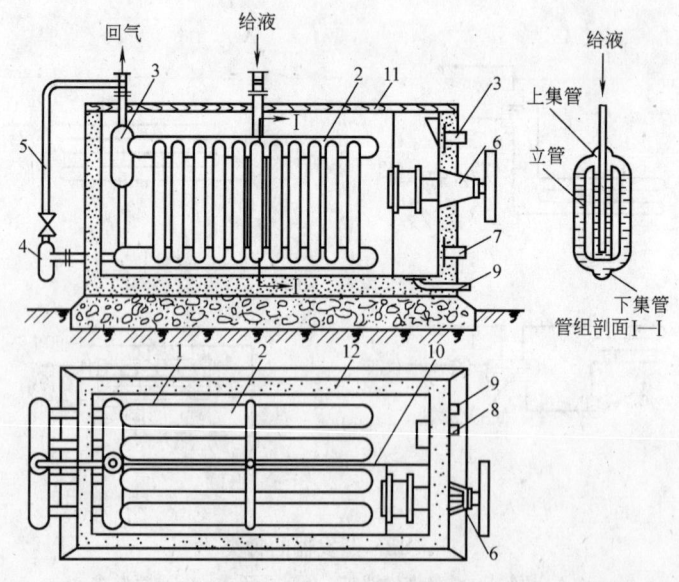

图8-13 直立管式蒸发器

1—水箱；2—管组；3—气液分离器；4—集油罐；5—均压管；6—螺旋搅拌器；
7—出水口；8—溢流管；9—泄水口；10—隔板；11—盖板；12—保温层

流回下集管。下集管的一端与集油罐相连，集油罐的上端接有均压管与吸气管相通。每组蒸发管组的中部有一根穿过上集管通向下集管的竖管，如图8-13中Ⅰ—Ⅰ剖面，这样，保证液体直接进入下集管，并能均匀地分配到各根立管。立管内充满液态制冷剂，其液面几乎达到上集管。制冷剂液面在管内吸收冷冻水的热量后不断气化，气化后的制冷剂通过上集管经气液分离器分离后，液体返回下集管，蒸气从上部引出被压缩机吸走。

冷冻水从蒸发器上部进入水箱，被冷却后由下部流出。水箱中装有搅拌器和纵向隔板，使水箱中冷冻水按一定的方向和速度循环流动，通常水流速为0.5～0.7m/s。水箱上装有溢流口，当冷却水或盐水过多时可以从溢流口排出。底部又装有泄水口，以便检查和清洗时将水泄完。

这种蒸发器属于敞开式设备，其优点是便于观察、运行和检修；缺点是用盐水作为载冷剂时，与大气接触容易吸收空气中水分降低盐水浓度，需经常加入固体盐，同时也会加快对金属的腐蚀。为减少冷量损失，水箱底部和四周外表面应做保温层。

直立管式蒸发器传热效果好，广泛应用于氨制冷系统。

2）螺旋管式蒸发器 这种蒸发器与直立管式蒸发器的区别在于用许多双圈螺旋管代替两集管之间的直立管，使蒸发器高度降低，传热效果增强，因此当传热面积相同时，外形尺寸小，结构紧凑。适用于氨制冷系统。

3）卧式壳管式蒸发器 这种蒸发器的结构如图8-14所示，其结构与卧式冷凝器相似。制冷液通过浮球阀节流降压后，由壳体下部进入蒸发器内吸收冷冻水或盐水的热量而气化，气化后的制冷剂蒸气上升至干气室，分离出的液滴流回蒸发器内，蒸气被压缩机吸走。用于氨制冷时氨在管外空间流动，冷却水在管内流动，壳体底部焊有集油器，沉积下来的润滑油可以从放油管放出。用于氟利昂制冷时采用低肋铜管代替壳内的光滑光管，并采用非满液式蒸发器，即氟利昂在管内流动，冷却水在管间流动。

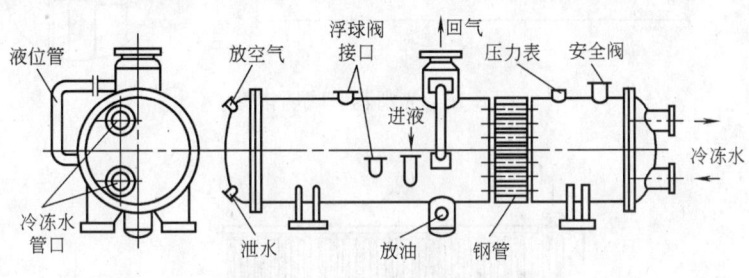

图8-14 卧式壳管式蒸发器

4）盘管式蒸发器 其结构如图8-15所示，它是由若干组铜管绕成蛇形管组成。氟利昂在盘管内流动，蛇形管组沉浸在水或盐水中，水在搅拌器的作用下，在箱内的盘管外循环流动。

盘管式蒸发器用于小型的氟利昂制冷系统。

（2）冷却空气的蒸发器

冷却空气的蒸发器有冷却排管、直接蒸发式空气冷却器、冷风机。

1）冷却排管 冷却排管主要用于冷藏库、冰柜中。根据其安装位置不同，可分为墙排管、顶排管、搁架式排管；按传热管表面形式分有光滑排管和肋片排管。

排管多用$D \times \delta$为38mm×2.2mm或57mm×3.5mm的无缝钢管制作。

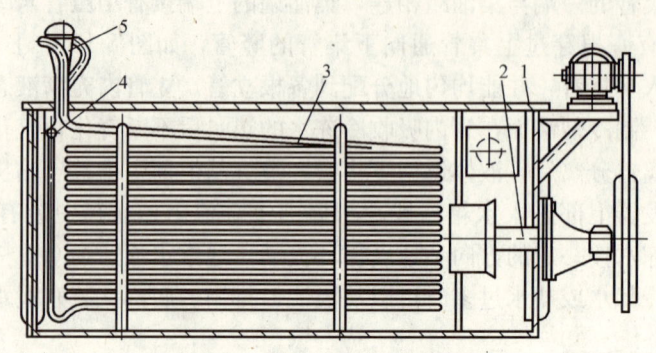

图 8-15　氟利昂盘管式蒸发器
1—水箱；2—搅拌器；3—蛇形管组；4—蒸发集管；5—分液器

各种冷却排管结构如图 8-16～图 8-19 所示。

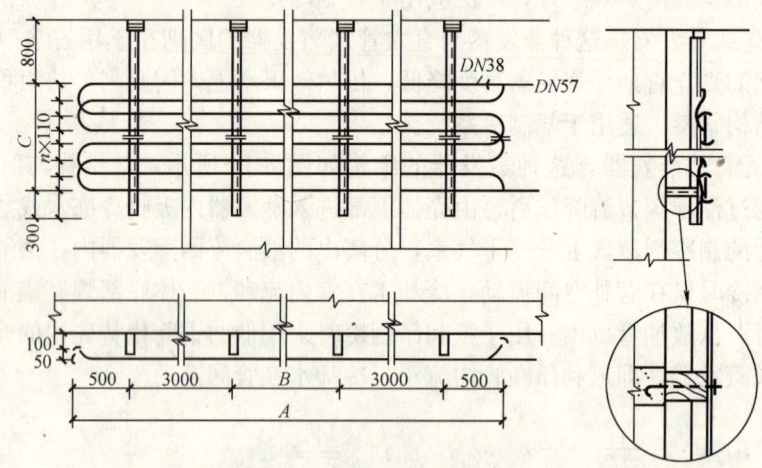

图 8-16　光滑盘管式墙排管

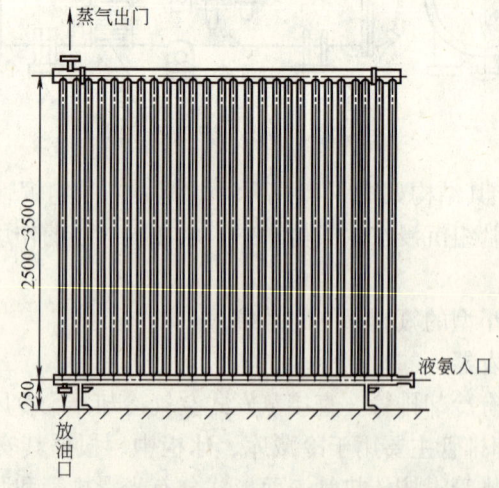

图 8-17　立管式墙排管

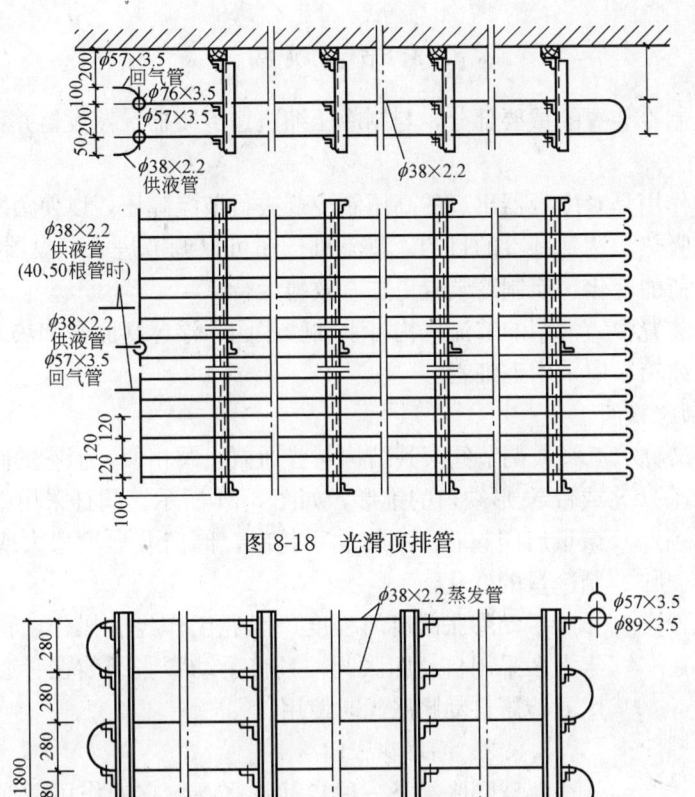

图 8-18 光滑顶排管

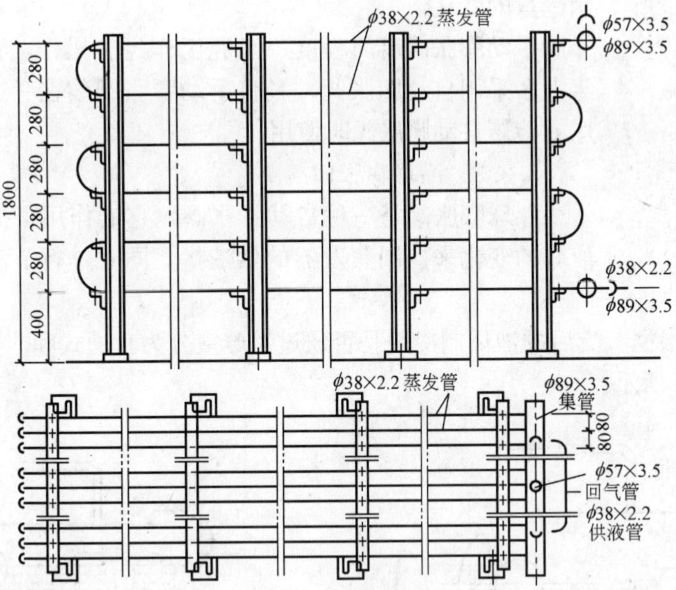

图 8-19 搁架式排管

2) 直接蒸发式空气冷却器 该冷却器又称为表面式冷却器,如图 8-20 所示,主要用于空气调节工程中。它一般由 4 排、6 排或 8 排肋片管组成,肋片管一般采用 $\phi 10 \sim 18mm$ 的铜管,外套约 $0.2 \sim 0.3mm$ 厚的铝片,片间距为 $2 \sim 4mm$。

直接蒸发式空气冷却器的优点是不用载冷剂,冷损失小,结构紧凑,易于实现自动化控制,但传热系数低。

3) 冷风机 冷风机是由蒸发管组和通风机所组成,依靠通风机强制作用,把蒸发管组制冷剂所产生的冷量吹向被冷却物体,从而达到降低冷库温度的目的。目前,冷风机使用较少,文中不作详述。

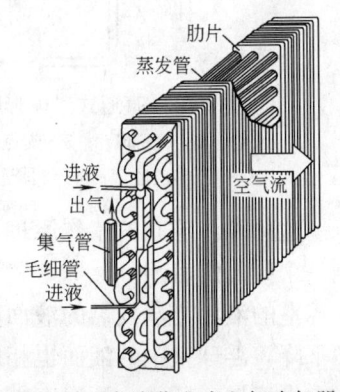

图 8-20 直接蒸发式空气冷却器

3.3 节流机构

节流机构是制冷装置的重要部分，与制冷压缩机、冷凝器、蒸发器并称为制冷系统的四大部件。

节流机构的作用是对冷凝器出口的高压制冷剂进行节流降压，以使蒸发器中的制冷液体在低压下蒸发吸热，达到制冷的目的。节流机构还可以调节进入蒸发器的制冷剂流量，以适应蒸发器负荷的变化，使制冷装置更加有效地运行。

大中型制冷装置中，常用的节流机构有手动膨胀阀、浮球膨胀阀和热力膨胀阀。小型制冷装置（如电冰箱）中采用毛细管。

3.3.1 手动膨胀阀

手动膨胀阀又称节流阀或调节阀，其结构与普通截止阀相似，但它的阀芯为针形锥体或带 V 形缺口的锥形，如图 8-21 所示。阀杆采用细牙螺纹，便于微量启闭阀芯。当转动手轮时，阀门开启度增大或关小，以适应制冷量的变化。

手动膨胀阀启闭程度一般凭工作经验操作，管理麻烦，近几年大多采用自动膨胀阀，只将手动膨胀阀装在旁通管上，以备急用或检修自动膨胀阀时使用。

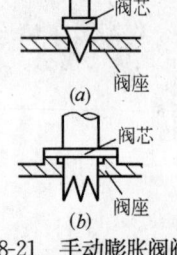

图 8-21 手动膨胀阀阀芯
（a）针形阀芯；
（b）具有 V 形缺口的阀芯

3.3.2 浮球膨胀阀

浮球膨胀阀是一种自动膨胀阀，它的作用根据满液式蒸发器液面的变化来控制蒸发器的供液量，同时进行节流降压，也可控制蒸发器的液面高度。

浮球膨胀阀根据节流后的液体制冷剂是否通过浮球室分为直通式和非直通式两种，如图 8-22 和图 8-23 所示。

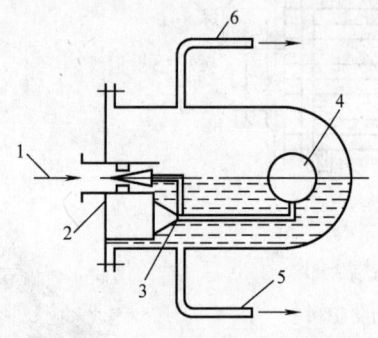

图 8-22 直通式浮球膨胀阀
1—液体进口；2—阀针；3—支点；4—浮球；
5—液体连通管；6—气体连通管

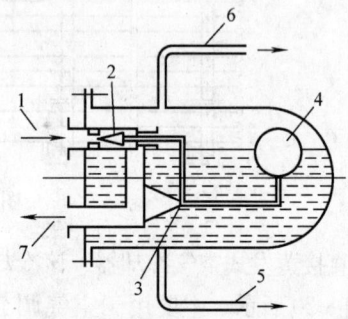

图 8-23 非直通式浮球膨胀阀
1—液体进口；2—阀针；3—支点；4—浮球；5—液体连通管；6—气体连通管；7—节流后的液体出口

这两种浮球阀的工作原理都是依靠浮球室中的浮球受液面的作用而降低或升高，来控制一个阀门的启闭。浮球室置于满液式蒸发器一侧，上、下用平衡管与蒸发器相通，所以浮球室的液面与蒸发器的液面高度是相一致的。当蒸发器的负荷增加时，蒸发量增加，液面下降，浮球室中的液面也相应下降，于是浮球下降，依靠杠杆作用使阀门开启度增大，加大供液量；反之，开启度减小，使制冷剂供液量减小。

这两种浮球阀的主要区别是：直通式浮球阀节流后的液体先经浮球室然后经平衡管进入蒸发器，其优点是结构简单，缺点是浮球室液面波动大，浮球阀易失灵，且需较大口径的平衡管；非直通式浮球阀节流后的液体不经浮球室，而直接经管道进入蒸发器，其优点是浮球室液面平稳，但构造和安装比较复杂。

浮球膨胀阀一般安装在蒸发器、气液分离器、中间冷却器前的制冷剂液体管道上，氨浮球膨胀阀接管示意图如图 8-24 所示。

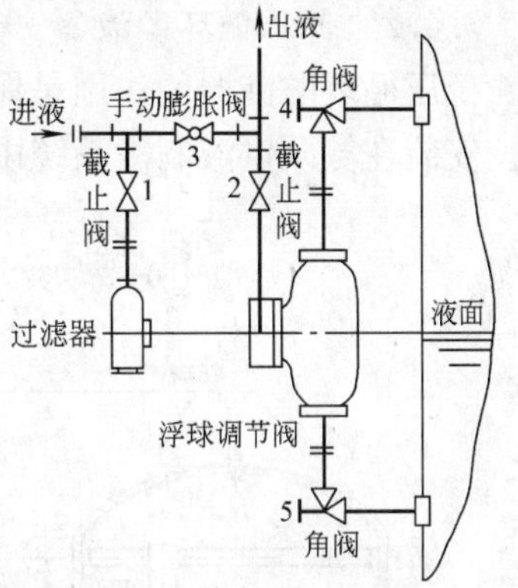

3.3.3 热力膨胀阀

热力膨胀阀是靠控制蒸发器出口处制冷剂蒸气的过热度来控制蒸发器的供液量，同时起节流降压作用。

热力膨胀阀主要由热力膨胀阀、毛细管、感温包组成。有内平衡式和外平衡式两种。

热力膨胀阀用于氟利昂制冷系统。安装时应将热力膨胀阀安装在蒸发器入口处的供液管上，阀体垂直，不能倾斜或倒装。感温包应装设在蒸发器出口处的吸气管路上，要远离压缩机吸气口 1.5m 以上。

图 8-24 氨浮球膨胀阀接管示意图

3.3.4 毛细管

毛细管作为节流机构的一种，已广泛用于小型全封闭式氟利昂制冷装置中，如家用冰箱、冰柜、空气调节器的制冷机组。毛细管通常用直径为 0.7～2.5mm，长度为 0.6～6m 细而长的纯铜管制成，以代替膨胀阀，连接于蒸发器和冷凝器之间。图 8-25 为制冷装置工作的原理图。

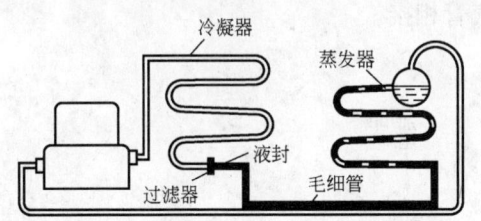

图 8-25 制冷装置工作原理图

由于毛细管直径小，易阻塞，故应在毛细管前的管路上设过滤器。

3.4 贮 液 器

贮液器又称贮液桶，按其用途和所承受的工作压力的不同，可分为高压贮液器、低压循环贮液器和排液桶。

3.4.1 高压贮液器

高压贮液器的作用是稳定制冷剂循环量，并可贮存液态制冷剂。图 8-26 所示为卧式高压贮液器示意图。其筒体由钢板卷制焊成，贮液器上设有管接口和阀门、仪表接口。进

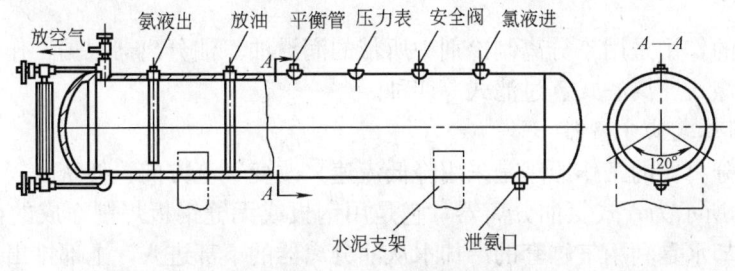

图 8-26 卧式高压贮液器

液管、均压管分别与冷凝器出液管、均压管连接。均压管使两个设备压力平衡，利用液位差使冷凝器的液体流入贮液器。出液管与各有关设备及总调节站连通。放空气管和放油管分别与不凝性气体分离器和集油器连接。泄氨口与紧急泄氨器连通。

3.4.2 低压循环贮液器

低压循环贮液器的作用是保证充分供应氨泵所需的低压氨液，同时也起气液分离的作用。安装在氨泵供液制冷系统中。其结构如图 8-27 所示。

贮液器的进气管与回气调节站总管连接，而出气管与压缩机的吸气管相接，下部设有出液管与氨泵进液口连接。氨液是通过浮球室调节阀进入贮液器内的，并保持一定的液面高度，当浮球阀损坏时，可用手动节流阀进行供液。

3.4.3 排液桶

排液桶的作用是当冷库某些设备检修或冷库的冷却排管和冷风机冲霜时，将液体制冷剂排入其中，如图 8-28 所示。桶上降压管用来降低桶内压力，它与气液分离器的进气管相接。

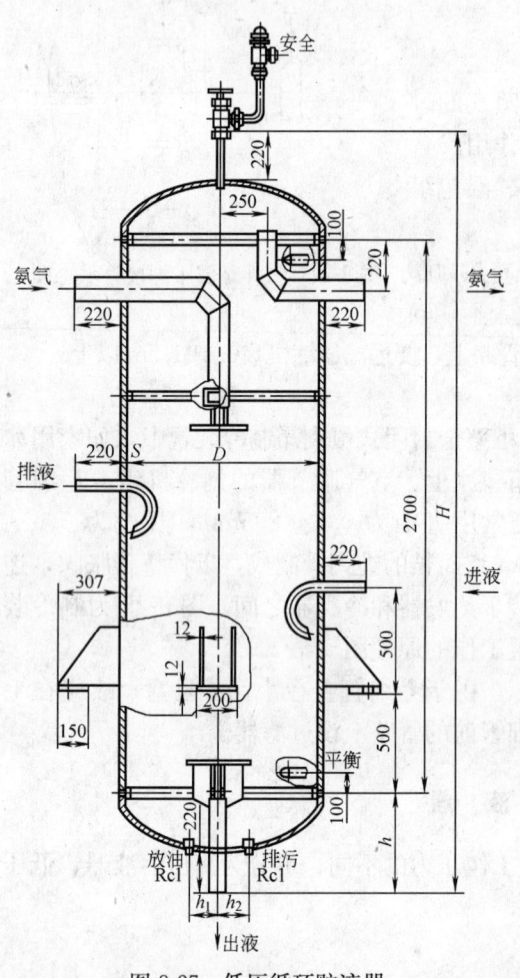

图 8-27 低压循环贮液器

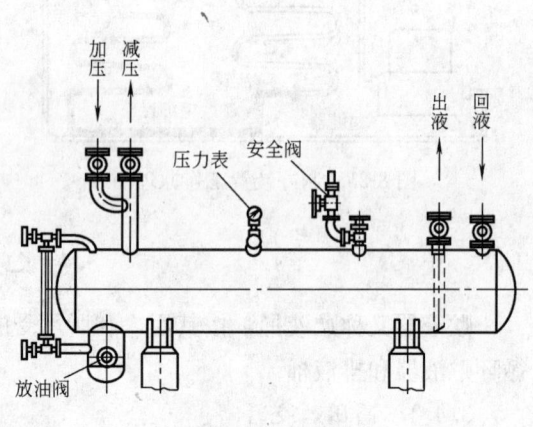

图 8-28 排液桶

3.5 油分离器

油分离器的作用是用来分离制冷剂中所带的润滑油。油分离器根据工作原理不同可分为惯性式、洗涤式、离心式、过滤式等四种。

3.5.1 惯性式油分离器

惯性式油分离器的工作原理是采用降低流速，改变气流方向，使密度较大的油滴分离出来。图 8-29 所示为干式氨油分离器，它是用钢板或无缝钢板焊制而成的，外加冷却水套，这部分冷却水是利用气缸套的冷却水从油分离器的下部进入，上部排出，通过水的冷却作用，降低气体的温度，使一部分油蒸气凝结成油滴，从而提高油分离器的分离效果。

氟利昂气油分离器的结构如图 8-30 所示，它也是惯性油分离器的一种。其回油管和压缩机的曲轴连接，进气管的下端增设过滤层，并设有浮球自动回油装置。

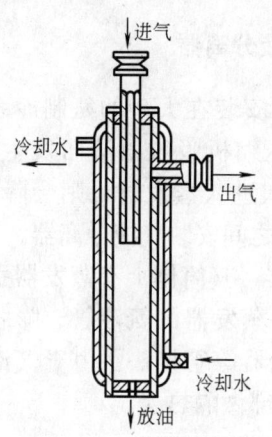

图 8-29 干式氨油分离器

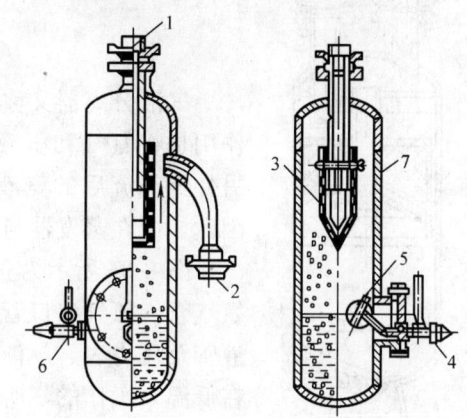

图 8-30 氟利昂气油分离器
1—气体进口；2—气体出口；3—滤网；4—手动回油阀；5—浮球阀；6—回油阀；7—壳体

3.5.2 离心式油分离器

离心式油分离器的工作原理是带有油蒸气及油滴的气态制冷剂从切线方向进入分离器，自上而下作螺旋运动，在离心力的作用下将较重的油滴甩至分离器内壁并被分离出来，气态制冷剂则经多孔挡液板作再一次分离后从顶部排气管排出。图 8-31 所示为离心式氨油分离器，分离器内部焊有螺旋状的隔板，并在氨气排出管的底部增设了多孔挡液板。

3.5.3 洗涤式油分离器

洗涤式油分离器主要利用冷却、洗涤将油滴分离出来。其结构如图 8-32 所示。

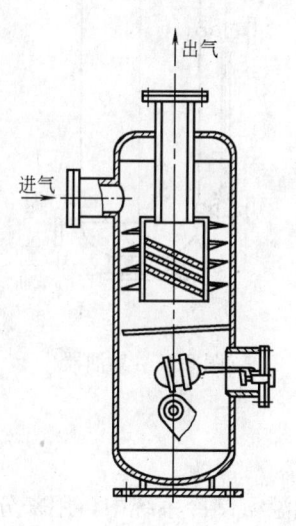

图 8-31 离心式氨油分离器

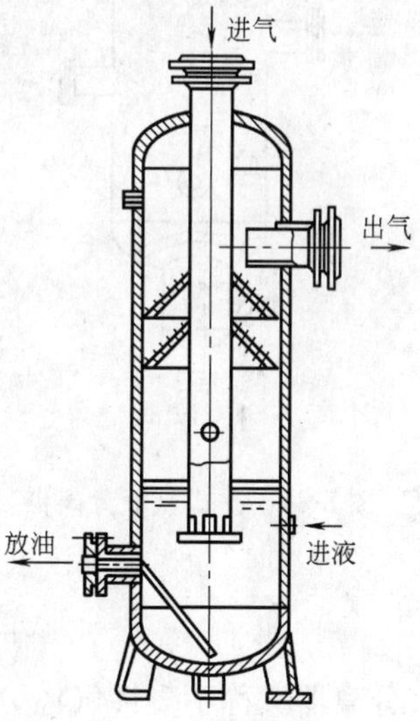

图 8-32 洗涤式油分离器

3.5.4 填料式油分离器

填料式油分离器又称过滤式油分离器。它的工作原理是气态制冷剂通过填料过滤层把油滴分离出来。其结构如图 8-33 所示，它是一种高效油分离器，内装有细钢丝网、小瓷

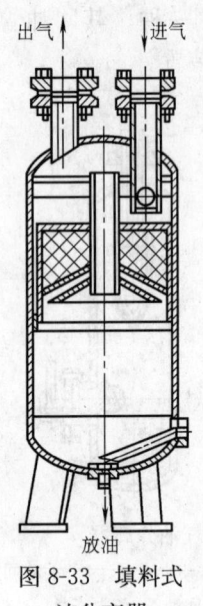

图 8-33 填料式油分离器

环或金属切屑等填料,其中以编织的金属网丝为最佳。为提高分离效果,还可以在壳体外加水冷套管。

3.6 气液分离器

气液分离器又称氨液分离器,安装在大型的氨制冷系统中。其作用是将氨气和氨液分离,以免压缩机吸收氨液而发生冲缸事故。另外经节流后的氨液中所含氨气如进入蒸发器,则会降低制冷量。因此,应在蒸发器与压缩机回气管之间安装气液分离器。

图 8-34 所示为立式氨液分离器,其筒体上有蒸发器引来的低压氨气管、氨气出口管、经分离后去蒸发器的氨液管、膨胀阀来的氨液管及压力表、放油阀和液位指示器等管接头。由于气液分离器是在低温下工作的,所以应在筒体外部做隔热层。

3.7 集 油 器

集油器的作用是收集氨油分离器、冷凝器、贮液器等设备内的润滑油。如图 8-35 所示。

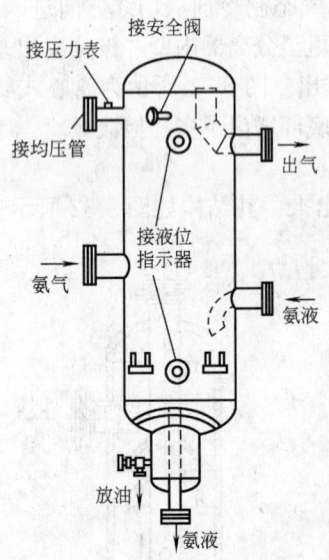

图 8-34 立式氨液分离器

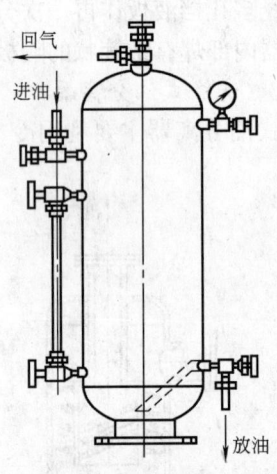

图 8-35 集油器

3.8 空气分离器

空气分离器又称不凝性气体分离器。通常装设在低温氨制冷系统中,用来分离制冷系统内的空气及其他不凝性气体。

系统中如有空气和其他不凝性气体存在时,会使冷凝器的传热能力减弱,压缩机的排气压力和排气温度升高,耗功量增大。因此,必须将其及时地分离出去。

目前常用的空气分离器有立式空气分离器和套管式空气分离器两种。

3.8.1 立式空气分离器

立式空气分离器如图 8-36 所示。壳体用无缝钢管制成，内有蛇形盘管，分离器上焊有混合气体进口、氨液出口、进液口、回气口、温度计、压力表等接头，同时，壳体外面应用软木做隔热层。

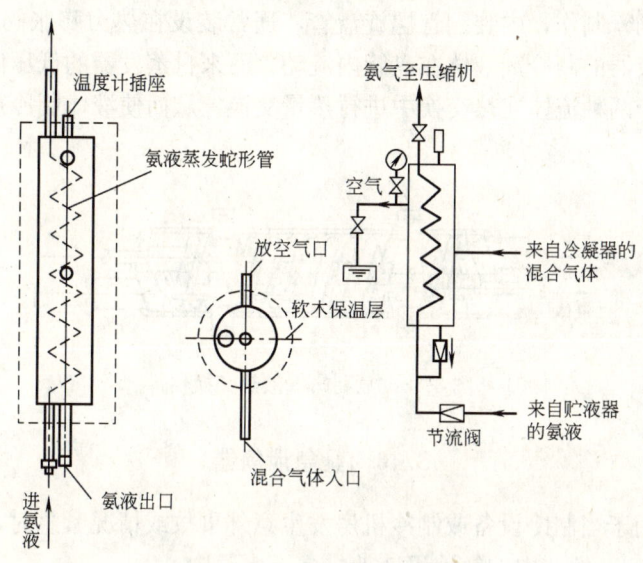

图 8-36 立式空气分离器

立式空气分离器是利用从贮液器来的高压氨液经节流后，在蒸发盘管内蒸发吸热，吸收混合气体的热量，而使混合气体放出热量，使混合气体中的氨气凝结成液体，高压氨液经手动膨胀阀节流降压后进入蒸发盘管内蒸发吸热，吸热气化的低压氨气被压缩机吸走，从而达到分离气体的目的。被分离出来的空气经过水槽再排入大气中。

3.8.2 套管式空气分离器

套管式空气分离器的结构如图 8-37 所示，它是由四根直径不同的无缝钢管套焊而成的。由内管向外数起，第一根钢管和第三根钢管相连通，第二根钢管和第四根钢管相连通。第二根钢管上装有空气管，在第三根钢管上装有氨回气管，在第四根钢管上装有混合气体进气管。

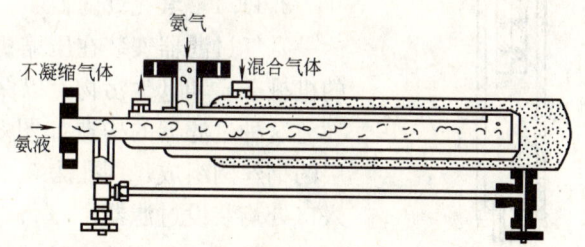

图 8-37 套管式空气分离器

套管式空气分离器的工作过程是：来自高压贮液器的氨液经节流降压后，进入第一根和第三根钢管中，通过管壁吸收混合气体的热量而蒸发，蒸发后的氨气经第三根钢管上的回气管被压缩机吸走。进入分离器的混合气体在第二根和第四根管中放出热量而冷却，其中氨气冷凝为高压液体流到第四根管的底部，分离出来的空气通过第二根钢管上的放空气阀缓慢地排入盛水的容器中，根据水中生成的气泡的形状来判断放出的空气是否含有氨。当空气放空后，应打开旁通管上的节流阀，使冷凝的氨液节流降压后从第一根钢管进入，作为循环冷却液体继续蒸发吸热，吸收混合气体的热量。放空气操作结束后,应关闭分离器上的所有阀门。

3.9 氟利昂气液热交换器

在氟利昂制冷系统中,装有气液热交换器。图 8-38 所示为盘管式热交换器的结构图。它的外壳用无缝钢管制作,内装铜管螺旋盘管,通常装设在热力膨胀阀前的液态管路上。来自冷凝器或贮液器的制冷剂液体在盘管内流动,而来自蒸发器的低压低温制冷剂蒸气在盘管外流动。由于两种流体在热交换中进行热量交换,从而使液体制冷剂过冷、压缩机吸气过热。

图 8-38 氟利昂气液热交换器

3.10 紧急泄氨器

紧急泄氨器用于当制冷设备或制冷机房发生意外事故或情况紧急时,能将贮液器、蒸发器内的氨液迅速地排入下水道中。

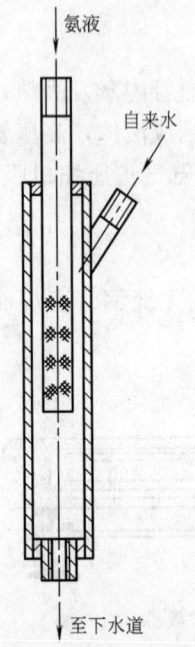

图 8-39 紧急泄氨器

紧急泄氨器如图 8-39 所示,是由钢管焊制而成,氨液泄出管从其顶部伸入,管上钻有许多小孔,壳体侧面上部焊有进水管,下部为氨水混合物的泄出口。当出现情况紧急需要使用时,可将氨液泄出阀和自来水管阀门同时打开,让氨液经自来水稀释后再排入下水道。

3.11 过滤器和干燥过滤器

3.11.1 氨气过滤器

氨气过滤器安装在压缩机吸气管路上,用来过滤和清除氨气中的机械杂质和其他污物,以保证气缸的正常工作。

这种过滤器的构造如图 8-40 所示。过滤器的滤网一般由 1~3 层的钢丝网组成,网孔为 0.4mm。目前大多数压缩机的吸气腔或吸入口处均装设过滤器。

3.11.2 氨液过滤器

氨液过滤器装设在浮球膨胀阀、电磁阀、氨泵前的液体管路上,用来过滤氨液中固体杂质,以防止阀件内部损坏或阀内小孔堵塞,并保护氨泵,以免发生运行故障。这种过滤器的构造如图 8-41 所示。

3.11.3 干燥过滤器

干燥过滤器用于氟利昂制冷系统,它是用来过滤氟利昂液体中的固体杂质,以免杂质堵塞电磁阀、热力膨胀阀等阀件,减少对钢制设备和管道的腐蚀,同时去除制冷液中的水分,防止在低温时产生"冰塞"。

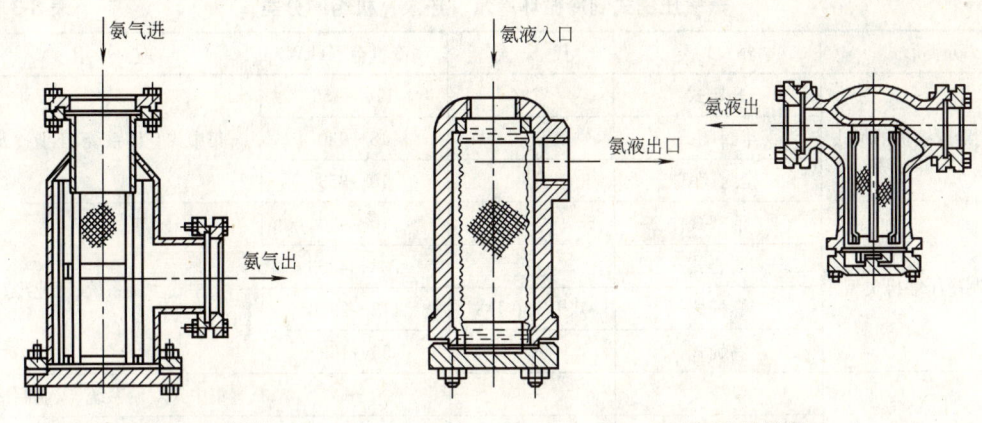

图 8-40　氨气过滤器　　　　　　　　图 8-41　氨液过滤器

干燥过滤器如图 8-42 所示，其外壳由钢板制成，滤网采用镀锌钢丝网或铜丝网，内装干燥剂（硅胶）。这种过滤器可定期更换滤网和硅胶。

干燥过滤器应安装在冷凝器（或贮液器）与热力膨胀阀之间。小型氟利昂制冷系统可以不设干燥过滤器，仅在充满氟利昂时使其通过临时干燥器即可。

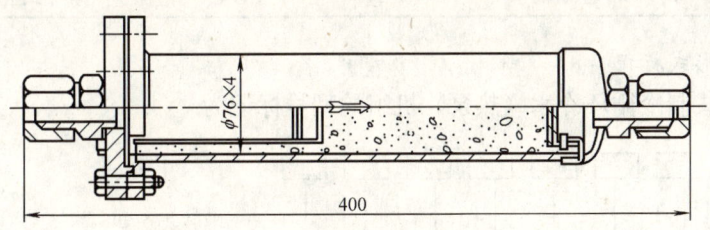

图 8-42　氟利昂干燥过滤器

3.12　安　全　装　置

安全装置主要是指安全阀和易熔塞。

安全阀除安装在压缩机上外，在冷凝器、贮液器和蒸发器等设备上也要安装，其目的是防止设备压力过高而发生爆炸。

易熔塞只限用在容积小于 500L 的氟利昂制冷系统的冷凝器或贮液器上。当容器温度超过易熔塞的熔点时，低熔点合金熔化，制冷剂气体从泄压孔排出。

3.13　蒸气压缩式制冷机组

蒸气压缩式制冷机组有冷水机组和热泵机组两种。

冷水机组是将蒸气压缩式循环压缩机、冷凝器、蒸发器以及自控元件等组装一体，可提供冷水的压缩式制冷机。

热泵机组是将蒸气压缩式循环压缩机、冷凝器、蒸发器以及自控元件等组装成一体，能实现蒸发器与冷凝器功能转换，可提供热水（风）、冷水（风）的压缩式制冷机。

3.13.1　机组的分类

蒸气压缩式制冷循环冷水（热泵）机组分类见表 8-3。

蒸气压缩式制冷循环冷水（热泵）机组的分类　　表8-3

分类形式	分　类	代　号	制冷量范围(kW)	应　用
按制冷压缩机的形式	开启式	省略	114～456	集中式空调系统、工业冷却
	半封闭式	B	48～930	
	全封闭式	G	10～358	
按制冷压缩机类型	活塞式	—	10～930	集中式空调系统、工业冷却
	离心式	—	703～4503	
	螺杆式	双LG 单DG	112～2200	
	涡旋式	W	56～169	
按机组功能	单冷式	—	—	集中式空调系统、工业制冷
	制冷与热泵制热兼用	R	—	集中式空调系统
	制冷与电加热制热	D	—	
按热源侧(制冷运行放热侧)热交换方式	水冷式	—	—	集中式空调系统、工业冷却
	风冷式	F	—	
	蒸发冷却式	Z	—	
	地热源	—	—	集中式空调系统

3.13.2　形式标记

蒸气压缩式制冷循环冷水（热泵）机组的型号标记为

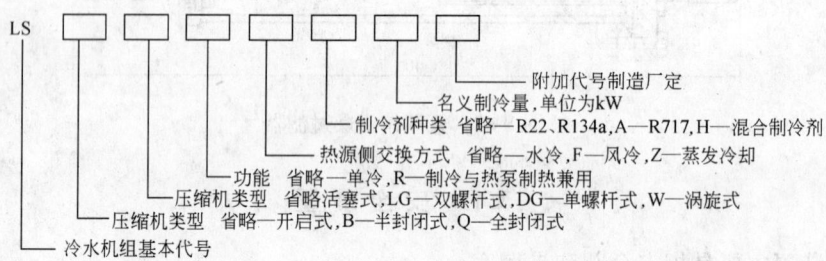

型号示例1：LSA350型制冷机组，为开启式活塞式压缩机，制冷剂为氨的单冷机组，制冷量为350kW。

型号示例2：LSBLGRF175型制冷机组，为半封闭双螺杆式压缩机，制冷剂为R22的制冷与热泵制热兼用风冷式机组，制冷量为175kW。

实 训 课 题

以参观或结合制冷系统安装工程实习的形式，完成对蒸气压缩式制冷系统的认识，掌握蒸气压缩式制冷系统主要设备及辅助设备的作用、构造及工作原理。

思考题与习题

1. 氨制冷系统由哪些设备组成？

2. 氟利昂系统由哪些设备组成？
3. 氨和氟利昂制冷系统的主要区别有哪些？
4. 什么是制冷剂？选择制冷剂时应考虑哪些因素？
5. 制冷剂按其化学组成可分为哪四类？各类包含哪些制冷剂？它们的代号如何表示？
6. 什么叫共沸溶液？什么叫非共沸溶液？
7. R717、R12、R22的性质有哪些不同？使用时应分别注意哪些事项？
8. 水在R12制冷系统中有什么影响？
9. 什么叫CFC？它对大气臭氧层有何危害？
10. 什么叫载冷剂？常用的载冷剂有哪些？
11. 制冷压缩机的作用是什么？分为几类？
12. 制冷压缩机性能指标有哪些？
13. 我国中小型活塞式制冷压缩机系列型号是怎样表示的？各代号的含义是什么？
14. 试写出压缩机8AS12.5A、4FV12.5B型号中各符号的意义。
15. 冷凝器的作用是什么？按冷却介质的不同分为哪三种类型？
16. 水冷式冷凝器有哪几种形式？各有何优缺点？适用于什么场合？
17. 风冷式冷凝器有何特点？宜用在何处？
18. 蒸发式冷凝器有哪两种形式？
19. 蒸发器的作用是什么？满液式和非满液式蒸发器各有哪些优缺点？
20. 节流机构的作用是什么？常用的节流机构有哪几种？各适用于哪些场合？
21. 手动膨胀阀与截止阀的主要区别有哪些？并说明其安装位置。
22. 热力式膨胀阀由哪些部分组成？有什么安装要求？
23. 电冰箱和空调器的制冷系统采用哪种节流机构？
24. 试述贮液器的种类，各有何用途。
25. 油分离器有哪几种类型？
26. 制冷系统中存有不凝性气体，对系统有哪些影响？
27. 试述空气分离器的工作原理。
28. 在氨制冷系统中过滤器应安装在什么部位？氟利昂制冷系统中为什么要安装干燥过滤器？
29. 试分述气液热交换器、气液分离器、紧急泄氨器、安全阀、易熔塞的作用，它们各用在什么场合？
30. 试判断氨液分离器与蒸发器哪个设备的安装位置相对较高？
31. 蒸气压缩式制冷系统机组有哪两类？其型号如何表示？

单元9 吸收式制冷系统

知 识 点：吸收式制冷系统的组成与原理、吸收剂与制冷剂、溴化锂吸收式制冷系统的主要设备与附属设备。

教学目标：熟悉吸收式制冷系统的组成与原理，了解常用的制冷工质对种类及性质，掌握溴化锂吸收式制冷系统的主要设备与附属设备构造及工作原理。

课题1 吸收式制冷系统的组成与原理

1.1 吸收式制冷的特点

吸收式制冷和蒸气压缩式制冷一样同属于液体气化法制冷，即都是利用低沸点的液体或者让液体在低温下气化，吸取气化潜热而产生冷效应，然而两者之间又有很大的区别，主要的不同之处有以下几方面。

吸收式制冷循环是依靠消耗热能作为补偿，从而实现"逆向传热"，而且对热能的要求不高，它们可以是低品位的工厂余热和废热，也可以是地热水，或者燃气，甚至经过转化成热能的太阳能。可见它对能源的利用范围很宽广，不像蒸气压缩式制冷循环需要消耗高品位的电能，因此对于那些有余热和废热可利用的用户，吸收式制冷机在首选之列。

吸收式制冷机由发生器、冷凝器、蒸发器、吸收器、溶液泵和节流阀等部件组成，除溶液泵之外没有其他运转机器设备。因此结构较为简单；另外由于运转平静，振动和噪声很小，所以尤为大会堂、医院、宾馆等用户欢迎。

吸收式制冷系统内虽然也分高压部分和低压部分，但溴化锂吸收式制冷系统内的高压仅 0.01MPa 左右，故绝无爆炸的危险，加上它所使用的工质对人体无害，因此从安全的角度来看它又是十分可靠的。

吸收式制冷机使用的工质不像蒸气压缩式制冷机那样使用单一的制冷剂，而是使用由吸收剂和制冷剂配对的工质对。它们呈溶液状态，其中吸收剂是对制冷剂具有极大吸收能力的物质，制冷剂则是由气化潜热较大的物质充当。例如氨—水吸收式制冷机中的工质对是由吸收剂—水和制冷剂—氨组成；溴化锂吸收式制冷机中的工质对是由吸收剂—溴化锂和制冷剂—水组成。

吸收式制冷机基本上是属于机组形式，外接管材的消耗量较少，而且对基础和建筑物的要求都一般，所以设备以外的投资（材料、土建、施工费等）比较省。

如此看来，吸收式制冷机的优点是如此之多，似乎可以取代蒸气压缩式制冷机，当然也不是这样。

制冷技术的发展是起源于吸收式制冷，由于某些技术上和效率方面的原因，曾一度被蒸气压缩式制冷机取代，后来由于技术方面得到改进，效率有所提高，在近20多年来在各方面日臻完善，加上世界范围的能源紧张，致使吸收式制冷又恢复发展，并且已有多种产品出现，大至空调用冷源，小至家用冰箱，广泛应用于能够充分发挥其优点的各个领域。

吸收式制冷机的缺点也客观存在。首先是它的热效率低，在有废热和余热可利用的场所使用这种制冷设备是合算的，但如果特地为它建立热源则不一定经济；其次是由于换热器中大量使用铜材，所以设备投资较大，且由于因管理不善容易被腐蚀而导致寿命缩短，所以设备的折旧费较高；再则其冷却负荷约为蒸气压缩式制冷机的一倍，冷却水量大，用于冷却水系统的动力耗费和水冷却设备的投资均比较大。因此在选择制冷机的形式时，应该做全面的技术经济分析，使它的优点得到充分发挥。

当前广泛使用的吸收式制冷机主要有氨—水吸收式和溴化锂吸收式两种，前者可以获得0℃以下的冷量，用于生产工艺所需的制冷；后者只能制取0℃以上的冷量，主要用于大型空调系统冷源。

1.2 吸收式制冷系统的组成与工作原理

吸收式制冷机主要由发生器、冷凝器、节流机构、蒸发器和吸收器等组成，如图9-1所示。在以氨水溶液为工质的吸收式制冷机中，氨为制冷剂，水为吸收剂。在发生器中利用工作蒸汽加热浓度较大的氨水溶液时，由于氨的沸点比水低，被加热时首先沸腾，形成一定压力和温度的氨蒸气进入冷凝器，被冷却水冷却，凝结成氨液。氨液经节流机构节流后进入蒸发器，吸收被冷却剂的热量而气化，气化后氨蒸气进入吸收器，在其中被稀的氨水溶液

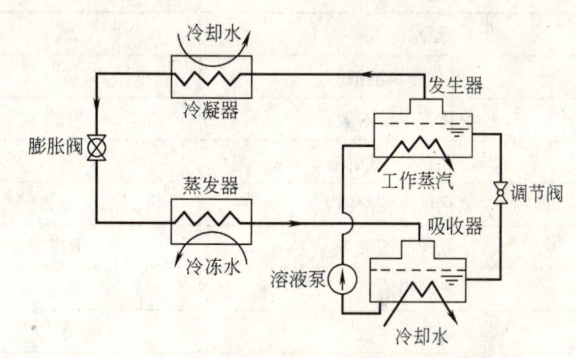

图 9-1 吸收式制冷机工作原理图

所吸收，吸收时产生的热量由冷却水带走，吸收的结果使溶液的浓度增加。在发生器中，氨不断气化，溶液的含氨量不断减少而浓度降低，成为稀溶液。稀溶液经降压后进入吸收器，吸收来自蒸发器的氨蒸气而浓度增加，然后由溶液泵将吸收器里的浓溶液送入发生器，如此循环，不断制冷。

实际上，氨水吸收式制冷机的设备较为复杂，因为氨和水较难分离，需要精馏设备等，它主要用于工业生产中制取0℃以下的冷量。目前在空气调节工程中应用溴化锂吸收式制冷机。

课题2 吸收剂与制冷剂

2.1 制冷工质对

吸收式制冷机利用溶液在一定条件下能析出低沸点组分的蒸气，在另一条件下又能强烈吸收低沸点组分的蒸气这一特性完成制冷循环。目前吸收式制冷机中多采用二元溶液作

为工质，习惯上称低沸点组分为制冷剂，高沸点组分为吸收剂。

2.1.1 制冷剂

对制冷剂的要求，在单元 8 中已有详细介绍，在此省略。

2.1.2 吸收剂

吸收剂应具有如下特性：

(1) 具有强烈吸收制冷剂的能力。

(2) 在相同压力下，它的沸腾温度应比制冷剂的沸腾温度高得多。

(3) 不应有爆炸、燃烧的危险，并对人体无毒害。

(4) 对金属材料的腐蚀性较小。

(5) 价格低廉，易于获得。

目前，对于吸收式制冷机中的制冷剂—吸收剂工质对的研究日益重视，可用的工质对很多，表 9-1 列出了部分已研究过的工质对。但获得广泛应用的只有 NH_3/H_2O 和 $LiBr/H_2O$ 溶液，前者用于低温系统，后者多用于空调系统。

制冷剂—吸收剂工质对　　　　表 9-1

名　称	制 冷 剂	吸 收 剂
氨水溶液	氨	水
溴化锂水溶液	水	溴化锂
溴化锂甲醇溶液	甲醇	溴化锂
硫氰酸钠—氨溶液	氨	硫氰酸钠
氯化钙—氨溶液	氨	氯化钙
氟利昂溶液	R12	矿物质油
氟利昂溶液	R22	二甲替甲酰胺
硫酸水溶液	水	硫酸
TFE-NMP 溶液	三氟乙醇	甲基吡咯烷酮

2.2 制冷剂—吸收剂工质对的性质

2.2.1 氨水溶液的性质

(1) 氨在水中的溶解

氨在水中的浓度用质量分数 ξ 表示，其值等于溶液中氨的质量与溶液总质量之比。水和液氨能以任意比例完全互溶，在常温下能形成 ξ 等于 0 到 1 的全部溶液。在低温下，溶液的浓度受到纯水冰、纯氨冰或氨的水合物 $NH_3 \cdot H_2O$ 和 $2NH_3 \cdot H_2O$ 析出的限制。

氨溶于水后有微量的离子化现象出现，故氨水溶液呈弱碱性。

(2) 对有色金属的腐蚀作用

氨水溶液与液氨的性质相似，它无色、有刺激性臭味，对有色金属材料（除磷青铜外）有腐蚀作用。所以，氨水吸收式制冷系统中不允许采用铜及铜合金材料。

(3) 密度

纯氨液在 0℃时的密度为 0.64kg/L，对氨水溶液而言，它的密度随温度和浓度的变化而变化。

2.2.2 溴化锂水溶液的性质

(1) 水

水是很容易获得的物质。它无毒、不燃烧、不爆炸，气化潜热大（约 2500kJ/kg，比 R12 大 16 倍），比容大，常压下的蒸发温度较高，常温下的饱和压力很低，例如当温度为 25℃时，它的饱和压力为 3.167kPa，比容为 43.37m^3/kg。一般情况下，水在 0℃时就结冰，因而限制了它的应用范围。

(2) 溴化锂

1) 锂和溴分别属碱和卤族元素，故溴化锂（LiBr）的性质与 NaCl（食盐）相似，属盐类，有咸味，呈无色粒状晶体，熔点为 549℃。

2) 沸点很高（沸点为 1265℃），在常温或一般高温下可以认为是不挥发的。

3) 极易溶于水。

4) 性质稳定，在大气中不变质、不分解。

5) 它由 92.01% 的溴和 7.99% 的锂组成，分子量为 86.856，密度为 3464kg/m^3（25℃时）。

(3) 溴化锂水溶液

1) 无色液体，有咸味，无毒，加入铬酸锂后溶液呈淡黄色。

2) 溴化锂在水中的溶解度随温度的降低而降低。

3) 水蒸气分压力很低，它比同温度下纯水的饱和蒸气压力低得多，因而有强烈的吸湿性。

4) 密度比水大，并随溶液的浓度和温度而变。

5) 比热容较小。当温度为 150℃、浓度为 55% 时，其比热容约为 2kJ/(kg·K)，这意味着发生器中加给溶液的热量比较少，再加上水的蒸发潜热比较大这一特点，将使机组具有较高的热力系数。

6) 黏度较大。例如浓度为 60%、温度为 40℃时，其黏度为 $6.004×10^{-3}$N·s/m^2（$6.12×10^{-4}$kg·s/m^2），而水在 40℃时黏度为 $6.53×10^{-4}$N·s/m^2（$6.66×10^{-5}$kg·s/m^2）。

7) 表面张力较大。

8) 溴化锂水溶液的导热系数随浓度的增大而降低，随温度的升高而增大。

9) 对黑色金属和紫铜等材料有强烈的腐蚀性，有空气存在时更为严重，因腐蚀而产生的不凝性气体对装置的制冷量影响很大。

课题 3 溴化锂吸收式制冷系统设备

3.1 溴化锂吸收式制冷系统的组成

单效溴化锂吸收式制冷装置的流程如图 9-2 所示（图中双点画线为虚设的分界线），从图中可以看到这种制冷机的主要设备是由发生器、冷凝器、蒸发器和吸收器等四个换热器组成。由管道将它们连接成封闭系统后构成了两个循环回路，即左侧的制冷循环和右侧的溶液循环。

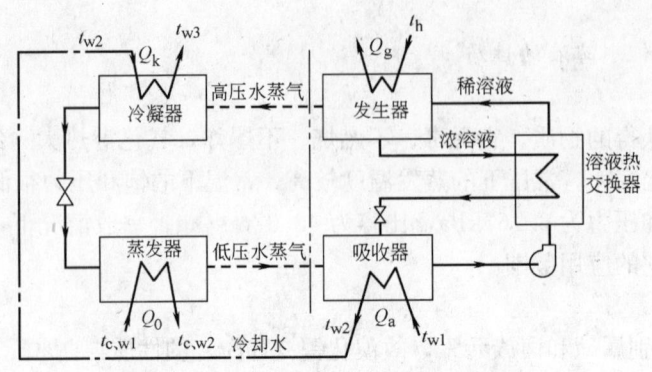

图 9-2 单效溴化锂吸收式制冷装置流程图

右侧的溶液循环，主要由发生器、吸收器、溶液泵和溶液热交换器组成。制冷剂—吸收剂稀溶液在发生器中被热媒加热而沸腾（消耗热能作为补偿），稀溶液中的制冷剂（水）受热后由液态转变为高压过热蒸汽而离开发生器，溶液中由于作为溶剂的水被汽化，因此使溶液由稀溶液转变为浓溶液；离开发生器的高温浓溶液流经溶液热交换器，与低温的稀溶液通过传热间壁换热，浓溶液放出热量后降温（预冷）；经过节流降压后进入吸收器；在吸收器中具有强吸收能力的浓溶液，吸收来自蒸发器的低压水蒸气，由于溶剂质量的增加而被稀释成稀溶液；稀溶液被溶液泵吸入并升高其压力；当它流经溶液热交换器时被浓溶液加热而升温（预热）；然后再进入发生器。溶液热交换器的作用就是让高温的浓溶液和低温的稀溶液在其中进行换热，前者被预冷后进入低温的吸收器，后者被预热后进入高温的发生器，这样可以降低发生器的加热负荷，以及吸收器的冷却负荷，相当于一个节能器，对于提高整体的效率具有一定的积极意义。

左侧的制冷剂循环，主要由冷凝器、节流阀和蒸发器组成。在发生器中汽化产生的高压过热蒸汽进入冷凝器，受到冷却介质的冷却，先冷却至饱和状态，然后液化成饱和水；当它经过节流阀时降到低压，其状态变为湿蒸汽，即少量饱和蒸汽和大部分是饱和液的两相混合流体；其中饱和状态的水在蒸发器中吸热汽化而产生冷效应，使得被冷却对象降温；蒸发器中形成的水蒸气进入吸收器再度被浓溶液吸收。

如果在图中虚设一条分界线（双点画线表示），将溴化锂吸收式制冷机和蒸气压缩式制冷机进行比较，就能显而易见地找到它们之间的共同点。分界线左侧的三个设备和蒸气压缩式制冷机中除压缩机以外的三个设备是相同的；分界线右侧的设备构成的溶液循环，正是起到了蒸气压缩式制冷机中压缩机的作用。它吸走蒸发器中产生的制冷剂蒸汽，使蒸发器中维持在低压状态，使得液态制冷剂得以在低压低温下吸热汽化而制冷；同时它又向冷凝器排出高压的过热蒸汽，使冷凝器保持在高压状态，使得汽态制冷剂得以在高温下向冷却介质放出热量而液化，所以可以这么认为，吸收式制冷机的溶液循环系统完成了蒸气压缩式制冷机中压缩机的使命，只是方式不同而已。

3.2 溴化锂吸收式制冷系统的主要设备

前面已经讲到溴化锂吸收式制冷装置实际上是由发生器、冷凝器、蒸发器、吸收器和溶液热交换器等热交换设备和若干溶液泵的组合体。这些热交换设备是装置的主体设备，从换热器的结构来看，基本上都属于壳管式换热器。溴化锂吸收式制冷机的工作压力很低，高压侧和低压侧都必须保持很高的真空度（高压侧的绝对压力约为 0.1 大气压，低压侧约为 0.01 大气压）。为了提高设备的气密性能，并且减少流体的流动阻力，尽量减少管路和控制阀门，国内外的产品均是将发生器、冷凝器、蒸发器和吸收器组装在一个、两个或三个筒体内，构成单筒型、双筒型或三筒型的结构。

单筒型机组是将高压部分的换热器发生器、冷凝器和低压部分的换热器吸收器、蒸发器安置在同一筒体内。高低压两部分之间完全隔离。在工作温度不同且有很大温差的发生器和蒸发器之间采用隔热层予以绝热，这种隔热层通常采用真空绝热或是用隔热材料绝热。

单筒型机组在同一个筒体内有几种不同的布置方式，如图 9-3 所示。

双筒型机组是将高压部分设备发生器和冷凝器安置在一个筒体内；将低压部分设备吸收器和蒸发器安置在另一个筒体内，从而形成上、下的双筒组合。它的布置方式也有几种，如图 9-4 所示。

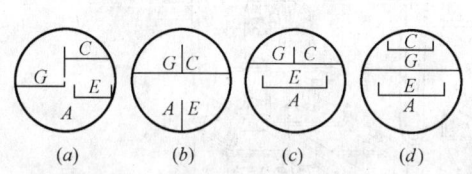

图 9-3 单筒型机组布置方式
A—吸收器；C—冷凝器；E—蒸发器；G—发生器

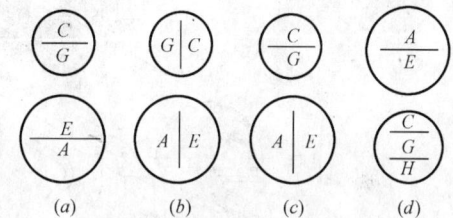

图 9-4 双筒型机组布置方式
A—吸收器；C—冷凝器；E—蒸发器；
G—发生器；H—溶液热交换器

图 9-4（a）所示为国产设备的传统型结构布置方式，与单筒型的上下布置方式基本相同。

图 9-4（b）所示为上、下筒均作左右布置。日本三洋公司的产品属于此种。

图 9-4（c）所示为上筒作上下布置，下筒作左右布置。美国开利公司的产品属于此种布置方式。

图 9-4（d）所示是一种较为特殊的布置方式，将吸收器和蒸发器置于上筒内，将冷凝器、发生器和溶液热交换器置于下筒内。日本大金公司研制的产品有这种布置方式，这种布置方式的优点在于：①低压设备吸收器和蒸发器的位置提高了，提高了液泵的抗气蚀性能；②溶液热交换器和发生器在同一筒体内相邻设置，对于提高热效率、减小流阻、防止结晶均有利；③蒸发器中产生的水蒸气进入上部的吸收器前，水滴的分离比较完全；④吸收器中的稀溶液可依靠自身重力经热交换器流入发生器，因此

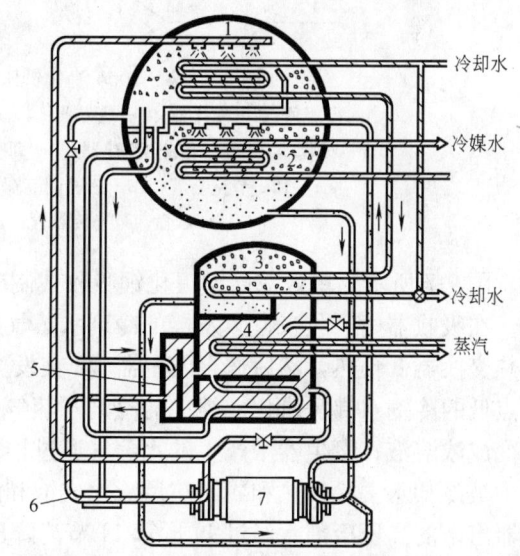

图 9-5 双筒型溴化锂制冷机布置方式
1—吸收器；2—蒸发器；3—冷凝器；4—发生器；5—溶液热交换器；6—混合喷射器；7—双联泵（溶液泵及冷剂泵）

可以省去一台发生器泵。此外当设备停机时，发生器中的浓溶液及时被稀溶液稀释，可避免结晶产生。图 9-5 所示为其布置示意图。

3.2.1 双筒型溴化锂吸收式制冷机

图 9-6 所示为 XS-1000 双筒型溴化锂吸收式制冷机的构造。上筒中放置冷凝器和发生器，下筒中放置蒸发器和吸收器，装置的底部设置溶液热交换器，并在其旁装设液泵和真空泵等辅助设备。

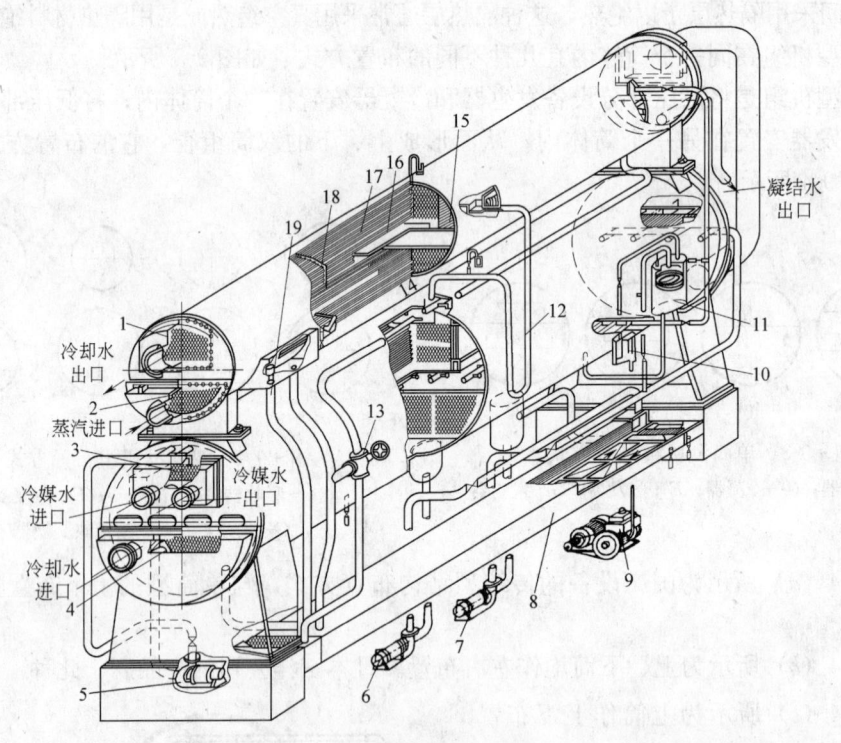

图 9-6　XS-1000 溴化锂吸收式制冷机（双筒型）

1—冷凝器；2—发生器；3—蒸发器；4—吸收器；5—蒸发器泵；6—发生器泵；
7—吸收器泵；8—溶液热交换器；9—真空泵；10—阻油器；11—冷剂分离器；
12—节流装置；13—三通调节阀；14—喷淋管；15—挡液板；
16—水盘；17—传热管；18—隔板；19—防晶管

图 9-7 所示为单效双筒型溴化锂吸收式制冷机的流程图。

在吸收器内吸收来自蒸发器的冷剂水蒸气后生成的稀溶液，由发生器泵 6 加压后经溶液热交换器 8 预热，然后送至发生器 1，被发生器中管簇内的工作蒸汽加热，将稀溶液中沸点低的冷剂水沸腾汽化成纯净的冷剂水蒸气（高压过热汽）；与此同时，稀溶液被浓缩而变成浓溶液；发生器中产生的水蒸气通过挡板（挡除液滴）后进入上部的冷凝器 2，在其中被冷却水去除过热和凝结热后液化成饱和的冷剂水，并积聚在传热管下的水盘中；冷凝器出来的高压冷剂水经过 U 形管 11 节流降压后进入蒸发器 3 的水盘；然后被蒸发器泵 5 吸入并压送到蒸发器中喷淋；冷剂水在低压下吸收传热管内冷媒水的热量而汽化成低压水蒸气，与此同时，冷媒水得以冷却，温度降低到工艺要求。

蒸发器内形成的冷剂水蒸气经过挡水板（挡除水滴）进入吸收器 4 中，被由吸收器泵

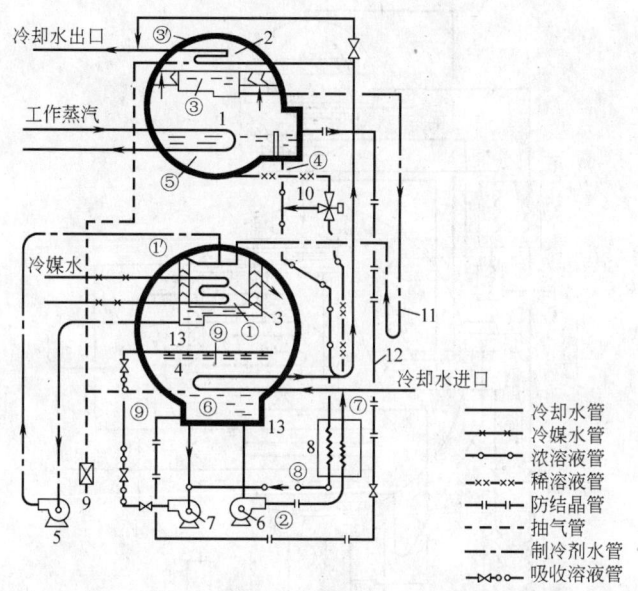

图 9-7 单效双筒型溴化锂吸收式制冷机流程图
1—发生器；2—冷凝器；3—蒸发器；4—吸收器；5—冷剂水循环泵（即蒸发器泵）；
6—发生器泵；7—吸收器泵；8—热交换器；9—抽真空装置；
10—溶液三通阀；11—"U"形管；12—防结晶管；13—液囊

7送来的中间溶液（为浓溶液和稀溶液混合而成的溶液）吸收，喷淋的中间溶液吸湿又变为稀溶液。溶液在吸收水蒸气过程中放出的吸收热则被冷却水带走。稀溶液再由发生器泵6吸入并压走。发生器中被浓缩而生成的溶液则流经溶液热交换器预冷却后流入吸收器，和稀溶液混合成中间溶液再用以吸收冷剂水蒸气。如此完成溶液循环和冷剂水循环，周而复始，循环不已。

有的吸收式制冷机不用U形管对高压冷剂水进行节流降压，而是采用节流孔口，这样可以简化机构，但对负荷变动的适应性不及U形管好。因为吸收式制冷系统必须保持真空度很高的负压状态，因此附属设备液泵均采用屏蔽泵，并要求液泵具有较高的允许吸入真空高度（NPSH）。管路上必须设置的阀门也需采用真空隔膜阀。

3.2.2 蒸汽两效溴化锂吸收式制冷机

两效溴化锂吸收式制冷机在国外是20世纪60年代中期发展起来的机种，近十年来我国也在各行业推广使用，而且发展很快，和前面介绍的单效溴化锂吸收式制冷机相比它有如下区别和优点。

两效溴化锂吸收式制冷机装有高压和低压两个发生器，在高压发生器中采用中压蒸汽（压力为0.7~1.0MPa）或燃油、燃气直燃作为热源，而产生的冷剂水蒸气又作为低压发生器的热源，这样有效地利用了冷剂水蒸气的凝结潜热，同时也减少了冷凝器的冷却水量，因此单位制冷量所需的加热量与冷却水量均可降低，机组的经济性提高，热力系数可达0.95以上。此外，用于热源和水冷却装置的投资也可以减少。

在结构上的不同点是增加了一个高压发生器和一个高温溶液热交换器。其流程如图9-8所示。高压（第一）发生器中产生的冷剂水蒸气不是直接去冷凝器，而是通往低压

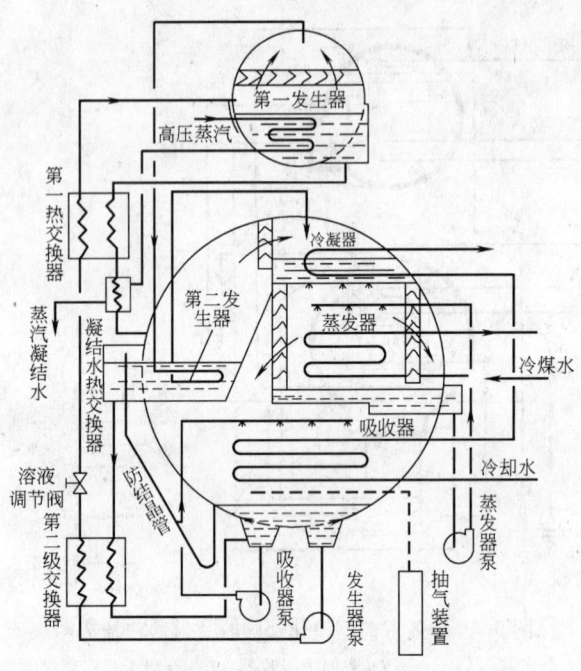

图 9-8 两效溴化锂吸收式制冷机流程图

（第二）发生器作为热源，以利用其凝结热。高压发生器内生成的浓溶液不是直接去吸收器，而是送入低压发生器再一次蒸发，继续分离出冷剂水蒸气。高压的工作蒸汽在高压发生器中放热后形成的凝水，在凝结水热交换器中用来加热浓溶液，使它的余热再度被加以利用。如此种种，使得热源热能得以充分利用，又减少了冷凝器的热负荷。

蒸汽两效溴化锂吸收式制冷机的具体工作流程是：吸收器中的稀溶液由发生器泵加压后，经过第二和第一溶液热交换器预热后进入高压（第一）发生器，被工作蒸汽加热后，产生一部分冷剂水蒸气，初步浓缩的中间浓溶液经第一溶液热交换器和凝水热交换器后进入低压（第一）发生器，被传热管中高压发生器中生成的冷剂蒸汽进一步加热浓缩，同时又再一次蒸发出冷剂水蒸气；形成的浓溶液经第二溶液热交换器预冷后进入吸收器。高压发生器产生的冷剂蒸汽在低压发生器中放热后生成的冷剂水，以及低压发生器产生的冷剂蒸汽一并经过节流降压后进入冷凝器，被冷却后形成冷剂水，由蒸发器泵输送到蒸发器中蒸发而产生冷效应。其他部分的工作流程与单效机相同，不再重复。

3.2.3 直燃型溴化锂吸收式冷热水机组

依靠燃油和燃气直接燃烧发热作为热源的直燃型溴化锂吸收式冷热水机组，是溴化锂吸收式制冷机的一种新型产品。它无需专门建造锅炉房提供蒸汽或热水作为发生器的热源，可以大大降低初投资；对于经常性的运行费，在大多数远离煤源的地区也不会提高许多；且占地少、设备系统简化、操作管理方便等优点甚多，因而使得直燃型冷热水机组已逐渐成为中央空调系统主机的主导型机种。近几年来发展很快，已较广泛地用于宾馆、会堂、商场、体育场馆、办公大楼、影剧院等无余热、废热可利用的中央空调系统。

直燃型溴化锂吸收式冷热水机组使用的燃料主要分油类（包括轻油和重油）和气类

(包括煤制气、天然气、液化气和油制气)两种,使用不同燃料的主机内部结构并无差异,只是燃烧系统所使用的燃烧机及其控制系统不完全相同。燃烧机有轻油燃烧机、重油燃烧机、气体燃烧机、油气两用燃烧机和轻油重油两用燃烧机等种类,选型时必须根据燃料的种类选用,同时必须严格按有关的规范设计。

图9-9所示为直燃型溴化锂吸收式冷热水机组的流程图。

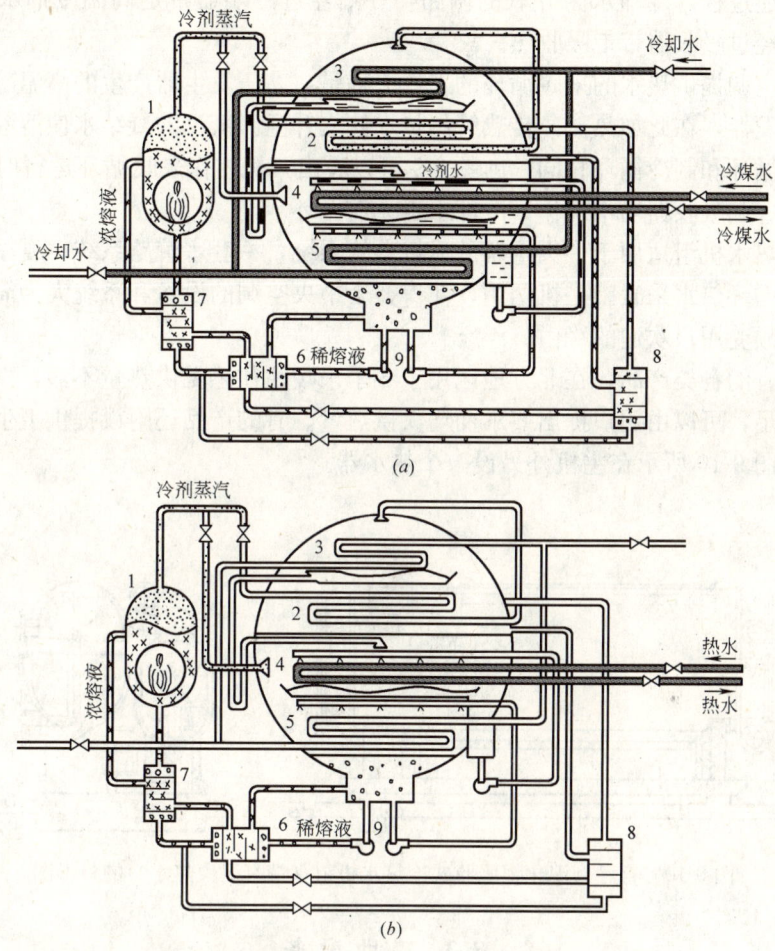

图 9-9 直燃型溴化锂吸收式冷热水机组的流程图
(a)制冷循环图;(b)采暖循环图
1—高压发生器;2—低压发生器;3—冷凝器;4—蒸发器;5—吸收器;
6—预热器;7—高温热交换器;8—低温热交换器;9—屏蔽泵

这种机组的内部结构和两效溴化锂吸收式制冷机有相似之处,但又不尽相同。主体为单筒体,上半部为冷凝器和低压发生器,下半部为蒸发器和吸收器,直燃式高压发生器单独设置在筒体外,另外设有高温热交换器、低温热交换器和预热器,同样也设有发生器泵、吸收器泵和蒸发器泵。

为夏季空调提供冷媒水的制冷循环的工作流程是:在高压发生器1中,由直燃热源提供的热能使经过两次预热的稀溶液受热而产生冷剂水蒸气,蒸汽被引入低压发生器2,用来加热来自低温热交换器8的稀溶液,发生的冷剂水蒸气一并进入冷凝器3,被冷却水冷却后凝结成饱和冷剂水，集聚在水盘中。高压的冷剂水经 U 形管降压后进入蒸发器 4 的水盘和水囊中，由蒸发器泵吸入加压后在蒸发器中喷淋，在汽化的过程中吸收冷媒水的热量而使之降温（制取低温冷媒水）。蒸发产生的低温冷剂蒸汽在吸收器 5 中被喷淋的浓溶液吸收，并使浓溶液稀释成稀溶液。吸收器底部的稀溶液被发生器泵吸入增压，在预热器 6 和高温热交换器 7 中和浓溶液换热（浓溶液被预冷，稀溶液被预热），再进入高压发生器并重复上述过程。冷却水为并联的两路，一路经过冷凝器带走高温冷剂水蒸气的冷凝热，另一路经过吸收器带走吸收热。

为冬季空调提供热水的采暖循环的工作流程是：高压发生器产生的高温冷剂水蒸气被直接引入蒸发器，在此加热流经传热管的热水使之升温。蒸汽的凝结水使溶液稀释成稀溶液。溶液的循环和制冷循环相同。由图 9-9 可以看出，机组作采暖循环运行时，低压发生器、冷凝器、和吸收器均不工作，冷却水也无需循环。

这种冷热水机组适用于中央空调的风机盘管系统，一套水管路系统，夏季循环冷媒水供冷，冬季循环热水采暖。一机两用，使得整个中央空调的设备和系统大为简化，这就是冷热水机组颇受用户欢迎的缘由。

但是现有的各类产品，在北方地区用于冬季采暖往往感觉供热量不够，生产厂为弥补这方面的不足，可以由用户提出要求而增大供热量。有的产品还附设提供卫生热水的冷热水机组，如图 9-10 所示在主机外另设一个热水器。

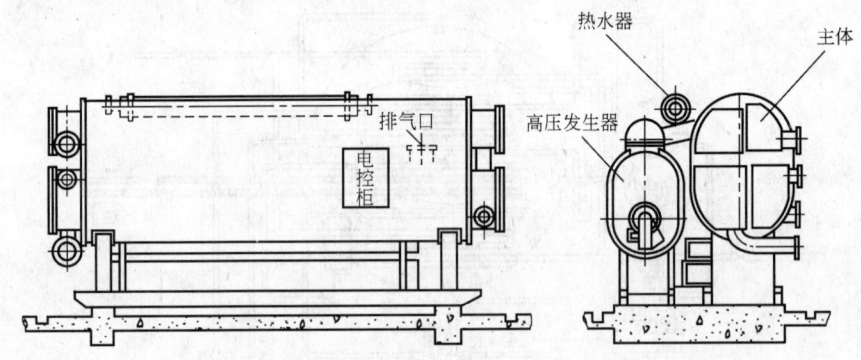

图 9-10　直燃型溴化锂吸收式冷热水机组（带有卫生热水）的外形图

3.3　辅助设备

3.3.1　抽气装置

溴化锂吸收式制冷机的工作过程是在较高的真空度下进行的，外界空气很容易渗入机器内部。不凝性气体的存在将影响管壁传热和吸收过程的正常进行，制冷量将显著减少，因此，必须及时抽除机器内的不凝性气体。

在抽除不凝性气体时，冷剂水蒸气将同不凝性气体一起被抽出。由于水蒸气在低压下的比容很大，直接影响抽除效果。同时水蒸气如长期被抽除，将改变溶液的浓度，影响机器的性能。为此，在抽气装置中设有冷剂分离器，如图 9-11 所示，从机器内抽出的不凝性气体和冷剂水蒸气一起进入冷剂分离器，冷剂水蒸气被喷淋的溴化锂溶液所吸收，不凝性气体由真空泵排出。阻油器设有阻油挡板，其作用是防止真空泵停止运动时，泵内的润滑油倒流入制冷机系统内。

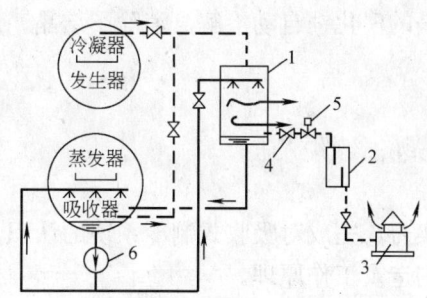 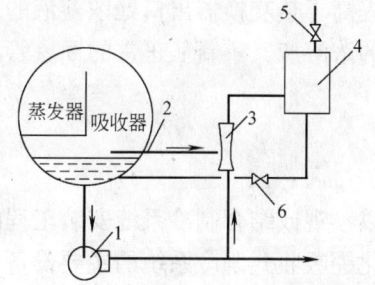

图 9-11 抽气装置
1—冷剂分离器；2—阻油器；3—真空泵；
4—手动截止阀；5—电磁阀；6—吸收器泵

图 9-12 自动抽气装置
1—溶液泵；2—抽气管；3—引射器；
4—贮气室；5—放气阀；6—回流阀

自动抽气装置如图 9-12 所示。自动抽气装置虽有多种形式，但其基本原理都是利用溶液泵排出的高压流体作为抽气动力，通过引射器抽出不凝性气体。不凝性气体随同溶液一起进入贮气室，在贮气室内与溶液分离后上升至贮气室顶部，溶液再经回流阀返回吸收器。当不凝性气体积聚到一定数量时，关闭回流阀，依靠溶液泵的压力将不凝性气体压缩到大气压力以上，然后打开放气阀，将不凝性气体排出。

自动抽气装置的抽气效率较低，抽气量较小，只能在机组正常运行时使用，在机组运行前抽真空等仍由机械真空泵抽气装置进行。

3.3.2 屏蔽泵

为了使制冷系统保持稳定的真空度，吸收器泵、发生器泵和蒸发器泵都采用结构紧凑、密封性能好的屏蔽泵。屏蔽泵是将泵的叶轮和电动机的转子装在同一根轴上，泵与电动机共用一个外壳，电机转子的外侧及定子的内侧各加上一个圆筒形的屏蔽套，使电机的绕线与溶液分开，防止溶液对转子和定子的腐蚀。屏蔽泵的结构和工作过程如图 9-13 所示，工作液体由吸入口进入，经叶轮和蜗壳升压后由出口排出，一部分液体由连接管流入电机的后部，用以冷却和润滑轴承，并通过转子和定子的屏蔽套的间隙来冷却电机，最后冷却和润滑前轴承后回到叶轮的吸入口。

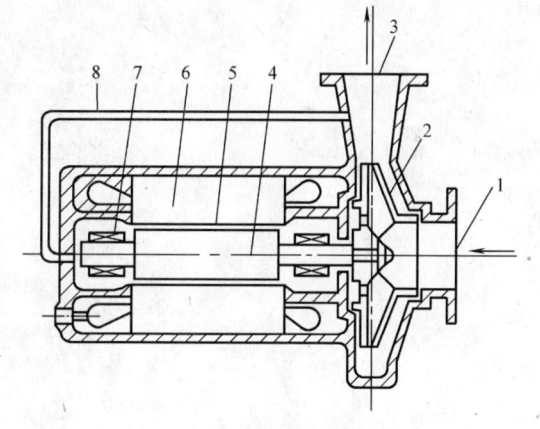

图 9-13 屏蔽泵
1—吸入口；2—叶轮；3—出口；4—转子；
5—屏蔽套；6—定子；7—轴承；8—连接管

屏蔽泵的安装位置应保证一定的灌注高度，以防止屏蔽泵发生气蚀、产生噪声和振动等。

3.3.3 自动溶晶管

在发生器出口溢流箱的上部连接一根 J 形管通入吸收器。制冷装置正常运转时，浓溶液从溢流箱的底部流出，经热交换器降温后流入吸收器。如果浓溶液在热交换器出口处因温度过低而结晶，堵塞管道使溶液不能流通，溢流箱内的液位升高。当液位高于 J 形管的上端位置时，高温的浓溶液便由 J 形管直接流入吸收器，使出吸收器的稀溶液温度升高，因而提高了热交换器出口处浓溶液的温度，使结晶的溴化锂自动溶解。消除了结晶，发生器中的浓溶液又重新从正常的回流管流入吸收器。

实 训 课 题

以参观或结合制冷系统安装工程的形式进行实习，完成对吸收式制冷系统的认识，掌握溴化锂吸收式制冷系统的主要设备与附属设备构造及工作原理。

思考题与习题

1. 叙述吸收式制冷的特点。
2. 常用的制冷剂—吸收剂工质对有哪些？
3. 叙述吸收式制冷系统的组成与工作原理。
4. 叙述直燃型溴化锂吸收式冷热水机组的工作原理。
5. 溴化锂吸收式制冷系统的附属设备有哪些？

单元 10 制冷系统施工图

知 识 点：制冷系统施工图的基本规定及识读。
教学目标：熟悉制冷系统施工图的组成，掌握识图方法，并能按图施工。

课题 1 制冷系统施工图的基本规定

1.1 制冷施工图的一般规定

对于制图的一般规定在前面已述，在此不再重复。制冷系统施工图常用图例见表10-1。

制冷系统施工图常用图例　　　　　　　　表 10-1

图 例		图 例	
—L$_1$—	冷冻水供水管	▷◁	内螺纹柱塞阀
—L$_2$—	冷冻水回水管	—⩘—	止回阀
—LR$_1$—	冷温水供水管	▶◀	法兰柱塞阀
—LR$_2$—	冷温水回水管	—⨂—	电动调节阀
—L$_3$—	冷却水供水管	⎕	温度传感器
—L$_4$—	冷却水回水管	—⊗—	压力传感器
—R$_1$—	锅炉供水管	⊢	法兰堵头
—R$_2$—	锅炉回水管	⌀	压力表
—R$_3$—	温水供水管	⊓	温度计
—R$_4$—	温水回水管	—▷—	过滤器
—S—	自来水管	⑦	电接点压力表
—P—	膨胀管	—◯—	可挠性接头

1.2 制冷系统平面图与剖面图

空调用制冷设备可分为集中式配套制冷设备、整体组装式制冷设备和分离组装式制冷设备等三种。第一种也称散装制冷设备，它是将各种设备（压缩机、冷凝器、蒸发器及其辅助设备）做成单体安装的形式。第二种是将全部设备配套组装在一起，成为一个整体。第三种是将部分设备配套组装在一起，成为一个整体。第二种和第三种均称为制冷机组。如将压缩机、冷凝器等组装成一个整体，称它为压缩冷凝机组，可为各种类型的蒸发器连续供应液态制冷剂。如将压缩机、冷凝器、冷水用蒸发器以及自动控制元件等组装成一个整体，成为冷水机组，用来专门为空调箱或其他工艺过程提供不同温度的冷水。制冷机组结构紧凑，使用灵活，管理方便，安装简单，占地面积小，往往只需连接水源和电源即可运行投产。因而制冷机组特别是冷水机组在高层建筑中广泛应用。因此在这里我们只介绍空调用制冷系统施工图，它由制冷系统流程图、平面图、剖面图、系统轴侧图、详图等组成。

1.2.1 系统平面图

制冷系统平面图主要反映制冷设备、管道及附件等的平面位置以及相互之间的关系。在平面图上表明制冷设备的形式、型号与数量。

1.2.2 系统剖面图

剖面图主要是表明制冷设备和管道的立面布置。图中应表明：设备的立面形状、高度、标高、接口标高、接口方向、设备之间的间距及设备与建筑物之间的定位尺寸；管道的立面布置、管道和阀门的标高、坡度、坡向。

1.2.3 系统图

系统图是将整个管路和设备完整系统地表示在一张图上。在系统图上表明：管路系统的立体走向及各设备之间的管道直径、管道标高、坡度和坡向；每个具体设备接管的位置、方向、数量、管径等；管路上阀门的设置、阀门的型号规格、标高、进出方向等；设备和管路上仪表的种类、型号、位置、安装高度、安装方向以及与设备的连接情况。

1.2.4 系统详图

制冷系统施工图中的详图主要是节点详图、管道支架图及有关的非标准设备制作图。

课题2 制冷系统施工图识图举例

识读施工图，必须首先弄清楚制冷系统的工作原理、系统组成及各设备的作用。制冷系统流程图主要反映空调用制冷系统的工艺流程。它是进行设备布置和管道布置的依据，是识读平、剖面图的依据，是施工中检查核对管道是否正确和确定介质流向的依据，所以识图一般从流程图开始。图10-1~图10-7是一空调用的制冷系统图，冬季空调用热水系统包含在内。

由图10-1可以看出：该系统由两台制冷机组并联组成。制冷系统由冷冻水和冷却水组成。冷冻水系统：由冷水机组出来的冷冻水通过管道送到分水器分别供餐饮会议区、娱乐区公共场所和客房空调供水，到这些地区负担完负荷后分别又回到集水器，又从集水器通过循环泵回到冷水机组，在冷水机组里热量被蒸发器吸收后又可以到分水器供各地区空调使用，如此循环。冷却水系统：从冷水机组出来的冷却水通过冷却水泵提供动力把冷却水送到冷却塔散发完热量后又继续回来冷却冷水机组中的冷凝器，吸收热量后又通过冷却

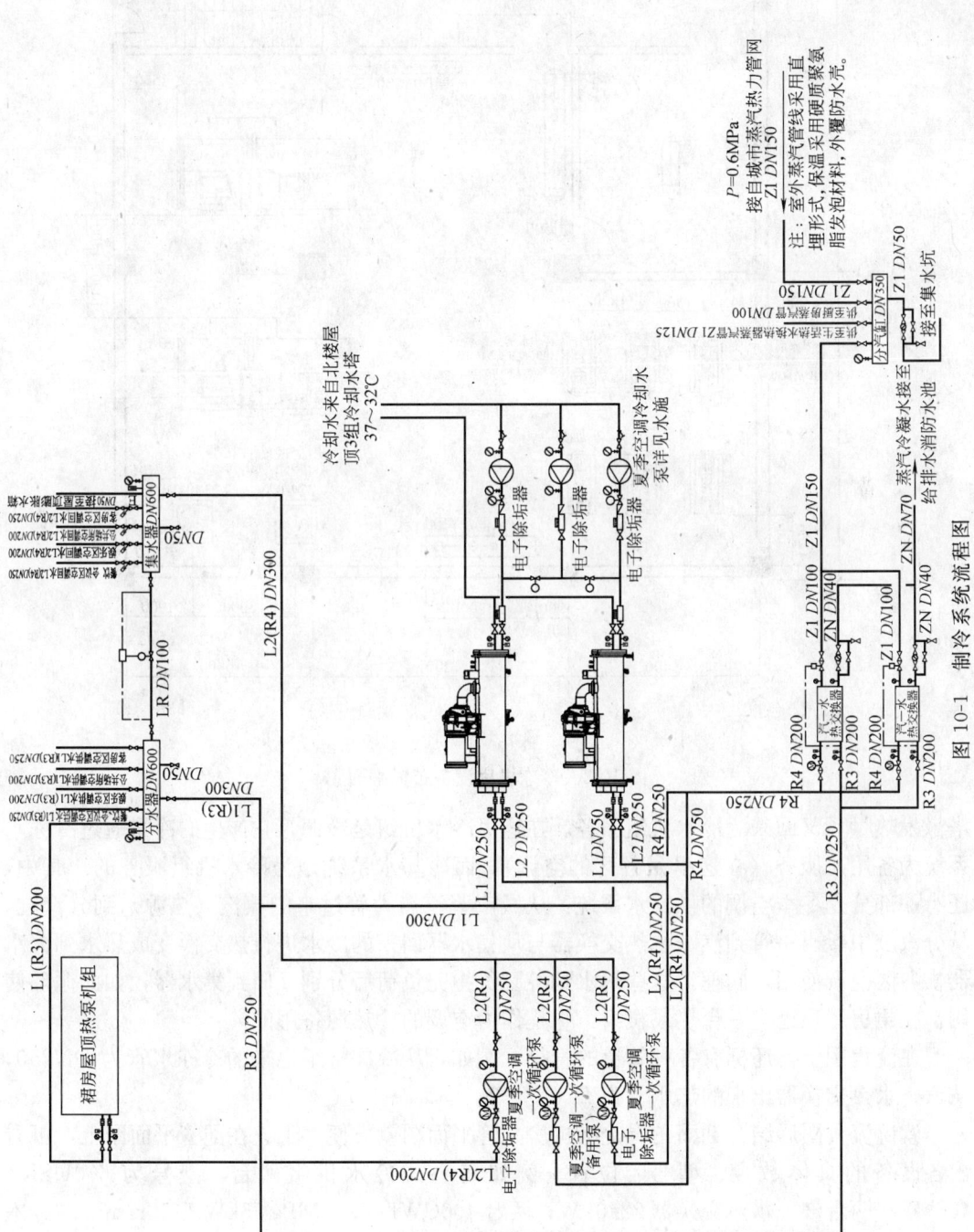

图 10-1 制冷系统流程图

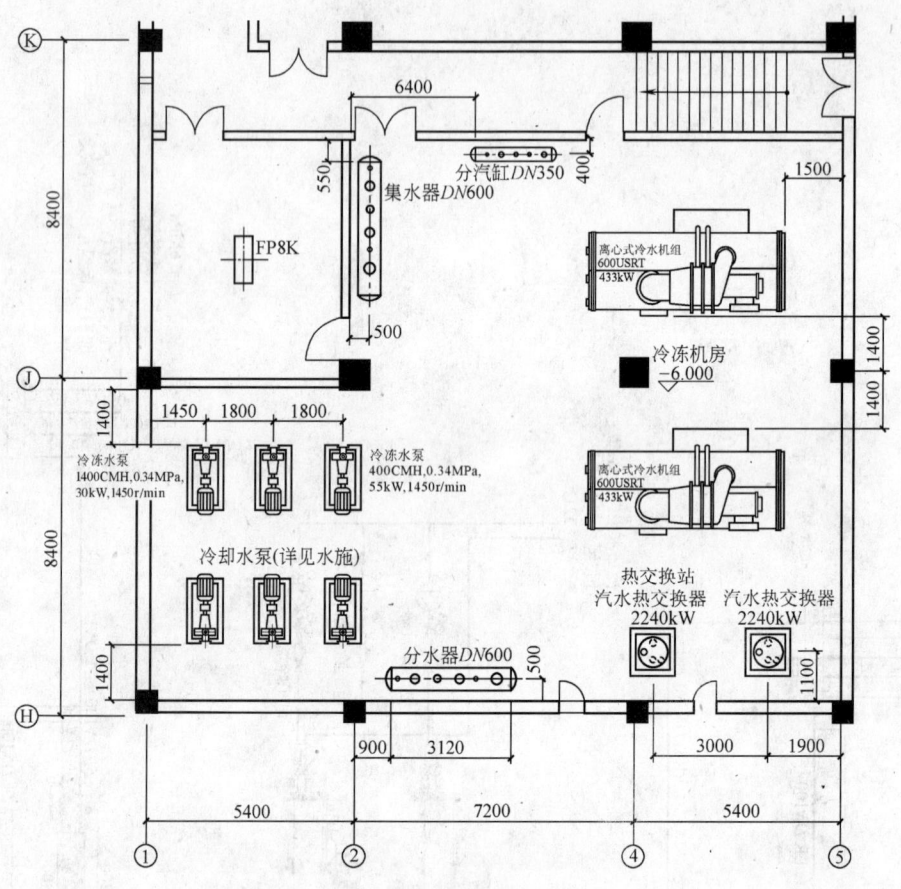

图 10-2 冷冻机房设备布置平面图

塔散发热量后又回来为冷水机组服务。在这里冷水机组是冷源，它产生的冷量通过冷冻水系统为各用户服务（在这里是各区的空调），而冷却水系统是为冷水机组服务的。其中，还有一部分是冬季空调的供回水系统：从城市蒸汽热力管过来的蒸汽（热源）到分汽缸，从分汽缸中接出一管到汽—水热交换器与从集水器回来的冷水进行热交换变成热水到分水器供各区空调使用，同理，这些热水到各区负担完负荷后分别又回到集水器，如此循环使用。在裙房屋顶还有一台热泵机组，它是作为空调的冷热源备用的。

在流程图上，还标有各种管道的管径，例如，从冷冻机组出来的冷冻水管为 $DN250$，从汽—水热交换器出来的热水管为 $DN200$ 等。

读懂流程图后结合剖面图看冷冻机房配管平面图就方便多了。在配管平面图上，可看出各设备的具体数量、型号、位置。例如离心式冷水机组两台，型号为 600USRT 433kW；两台汽—水热交换器 2240kW；两台 400CWH 0.34MPa 55kW 1450r/min 的冷冻水泵（一用一备），另一台 140CWH0.34MPa 30kW 1450r/min 的冷冻水泵是在热泵机组启用时用；分水器 $DN600$ 一台；集水器 $DN600$ 一台。为使图面更清楚，各设备的位置在冷冻机房设备平面布置图上都有标注。例如，冷水机组距右墙 1500mm，距柱 1400mm；分汽缸距墙 400mm，另一面距墙 6400mm，其余不再详述。

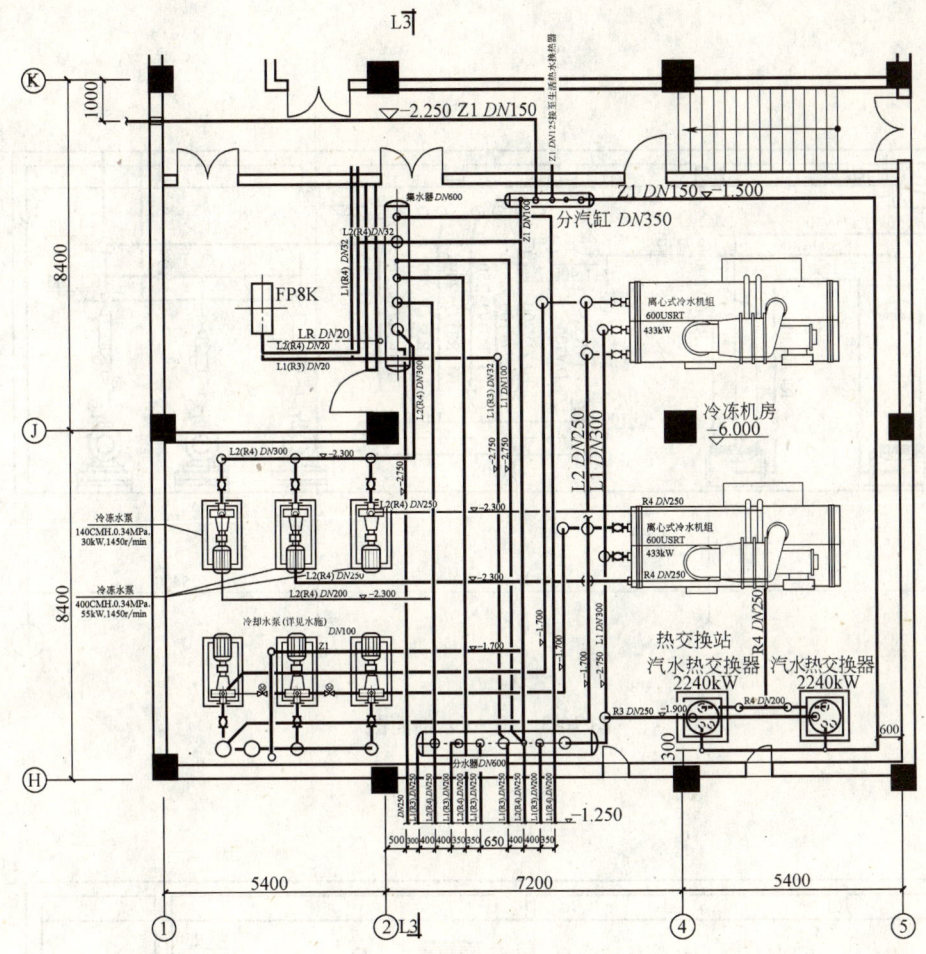

图 10-3 冷冻机房配管平面图

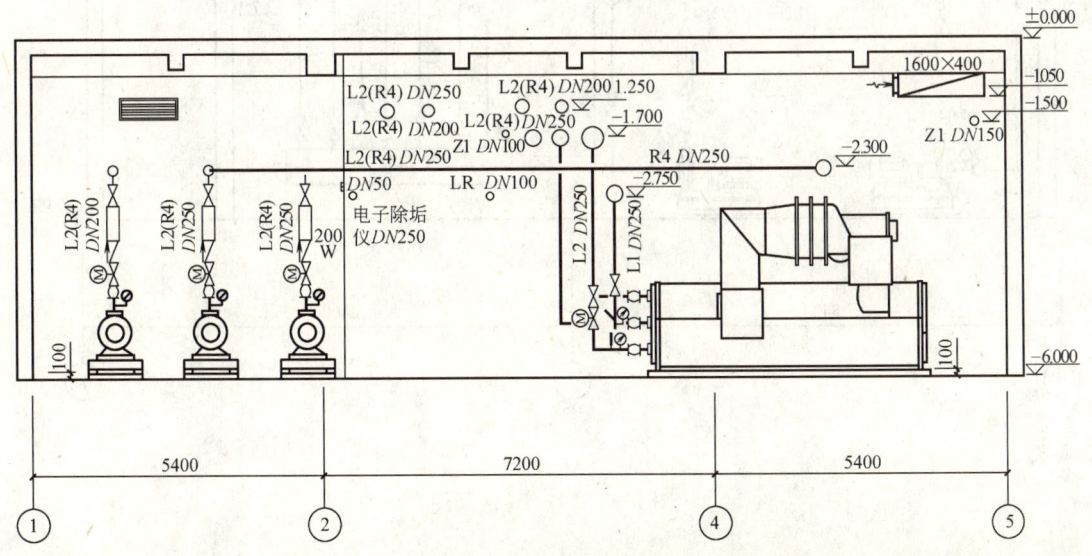

图 10-4 $L_1—L_1$ 剖面图

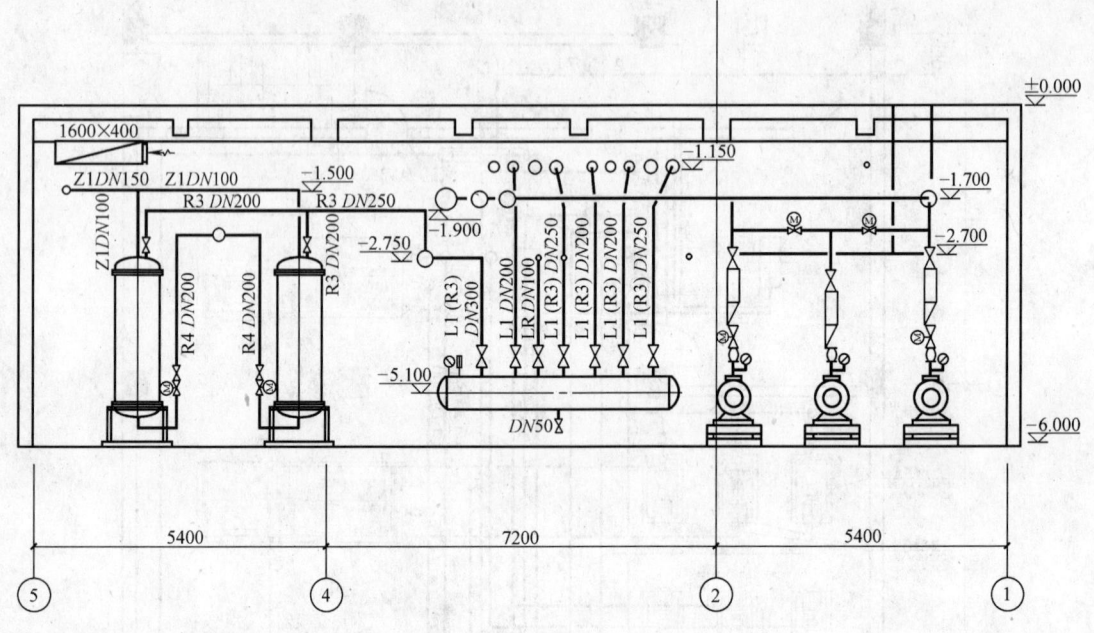

图 10-5 　L_2—L_2 剖面图

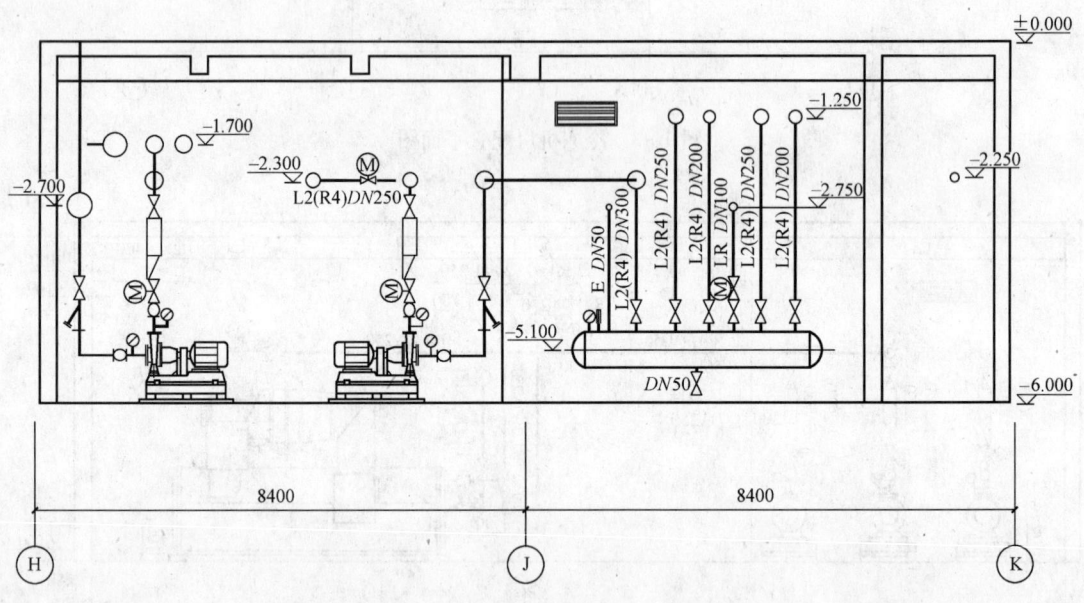

图 10-6 　L_3—L_3 剖面图

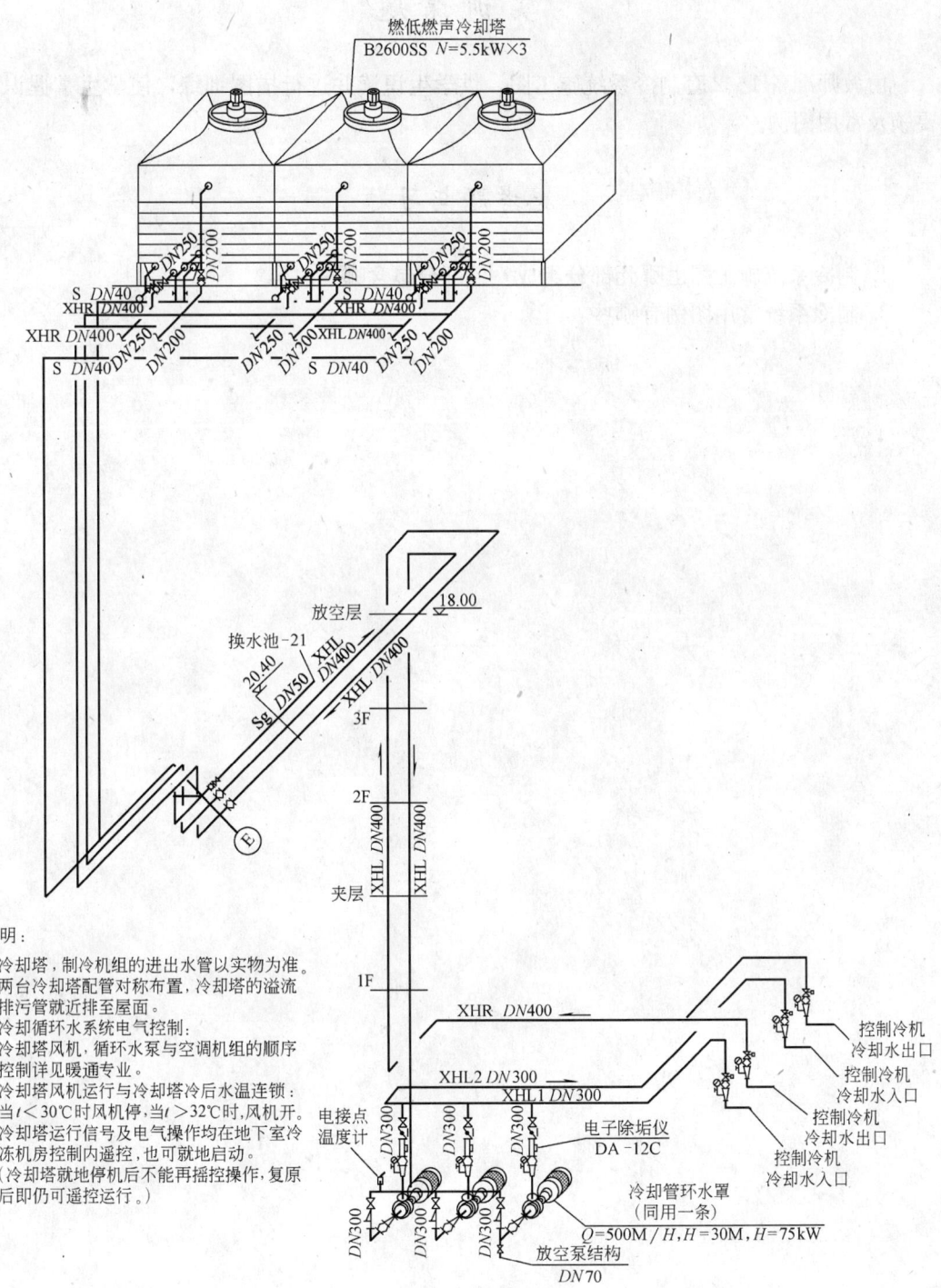

图 10-7 冷却循环水系统图

实训课题

由教师准备1~2套制冷系统施工图,供学生识读并进行描图训练,使学生掌握识图要领及常用图例。

思考题与习题

1. 制冷系统施工图由哪几部分组成?各部分包含哪些内容?
2. 制冷系统常用图例有哪些?

单元 11 制冷系统的安装调试与验收

知 识 点：制冷系统的布置及敷设，冷水机组的安装，其他设备及管道的安装，制冷系统的试运行，制冷系统竣工验收。

教学目标：了解制冷系统设备及管道的布置及敷设要求、制冷系统的竣工验收；掌握制冷系统设备及管道的安装、制冷系统的调试。

制冷系统是空调系统的重要组成部分，其安装调试工作对空调系统正常运行具有重要意义。安装质量好坏，对装置运行性能和操作维修是否方便具有长期的影响。安装时，必须注意施工的各个环节，严格按照有关规范及产品说明书中的技术要求施工，确保工程质量。

制冷系统安装的操作过程如下：

设备基础验收——→设备开箱检验——→设备吊装搬运——→基础放线——→设备找标高找平对正——→设备安装（压缩机、冷凝器、贮液器、蒸发器、油分离器等辅助设备）——→制冷管道、阀门连接与安装——→单机试运转——→系统试运转。

课题 1 制冷系统的布置及敷设

1.1 制冷机房设备的布置

设置制冷装置的建筑称为制冷机房。制冷机房高度不低于 3.6～4.0m，每小时不少于 3 次换气的自然通风，氨制冷机房还应有每小时不少于 7 次换气的事故通风设备。制冷机房内制冷设备的布置必须符合制冷工艺流程，流向应通畅、连接管路要短、便于安装和操作管理，并应留有适当的设备部件拆卸检修所占用的面积。尽可能地使设备安装紧凑，并充分利用机房的空间，以节约建筑面积，降低建筑费用。制冷机房的主要操作通道宽度，应视机器的型号而定，但必须满足设备运输和安装方面的要求。通常情况下，由压缩机的突出部位到配电盘的通道宽度取 1.5～2.0m。制冷压缩机间的非主要通道宽度可取 0.8～1.0m。两台以上的制冷压缩机间，机器或机组突出部位之间的距离应视制冷机的结构形式而定。一般情况下可取 1.0～1.5m。

制冷机房内采用大、中型制冷机时，应考虑设置检修用的起重吊钩或吊环。视制冷设备的具体情况，在必要的条件下亦可设置起重机。起重机的起重能力，可按制冷机的活塞或某重要零部件确定。起重机的形式，应视厂房和制冷设备的具体情况确定。需要吊装的设备应布置在起重机吊钩的工作范围之内。

1.1.1 制冷压缩机的布置

（1）制冷机房内布置的制冷压缩机，一般不少于两台，多则不宜超过六台。但对大型制冷机房，则可按具体情况处理。如允许制冷压缩机停机修理而不影响生产工艺的情况下，也可安装单台制冷压缩机。

（2）考虑到维修、运行和管理上的方便，多台机组布置的制冷机型号应尽量统一。

（3）制冷压缩机的所有压力表、温度计和其他仪表，均应设置在便于观察的地方，通常情况下，应使其面向主要操作通道，高度宜设置在1.5m以下，超过此高度时，应在制冷压缩机旁设置便于操作的台阶。

（4）制冷压缩机的主轴拔出端，应留有足够的空间，以便检修时装卸主轴。

（5）制冷机房内有多台制冷压缩机时，应将其布置成对称或有规律的形式，使设备布置紧凑，节省建筑面积，易于形成主要操作面，便于操作运行和维护管理，使设备整齐美观。

（6）制冷压缩机的基础，除工艺上有特殊要求外，一般均采用混凝土基础。

1.1.2 冷凝器的布置

（1）立式冷凝器一般情况下均安装在室外，其距离外墙不宜超过5m。对于夏季通风温度高于32℃的地区，在室外安装时应设置有遮阳设施。

（2）立式冷凝器应装设操作平台，便于安放、调整分水器和清除污垢等用。选用材料可就地取材，一般情况下可做成钢结构的。

（3）立式冷凝器底部的水池，通常做成钢筋混凝土形式。为了便于检查冷却水的分布状况，常将水池做成敞开式的，并在水池壁上的适当位置开设观察孔洞。

（4）卧式或分组式冷凝器，一般情况下均安装在室内，也可以安装在室外。布置在室外时，应设置遮阳设施，防止阳光直射；布置在室内时，其安装位置必须考虑到检修时留有能抽出管束的间距，以备更换管件之用。如其一端可对准门或窗，则可通过门窗更换管件。在冷凝器两端必须留有装卸其顶盖的场地。

（5）淋水式冷凝器均应布置在室外。应尽量使其排管垂直于该地区夏季的主导风向。

（6）蒸发式冷凝器一般情况下，均将其布置在制冷机房的屋顶上，也有将其布置在室内的，无论置于何处，都应使蒸发式冷凝器的位置高于贮液器的最高点，以保证被冷却后的液态制冷剂能通畅地流入贮液器中。

（7）机房内布置两台以上冷凝器时，其相邻通道应有0.8～1.0m的宽度。其外壁与墙的距离不应小于0.3m。在其底部应设置连通管道，且在各台冷凝器的接管上应设有截止阀。

（8）冷凝器上必须设有安全阀和压力表。

1.1.3 蒸发器的布置

（1）蒸发器的位置应尽可能靠近制冷压缩机，以缩短吸气管道，减少压力降，确保制冷系统良好运转。

（2）立管式或螺旋盘管式蒸发器通常布置在机房内，也可布置在机房外。布置在室内时，可令其一长边靠墙，距墙留有不小于200mm的空隙作为绝热防潮层；其两端距墙应留有不小于1200mm宽的操作场地。布置在室外时，必须设有良好的防雨设施。

（3）机房内布置两台以上立管式或螺旋盘管式蒸发器时，最好将其并列在一起布置，在两台设备中间只做单台厚度的绝热层。

（4）立管式或螺旋盘管式蒸发器的基础，通常均以混凝土做成，其高度可取100～150mm。在蒸发器水箱的底部应垫有尺寸为200mm×200mm经过防腐处理的方木梁数根，使其均匀分布，对其余空隙则填以绝热材料，或采取其他形式的防冻措施。

（5）为便于操作管理和维护，在立管式或螺旋盘管式蒸发器上应装有自动控制液面高度的控制器或浮球阀。在蒸发器或蒸发器组的适当位置还应当设置扶梯。

（6）卧式蒸发器一般情况下均布置在室内。对其要求基本上与卧式冷凝器相同。蒸发器的工作温度低，为了防止产生"冷桥"，应在其底脚下部垫经过防腐处理的50mm厚的木块，或采取其他形式的绝热措施。

1.1.4 过冷器的布置

（1）过冷器通常布置在冷凝器与贮液器之间，并应使其靠贮液器。

（2）过冷器布置在室外时，应严防太阳直射，最好将其布置在厂房阴凉的一面，或设置遮阳设施。

（3）在过冷器最低点必须设置放水阀门，以免在冬季停止运行时冻裂设备。

（4）过冷器上应设置冷却水的进、排水管的温度测量点。

1.1.5 高压贮液器的布置

（1）高压贮液器应设置在冷凝器附近，其标高必须保证冷凝器的液态制冷剂能借助其液位高差流入贮液器内。

（2）若将高压贮液器布置在室外时，必须防止太阳直接照射，应设有遮阳设施。

（3）布置两台以上高压贮液器时，其相邻通道应有0.8~1.0m的宽度。并应在其底部及顶部设均压管并相互连接，在各容器的均压管上应装设截止阀。

（4）高压贮液器上必须设置压力表、安全阀，并应在显著位置装设液面指示器。

1.1.6 油分离器的布置

（1）油分离器布置在室内、外均可。但通常将制冷压缩机总产冷量大于233kW，不带自动回油装置的油分离器设置在室外，系统中如采用卧式冷凝器时，则可不受此限。

（2）洗涤式油分离器，进液口必须比冷凝器的出液口低200~250mm。进液管应从冷凝器出液管的底部接出。

1.1.7 载冷剂系统的布置

（1）载冷剂系统的设备在一般情况下均布置在制冷机房之内。考虑到扩建时的方便常将其布置在制冷机房的固定端。

（2）当制冷机房和用户在同一厂房内时，应将载冷剂系统的设备布置在制冷机房和用户之间。

（3）当用户设备安装在地平面上，且采用敞开式系统时，载冷剂系统的设备应考虑载冷剂回流位差，使载冷剂能借助其重力沿流向坡度流回载冷剂贮液器内。

（4）载冷剂系统通常是在低于室温的情况下工作的，因此载冷剂系统的全部设备和管道均要进行绝热。在布置设备和管道时，要考虑绝热工程的施工、维护和检修所需的场地。

（5）泵的位置要考虑检修时的方便，并使泵从贮液器吸取液体的管道直而短。若制冷机房内装有起重设备时，应将泵布置在起重设备的工作范围之内，以便于维修。

1.2 制冷系统管道的布置

1.2.1 制冷剂管道布置的基本原则

制冷剂管道的布置要考虑下列基本原则：

(1) 制冷剂管道必须符合工艺流程的流向，便于操作、维修，运行安全可靠。

(2) 配管应尽量短而直，以减少系统制冷剂的充注量及系统的压力降。

(3) 防止液态制冷剂进入制冷压缩机；防止润滑油积聚在制冷系统的其他无关部位；防止制冷压缩机曲轴箱内缺少润滑油，保证蒸发器供液充分、均匀。

(4) 保证管道与设备、围护结构之间的合理间距，并尽可能集中沿墙、柱、梁布置，便于固定和减少支架。

1.2.2 氟利昂管道的布置原则

氟利昂制冷剂的主要特点是与润滑油互相溶解，因此，必须保证从每台制冷压缩机带出的润滑油在经过冷凝器、蒸发器和一系列设备、管道之后，能全部回到制冷压缩机的曲轴箱里。

(1) 吸气管

1) 为使润滑油能从蒸发器不断流回压缩机，压缩机的吸气管应有坡向压缩机的不小于 0.01 的坡度，如图 11-1 (a) 所示。

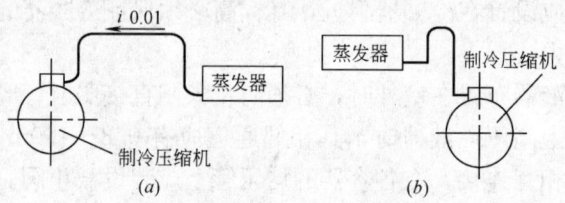

图 11-1　氟利昂压缩机的吸气管

2) 当蒸发器高于制冷压缩机时，为防止停机时液态制冷剂流回压缩机，避免再启动制冷压缩机时发生液击，蒸发器回气管应先向上弯曲至蒸发器的最高点，再向下通至压缩机，如图 11-1 (b) 所示。

3) 氟利昂压缩机并联运转时，回到每台制冷压缩机的润滑油不一定和从该台压缩机带走的润滑油量相等，因此，必须在曲轴箱上装有均压管和油平衡管（图 11-2），使回油较多的制冷压缩机曲轴箱里的油通过油平衡管流入回油较少的压缩机中。

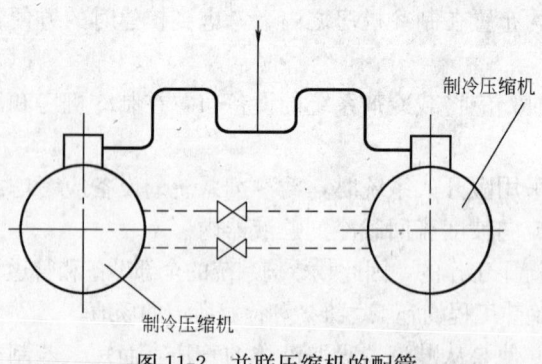

图 11-2　并联压缩机的配管

并联的氟利昂压缩机为了防止润滑油进入未工作的压缩机吸入口，压缩机的吸气管应按图 11-2 安装。

4) 上升吸气立管的氟利昂气体必须具有一定的流速，才能把润滑油带回压缩机内。R12 和 R22 上升吸气立管需要的带油最低流速可从图 11-3 查得。

5) 在变负荷工作的系统中，为保证低负荷时也能回油，管径需要选用得很小。为避免全负荷时吸气管道的压力降太大，可用两根上升立管，两管之间用一个集油弯头连接，如图 11-4 所示。

在全负荷运行时，两根立管同时使用，两管截面之和应能保证管内制冷剂流速具有带油速度，同时又不产生过大压力降。两根立管中的一根 A，应按可能出现的最低负荷选择

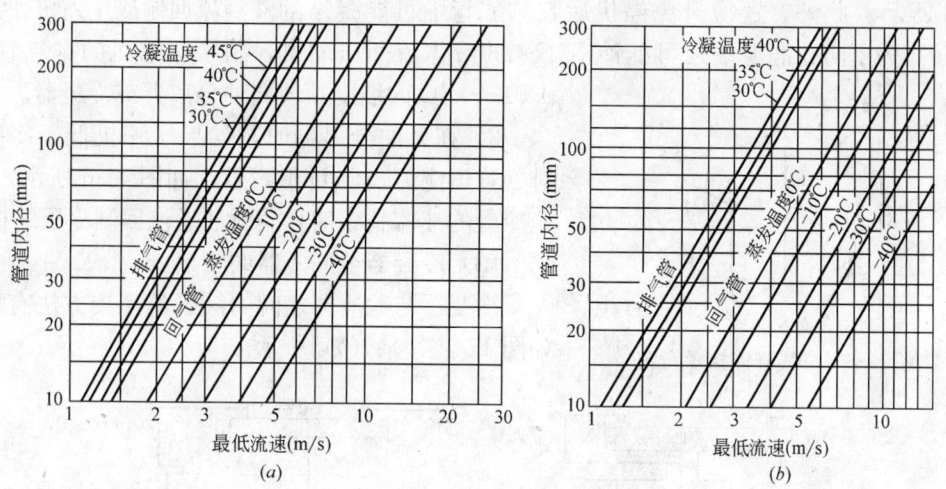

图 11-3 氟利昂上升立管的最低带油速度
(a) R12 上升立管的最低带油速度　(b) R22 上升立管的最低带油速度

管径。在低负荷时，起初是两根立管同时使用，由于管内蒸气流速低，润滑油逐渐积聚在弯头内，直至将弯头封住，于是只剩一根立管 A 工作，管内流速提高，保证低负荷时能回油。在恢复全负荷运行后，由于管内蒸气流速增大，润滑油从弯头中排出，使两根立管同时工作。为避免单管工作时可能不断地有油进入不工作的立管中，制作时两根管子均应从上部与水平管相接。

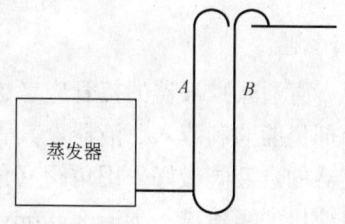

图 11-4 双上升吸气管

6) 多组蒸发器的回气支管接至同一吸气总管时，应根据蒸发器与制冷压缩机的相对位置采取不同的方法处理，如图 11-5 所示。

(2) 排气管

制冷压缩机排气管的设计也应考虑带油问题，氟利昂排气管的最低带油速度如图

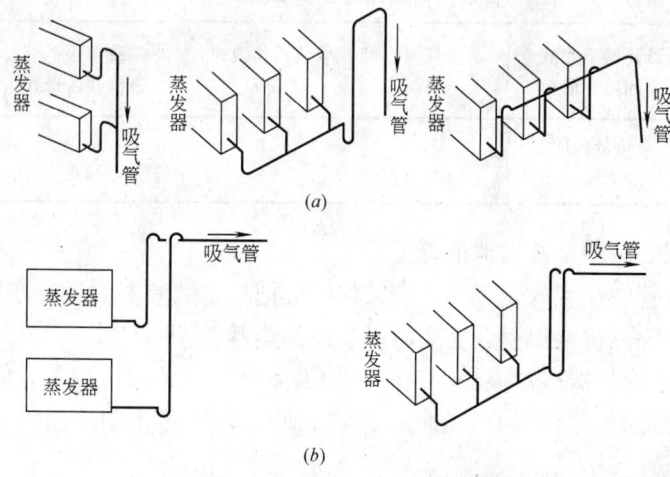

图 11-5 回气管道连接示意图
(a) 蒸发器高于制冷压缩机；(b) 蒸发器低于制冷压缩机

11-3所示。此外，还应避免停机后在排气管中可能凝结的液滴流回制冷压缩机。

1) 为了防止润滑油或可能冷凝下来的液体流回压缩机，制冷压缩机的排气管应有0.01～0.02的坡度，坡向油分离器或冷凝器。

2) 在无油分离器时，如果压缩机低于冷凝器，排气管道应为一个U形弯管，如图11-6所示，以防止冷凝的液体制冷剂和润滑油返流回制冷压缩机。

(3) 冷凝器至贮液器的管道

冷凝器与贮液器之间的液管的连接方法有两种，如图11-7(a)、(b)所示。

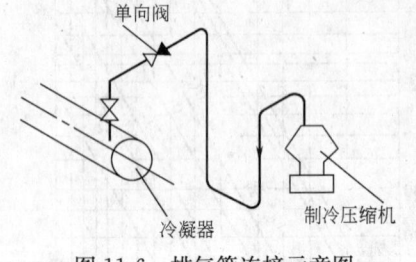

图11-6 排气管连接示意图

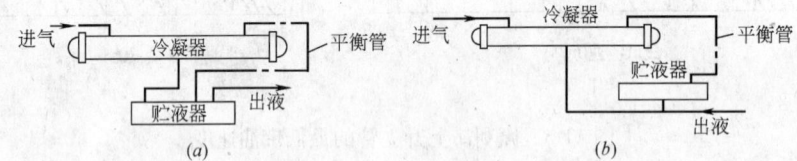

图11-7 冷凝器与贮液器间液管的连接方法
(a) 直通式；(b) 波动式

直通式贮液器的接管应考虑在贮液器内有气体反向流入冷凝器时，冷凝器内的液体制冷剂仍能顺利流入贮液器，其管径大小按满负荷运行时液体流速不大于0.5m/s选择。贮液器的进液阀最好采用角阀（角阀阻力较小）。贮液器应低于冷凝器，角阀中心与冷凝器出液口的距离应不少于200mm。

波动式贮液器的顶部有一平衡管与冷凝器顶部连通，液体制冷剂从贮液器底部进出，以调节和稳定制冷剂循环量。从冷凝器出来的液体制冷剂，可以不经过贮液器直接通过供液管到达膨胀阀。冷凝器与波动式储液器的高差应大于300mm。最大负荷时液体制冷剂在管道中的流速及冷凝器液体出口至贮液器液面的必要高差 H 值见表11-1。

管道内的液体流速和高度 H 值　　　　　　表11-1

管内液体流速 (m/s)	冷凝器至贮液器间接管形式	H (mm)	管内液体流速 (m/s)	冷凝器至贮液器间接管形式	H (mm)
0.5	球阀或角阀	350	0.8	角阀	400
0.5～0.8	无阀	350	0.8	球阀	700

(4) 冷凝器或贮液器至蒸发器的管道

为避免在供液管中产生闪发气体，有条件时应把来自贮液器的供液管与压缩机的吸气管贴在一起，并用隔热材料保温，必要时可装设回热器。

1) 蒸发器位于冷凝器或贮液器下面时，如供液管上不装设电磁阀，则液体管道应设有倒U形液封，其高度应不小于2m，如图11-8所示，以防止制冷压缩机停止运行时液体继续流向蒸发器。

2) 多台不同高度的蒸发器位于冷凝器或贮液器上面时，为了避免可能形成的闪发气体都进入最高的一个蒸发器，应按图11-9所示的方法接管。

3）直接蒸发式空气冷却器的空气流动方向应使热空气与蒸发器出口排管首先接触，如图 11-10 所示。

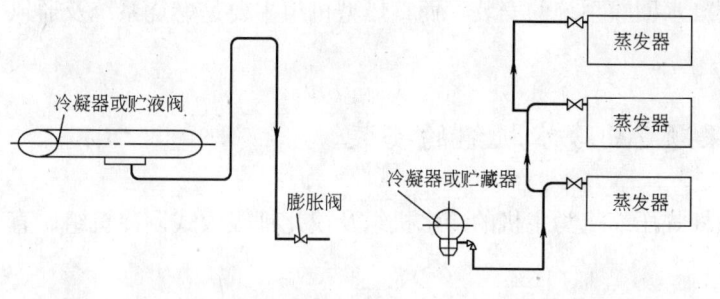
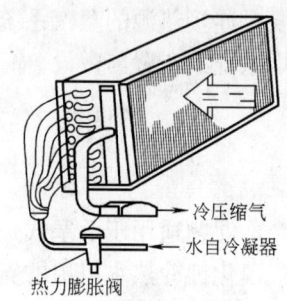

图 11-8　液管连接示意　　　图 11-9　不同高度蒸发器的　　　图 11-10　直接蒸发式空气
　　　　　　　　　　　　　　　　供液管连接示意图　　　　　　　冷却器的接管示意图

1.2.3　氨管道的布置原则

氨在润滑油中几乎是不溶解的，润滑油的密度大于氨的密度，进入制冷系统的润滑油就会积存在制冷设备的底部。因此，在氨制冷系统中，应设置氨液分离器，并在可能集油的设备底部装设放油阀，制冷系统中应设有放油装置。

（1）吸气管

为防止氨液滴进入制冷压缩机，氨压缩机的吸气管应有不小于 0.005 的坡度，坡向蒸发器。

（2）排气管

1）为防止润滑油和冷凝氨液流向制冷压缩机，压缩机的排气管道应有 0.01 的坡度，坡向氨液分离器。

2）并联制冷压缩机的排气管上宜装设止回阀，以防止一台压缩机工作时，在未工作的压缩机出口处积存较多的冷凝氨液和润滑油，重新启动时产生液击。

（3）冷凝器至贮液器的连接管道

1）冷凝器至贮液器的液体管道应有 0.001～0.005 的坡度，坡向贮液器。

2）贮液器与冷凝器出液口之间的高差应保证液体靠重力流入贮液器。

3）多台冷凝器并联时，应设有压力平衡管。为了检修方便，平衡管上应装有截止阀，如图 11-11 所示。

（4）贮液器至蒸发器的连接管道贮液器至蒸发器的液体管道可直接经手动膨胀阀接至蒸发器。节流机构采用浮球阀时，其接管应考虑正常运转时，氨液能通过过滤器、浮球阀进入蒸发器。在检修浮球阀或清洗过滤器时，氨液由旁通管经手动膨胀阀降压后进入蒸发器。

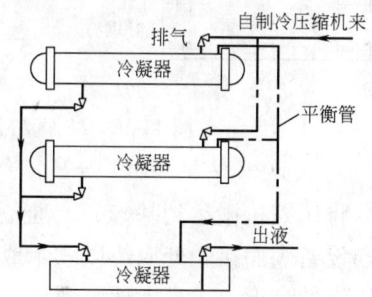

图 11-11　并联冷凝器的接管示意图

（5）放油管及安全阀的接管

1）所有可能积存润滑油的制冷设备底部都应设放油接头和放油阀，并接至集油器。

2）冷凝器、贮液器等设备上应装设安全阀和压力表。如在安全阀接管上装设截止阀时，必须装在安全阀之前，呈开启状态并加以铅封。

1.2.4 吸收式制冷系统管道布置与敷设

吸收式制冷机一般整装出厂，其管道系统的布置与敷设内容为水汽系统。蒸汽型机组主要是连接热源的蒸汽系统及凝水回收系统的安装，而直燃型机组主要是燃烧系统及通风排烟系统的布置与敷设。

课题 2　冷水机组的安装

本课题适用于活塞式、螺杆式压缩机为主机的冷水机组及溴化锂吸收式制冷机组、直燃式溴化锂冷热水机组的安装。

2.1　活塞式制冷机组安装

2.1.1　活塞式制冷机主体设备安装

制冷机安装在混凝土基础上，为了防止振动和噪声通过基础和建筑结构传入室内，影响周围环境，应设置减振基础或在机器的底脚下垫以隔振垫，如图11-12所示。

活塞式制冷压缩机的安装步骤如下：

1) 安装前，先在浇筑好的基础面上，按照图样要求的尺寸，画出压缩机的纵横中心线、地脚螺孔中心线及设备底座边缘线等，如图11-13所示。并在螺栓孔两旁放置垫铁，在放置垫铁之前，先将基础面处打磨平整，并在垫铁之外的基础面上打凿小坑，使二次浇筑层结合牢固，清除预留孔的脏物。

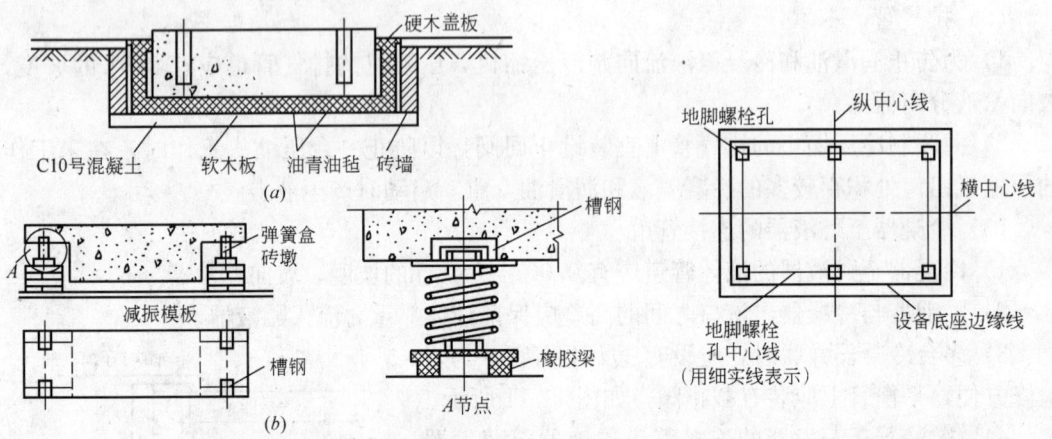

图 11-12　减振基础
(a) 软木减振基础；(b) 弹簧减振基础

图 11-13　基础放线

将压缩机搬运到基础旁。准备好设备就位的起吊工具。正确选择好绳索结孔位置，绳索与设备表面接触处应垫以软木或破布，以免擦伤表面油漆。然后将压缩机起吊到基础上方一定的高度上，穿上地脚螺栓，使压缩机对准基础上事先画好的纵横中心线，下落到基础上，将地脚螺栓置于基础地脚螺栓孔内。

2) 压缩机就位后，应进行找平。目前国产新系列压缩机均带有公共底座，机器在制造厂组装时已经有较好的水平，所以安装时只需在底座上表面找水平即可。通过调整垫铁用水平仪进行校正，其水平偏差每米为0.1mm，并要求基础与压缩机底座支承面均匀接触。

3）找平后，将1：1的水泥砂浆及时灌入地脚螺栓孔内，并填满底座与基础之间的空隙。灌浆工作不能间断，要一次完成。待水泥砂浆干后，将基础外露部分抹光，隔2～3天后重新校正机器的水平度、垂直度及联轴器同心度。砂浆完全凝固后，将垫铁焊死，拧紧地脚螺栓，并复查机器水平度及垂直度。

在压缩机安装的同时，应注意电路、水路及阀门的连接，以免造成返工。

对于一般活塞式制冷机的拆卸与清洗问题，一般认为在技术文件规定的期限内，如外观完整、机体无损伤和锈蚀等情况则不必全面拆洗，仅要求拆卸缸盖，清洗油塞、气缸内壁、连杆、吸排气阀，以及打开曲轴箱盖，清洗油路系统，更换箱内润滑油等。

2.1.2 活塞式制冷机辅助设备安装

1. 冷凝器及贮液器的安装

（1）立式冷凝器的安装

立式冷凝器下面通常都设有钢筋混凝土集水池，并兼作基座用。它的安装方式大体上有以下三种：

1）将冷凝器安装在有池顶的集水池上，即在池顶上按照冷凝器筒身的直径开孔，并预埋底板的地脚螺栓，待吊装就位及找正后，拧紧螺母即可。

2）将冷凝器安装在工字钢或槽钢上。首先将工字钢或槽钢搁置在水池上口，用池口上事先预埋的螺栓加以固定，然后将冷凝器吊装并用螺栓固定在它上面。注意不要让工字钢或槽钢碰着胀接在底板上的冷却水管。

3）为安装灵活便于调节，可在水池口上预埋钢板，钢板与钢筋混凝土池壁的钢筋焊牢（钢板长度约30mm，宽度与池口宽度相同）。安装时，先按冷凝器底板螺孔位置，将工字钢或槽钢放在预埋钢板上，待冷凝器安装完毕后将型钢与预埋钢板焊牢，如图11-14所示。安装过程中，工字钢或槽钢可左右移动，便于校正，较灵活。

（2）卧式冷凝器与贮液器安装

卧式冷凝器与贮液器一般安装于室内。为满足两者高差要求，卧式冷凝器可用型钢支架安装于混凝土基础上，也可直接安装于高位混凝土基础上。为节省机房面积，通常的方法是将卧式冷凝器与贮液器一起安装于钢架上，如图11-15所示。卧式冷凝器与贮液器一起安装于钢架上时，钢架必须垂直，应用吊垂线的方法进行测量。设备的水平度主要取决于钢架的水平度，焊接钢架的横向型钢时，要求用水平仪进行测量。因型钢不是机加工面，仅测一处，误差较大，应多选几处进行测量，取其平均值作为水平度。

卧式冷凝器与贮液器对水平度的要求，一般情况下，当集油罐在设备中部或无集油罐时，设备应水平安装，允许偏差不大于0.001；当集油罐在一端时，设备应设0.001的坡度，坡向集油罐。

冷凝器与贮液器之间都有一定的高差要求，安装时应严格按照设计要求进行，不得任意更改高度，一般情况下，冷凝器的贮液口应比贮液器的进液口至少高200mm，如图11-16所示。

卧式高压贮液器顶部的管接头较多，安装时不要接错，特别是进、出液管更不得接错，因进液管是焊在设备表面的，而出液管多由顶部表面插入筒体下部，接错不能供液，还会发生事故，应特别注意，一般进液管直径大于出液管的直径。

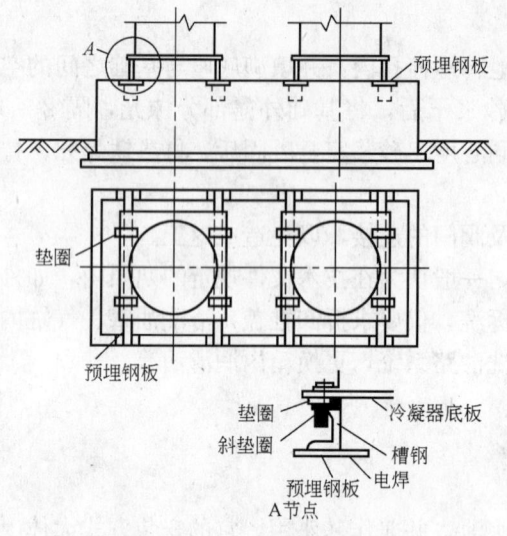
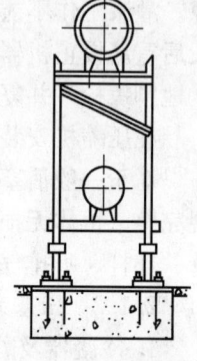

图 11-14　立式冷凝器安装　　　　图 11-15　卧式冷凝器与贮液器安装

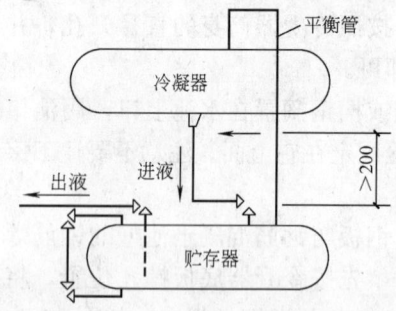
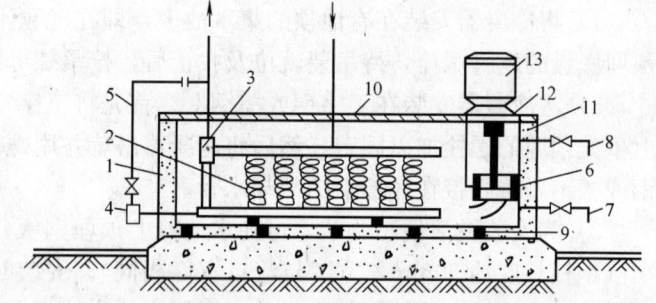

图 11-16　冷凝器与贮液器的安装高度

图 11-17　立式蒸发器安装
1—蒸发水箱；2—蒸发管组；3—气液分离器；4—集油罐；
5—平衡管；6—搅拌器叶轮；7—出水口；8—溢水口；9—泄
水口；10—盖板；11—保温层；12—钢性联轴器；13—电动机

2. 蒸发器的安装

(1) 立式蒸发器的安装

立式蒸发器一般安装于室内保温基础上，如图 11-17 所示。

安装时，先将基础表面清理平整，在刷一道沥青底漆，用热沥青将油毡铺在基础上，在油毡上每隔 800～1200mm 处放一根与保温层厚度相同的防腐枕木，并以 0.001 的坡度坡向泄水口，枕木之间用保温材料填满，最后用油毡热沥青封面。

基础保温施工完后，即可安装水箱。水箱就位前应做渗漏试验，具体做法是：将水箱各处管接头堵死，灌满水，经 8～12h 不渗漏为合格。吊装水箱时，为防止水箱变形，可在水箱内支撑方木或其他支撑物。

水箱就位后，将各排蒸发管组吊入水箱内，并用集气管和供液管连成一个大组，然后垫实固定。要求每排管组间距相等，并以 0.001 的坡度坡向集油器。

安装立式搅拌器时，应先将刚性联轴器分开，取下电动机轴上的平键，用细砂布、气油或煤油对其内孔和轴进行仔细地除锈和清洗。清除干净后再用刚性联轴器将搅拌器和电动机连接起来，用手转动电动机轴以检查两轴的同心度，转动时搅拌器不应有明显的摆动，然后调整电动机的位置，使搅拌器叶轮外圆和导流筒的间隙一致。调整好后将安装电动机的型钢与蒸发器水箱用电焊固定。

由制造厂供货的立式蒸发器均不带水箱盖板，为减少冷损失，必须设置盖板。通常的方法是用 50mm 厚经过刷油防腐的木板做成活动盖板。

(2) 卧式蒸发器安装

卧式蒸发器一般安装于室内的混凝土基础上，用地脚螺栓与基础连接。为防止"冷桥"的产生，蒸发器支座与基础之间应垫以 50mm 厚的防腐枕木，枕木的面积不得小于蒸发器支座的面积。

卧式蒸发器的水平度要求与卧式冷凝器及高压贮液器相同。可用水平仪在筒体上直接测量，一般在筒体的两端和中部共测三点，如图 11-18 所示，取三点的平均值作为设备的实际水平度。不符合要求时用平垫铁调整，平垫铁应尽量与垫木放的方向垂直。

3. 油分离器的安装

油分离器多安装于室内或室外的混凝土基础上，用地脚螺栓固定，垫铁调整，如图 11-19 所示。安装油分离器时，应弄清油分离器的形式（洗涤式、离心式或填料式）、进、出口接管位置，以免将管接口接错。对于洗涤式油分离器，安装时应特别注意与冷凝器的相对高度，一般情况下，洗涤式油分离器的进液口应比冷凝器的出液口低 200～250mm，如图 11-20 所示。

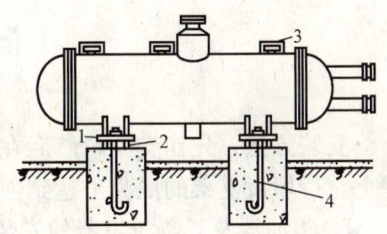

图 11-18 卧式蒸发器安装

1—平垫铁；2—垫木；
3—水平仪；4—地脚螺栓

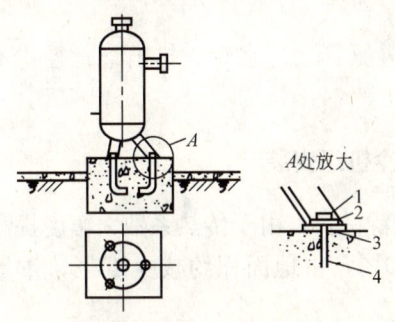

图 11-19 油分离器安装

1—螺母；2—弹簧垫圈；3—垫块；4—螺栓

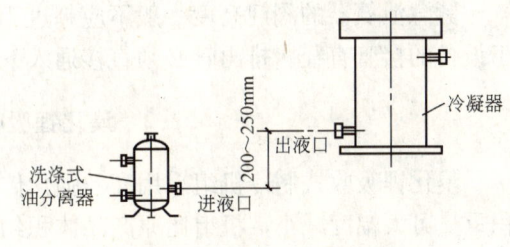

图 11-20 洗涤式油分离器
与冷凝器的安装高度

油分离器应垂直安装，允许偏差不得大于 0.0015，可用吊垂线的方法进行测量，也可直接将水平仪放置在油分离器顶部接管的法兰盘上测量，符合要求后拧紧地脚螺栓将油分离器固定在基础上，然后将垫铁点焊固定，最后用混凝土将垫铁留出的空间填实（即二次浇灌）。

4. 空气分离器的安装

目前常用的空气分离器有立式和卧式两种形式，一般安装在距地面 1.2m 左右的墙壁上，用螺栓与支架固定，如图 11-21 所示。

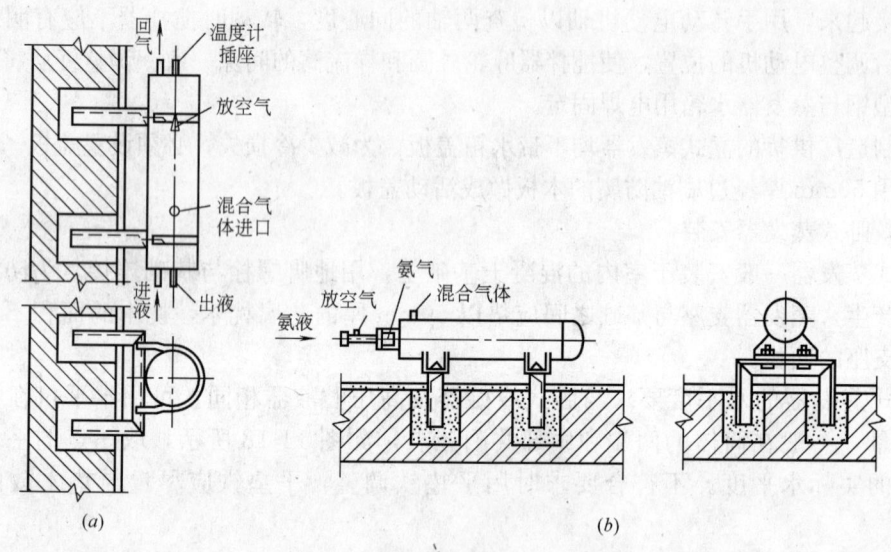

图 11-21 空气分离器的安装
(a) 立式空气分离器安装；(b) 卧式空气分离器安装

安装方法：先作支架，然后在安装位置放好线，打出埋设支架的孔洞，将支架安在墙壁上，待埋设支架的混凝土达到强度后，将空气分离器用螺栓固定在支架上。

5. 集油器及紧急泄氨器的安装

集油器一般安装于地面的混凝土基础上，其高度应低于系统各设备，以便收集各设备中的润滑油，其安装方法与油分离器相同。

紧急泄氨器一般垂直安装于机房门口便于操作的外墙壁上，用螺栓、支架与墙壁连接，其安装方法与立式空气分离器相同。

紧急泄氨器的阀门高度一般不应超过 1.4m。进氨管、进水管、排出管管径均不得小于设备的接管直径。排出管必须直接通入下水管中。

2.2 溴化锂吸收式制冷机组安装

溴化锂吸收式制冷机组采用高效强化传热铜管新材料，由于传热系数大幅度提高，体积重量可大幅度减小，机组比原产品体积约减小 50%，占地面积约减少 40%，重量减少 25%，减小了用户机房面积和机组溶液的充填量。

设备到货后，开箱前首先要核对设备名称、型号、规格和箱号，确认无误后，方可开箱检查。开箱时，不得损坏箱内设备或零部件。

开箱后，对设备进行清点检查，作出记录和鉴定，并填写《设备开箱检查记录单》，作为移交凭证。

主要清点机组的零件、部件；附件、附属材料以及设备的出厂合格证和技术文件是否齐全。如发现缺陷、损坏、锈蚀、变形、缺件等情况，应填入记录单中，并进行研究和处理。

根据设备实际尺寸，检查基础制作是否符合要求，在基础上画出设备就位的纵横基准线。机组基础尺寸如图 11-22 所示。

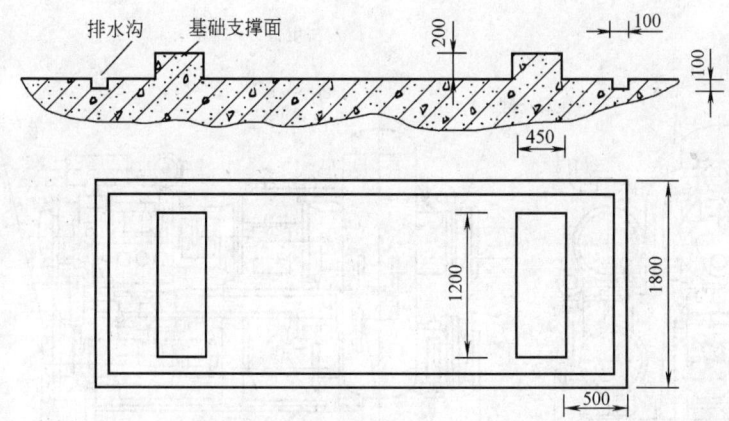

图 11-22 机组基础尺寸图

机组在搬运及安装时,要注意不要碰坏设备上的阀门、管线及电气箱等部件。

图 11-23 为上海冷冻机厂生产的 SXZ6-36D、SXZ6-60D、SXZ6-84D、SXZ6-115D 高效传热 SXZ 系列溴化锂吸收式冷水机组外形尺寸及配管图。

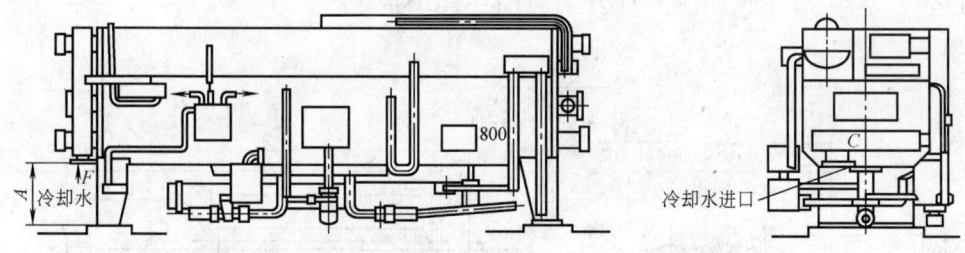

图 11-23 溴化锂吸收式冷水机组外形尺寸及配管图

2.3 螺杆冷水机组安装

螺杆制冷压缩机是近年来发展的一种新型制冷设备,主要应用在低温加工贮藏、运输和低温试验,以及大型建筑的空气调节等。

冷水机组由压缩机、电动机、联轴器、油分离器、油冷却器、油泵、油过滤器、吸气过滤器、控制台等组成,安装在同一底座上。图 11-24 为 LSLGF500 型螺杆冷水机组外形尺寸图。

该机组的特点是转速高、体积小、重量轻、效率高、占地面积小、振动小、运转平稳、操作方便、宜于维护管理,安装方便等。

在安装前,首先核对基础尺寸是否正确,地脚螺栓孔的位置、尺寸、深度是否对。并清理螺栓孔,其余开箱检查,机组基础尺寸放线等内容同溴化锂吸收式制冷机组。

由于螺杆式制冷压缩机运转平稳,机组安装时也可以不装地脚螺栓,直接放置在具有足够强度的水平地面或楼板上。

2.4 直燃式溴化锂冷热水机组安装

图 11-25 为 V 形直燃机外形尺寸图。

1. 设备到位之前应做完粗坯基础

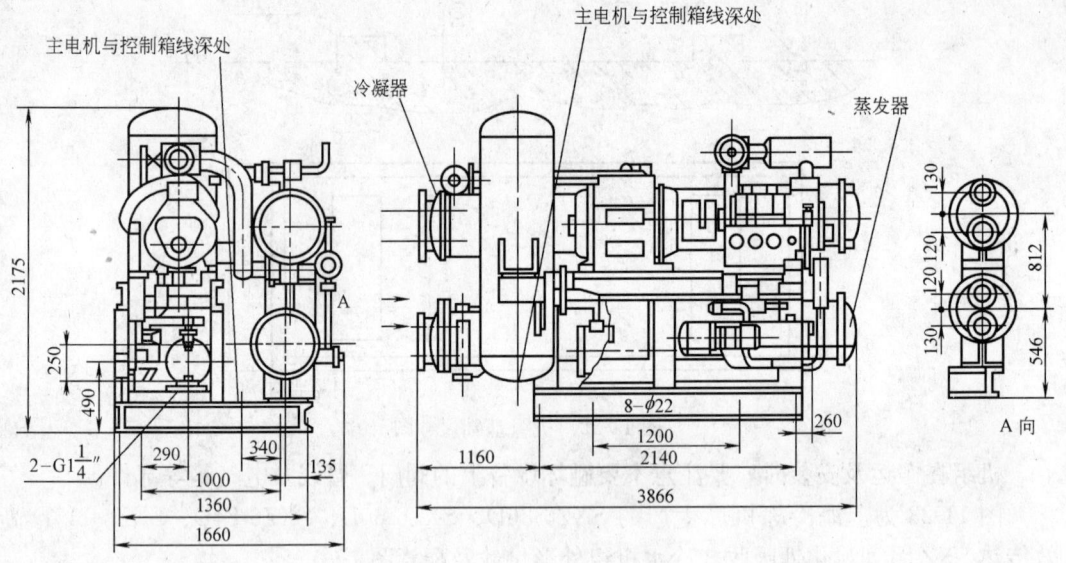

图 11-24 LSLGF500 型外形尺寸图

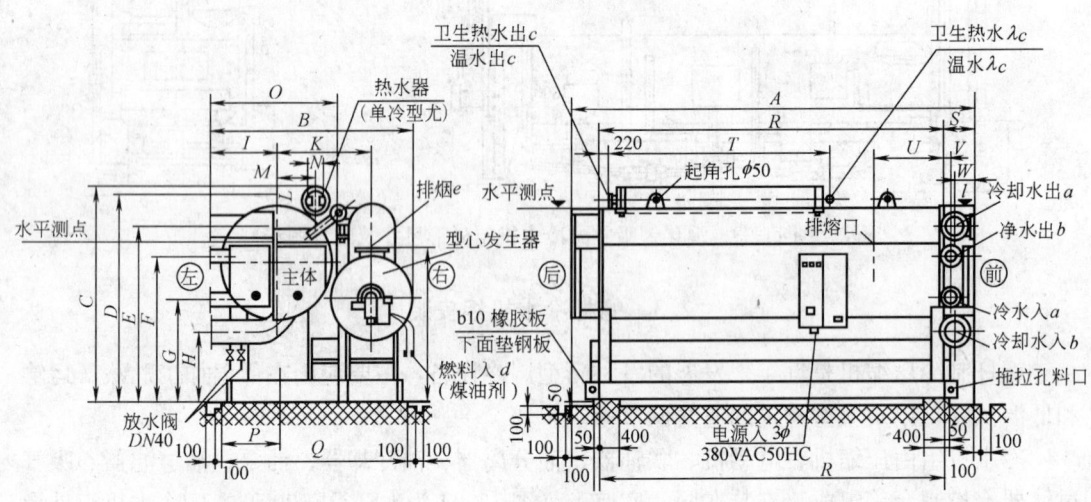

图 11-25 V形直燃机外形尺寸图

机组就位水平度及机脚与基础面的接触方法很重要。水平校核测量要求：前后水平度以前后管板顶端为测点；左右水平度以中隔板为测点，允许最大不平度0.8‰（即每米不平度0.8‰）。机脚与基础面接触要求先在基础上垫一块与基脚尺寸相当的钢板，然后在钢板上垫同样大的工业橡胶板，最后将机脚落上去。经过水平校核，将低的地方抬高，塞入垫铁，至完全水平后，填满混凝土，洒水保养，如图11-26所示。

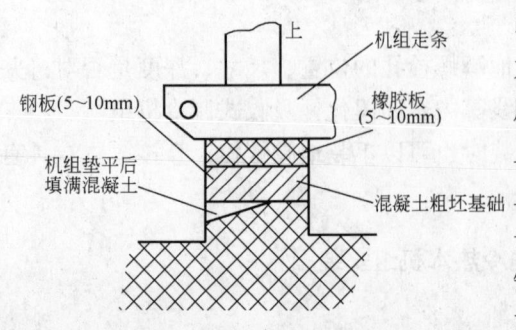

图 11-26 机脚与基础面的安装

2. 水系统施工注意事项

（1）机组冷热水、冷却水入口处必须设橡胶软接头或金属软管。

（2）管路及阀门安装位置应不妨碍揭开水盖清洗换热管时必须的空间；不宜从机组的上部穿过，以免管路施工及维修时损伤机组。

（3）管径应等于或大于机组接口管径（以流速不超过 3m/s 为限），弯管的曲率半径应大些，不宜拐直角弯，以减少管内流动阻力。

（4）管路最低处设排水阀，最高处设自动排气阀（排气阀不能设于水泵入口段）。

（5）应在机组外接管口附近设置压力表和温度计，其方位应便于观察（压力表面盘应在机组电控柜前能观看到）。应在冷却水主管上设置流量计，以便于掌握机组负荷状况。

（6）所有机外管路阀门应设承重支架或吊架。不允许其重量加到机组上。

（7）冷却水管路、阀门应在试压合格后进行保温和防凝水处理。

3. 机房施工注意事项

（1）机房通风应良好。通风不良将导致机组运转所需空气量不足，并会引起机房潮湿，腐蚀机组。

（2）机房应有排水设施。因为机组接管处不可避免地会产生凝结水，且外部系统管路阀门可能产生渗漏；遇到停电等紧急情况时，还必须从水盖排出大量的冷却水，一旦机房集水，将引发电路故障和机组锈蚀。

4. 排气系统施工注意事项

（1）可以与同种燃料的直燃机、锅炉共用烟道，但不能与非同种燃料或其他类型设备（如发电机）共用烟道。

（2）共用烟道截面尺寸之和应乘以 1.2 以上的系数。

（3）共用烟道连接必须采用插入式。每台机组排气口应设风门和防爆门。

（4）烟道材料应耐用 20 年以上，宜采用 3~4mm 普通钢板（如用不锈钢板则可减薄一半）；烟囱最好采用砖、混凝土制作，在其内侧衬以耐火混凝土（由矾土水泥、耐火砖渣配成），如因条件限制，须采用钢制烟囱，其钢板的厚度应不少于 4mm。

（5）钢制烟道、烟囱应予保温，室外部分应予防水。保温材料按耐热 400℃进行设计，厚度 30~50mm 可用硅酸铝棉、玻璃纤维棉、岩棉等。防水材料最好用铝箔或不锈钢板、镀锌钢板，在其接口处填树脂胶等材料密封。

（6）在直管段较长处设伸缩器，在法兰口垫石棉绳。不可让膨胀力压在机组上。

（7）附件

1）烟囱口务必设防风罩、防雨帽及避雷针。

2）共同烟道必须设置防爆门，设置在风口与机组之间，以免机组误启动造成意外。烟道内产生凝结水应及时排除，以免造成钢板腐蚀及烟道结垢，排水管宜采用水封弯结构，连续排除凝水。

3）在立式烟囱底部应设除灰门，在横向烟道适当部位应设置检查门。在所有检查门及法兰处，以石棉带密封。穿越屋顶的烟囱应在烟囱壁上焊接挡水罩。

4）穿越屋顶或墙壁的烟道、烟囱应用石棉绳或岩棉保温，以免膨胀和导热影响建筑物。烟道重量应由支吊架承受，不能压到机组上。

5）排气口方位选择：距冷却塔 12m 以上或高于塔顶 2m 以上，尽可能不暴露于商业、

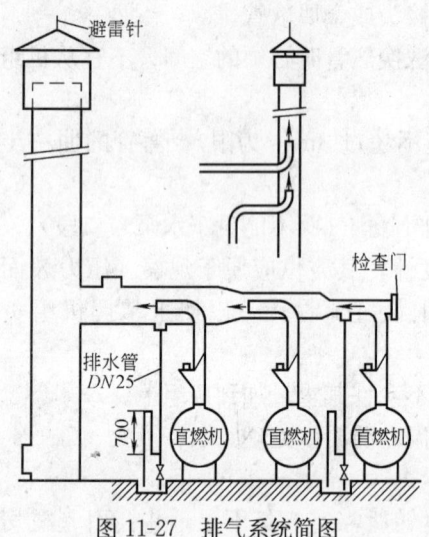

图 11-27 排气系统简图

文化区，以免影响市容。尽可能让机房人员方便观察排烟情况。并且比周围 1m 以内的建筑物高出 0.6m 以上。

6）烟道焊接缝必须严密，烟道上所有螺母、螺栓的纽扣均应涂上石墨粉以利拆卸。排气系统如图 11-27 所示。

5. 燃气系统施工要领

（1）燃气包括天然气、城市煤气、液化石油气、油制气等，由于其使用方便、成本低、环境污染小正逐步被广泛应用。

（2）在机房内设有 3 台以上机组时（或地下室机房），一定要安装燃气泄漏检测报警器。

（3）所有连接管应进行气密性试验，应以 0.4MPa 压缩空气试压，用肥皂液检漏。

（4）机房一定要有良好的通风条件，保持 24 小时通风。

6. 燃油系统施工要领

（1）直燃机油系统与常规燃油锅炉供油系统基本一致，可参照有关规范施工。

（2）过滤器选型和设置位置非常重要，如果渣物流入燃烧机，将导致燃烧恶化、爆燃、熄火，会在短时间内使燃烧机油泵、电磁阀损坏。

（3）至少设置两级过滤器，油箱处设"中燃油过滤器"（30 目/in，$d=0.25$）；燃烧机入口处设"细燃油过滤器"（60 目/in，$d=0.14$）；若设双级油箱，则在贮油箱与日用油箱间设一个"中燃油过滤器"。

（4）切不可以不合规格的过滤器代用。

（5）油输送管路宜用无缝钢管焊接，进行 0.8MPa 水压试验，确保不漏。施工前应彻底除尽管内锈渣。

（6）管子管径一般采用 $DN15$ 或 $DN20$。

（7）在施工中应避免形成集气弯和集污弯，在管道最低处应设排污阀。

（8）多机组共用管道时，应尽可能采用单管系统，如只能采用双管，则回流管不能共用，应分别回到油箱。

（9）双管系统适合于油箱无法高于机组的场合，双管系统回流管绝不能设任何阀门。

（10）单管系统适合于油箱较高场合，在燃烧机附近，应设自动排气阀。

（11）大于 $5m^3$ 贮油箱应设于室外，可以埋在地下。油箱应设置检查孔（人孔），通向地面，亦应设呼吸阀和轴位探针。油泵设置场所应有良好通风且应避阳和避雨。

（12）油箱附近 6m 范围内不允许有火源，油箱周围应通风良好。油箱房应备灭火器。图 11-28、图 11-29 为燃油系统示意图。

7. 机组保温

（1）在机组调试后进行保温施工。高压发生器、热水器、溶液热交换器及相关管道需要保温，保温材料耐热（长期耐热能力）≥180℃。

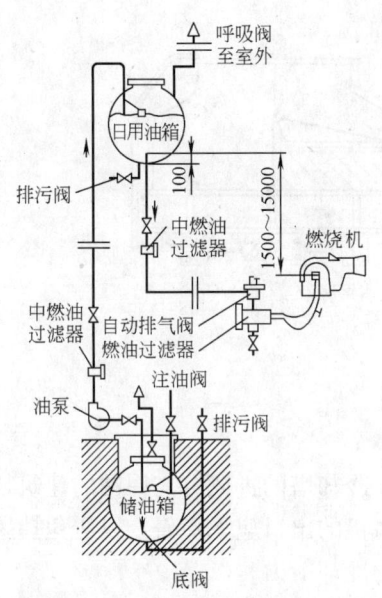

图 11-28 单管系统及双油箱系统

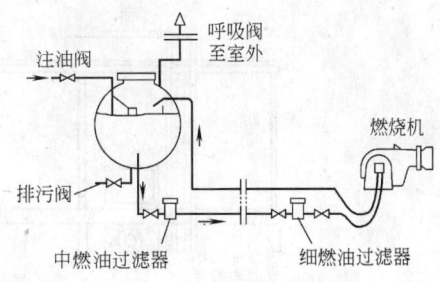

图 11-29 双管系统

(2) 蒸发器及相关管道、水泵、水槽盖板需要保冷，保冷材料应具有不吸水、不透气性，外表应贴一层防潮胶布。

(3) 保温施工注意事项

1) 不能在机组上施焊，应以胶粘方式固定保温销钉（保温板通常直接粘贴于机体）。

2) 不能损伤机身电气线路器材。

3) 不能遮盖视镜、测温管、阀门、排污丝堵。

4) 外表应整洁美观。

8. 安装运输注意事项

(1) 机组搬运时，要在机下垫滚杠，拖拉时只能挂走条拖拉孔，注意避免走条变形。要使整个机组着力均匀。避免将机组扭伤变形。

(2) 吊装时以机组顶部吊耳为着力点，起吊张角必须小于90°。

(3) 搬运、吊装时，安装人员切勿乱动阀门或碰伤、拉伤机身，如造成泄漏将引起机组腐蚀。

课题3 其他设备及管道的安装

3.1 冷却塔的安装

冷却塔的冷却原理，是利用空气将水中的一部分热量带走，而使水温下降。从制冷机的冷凝器排出的冷却循环水送入冷却塔，主要靠水和空气的接触散热、辐射热交换和水的蒸发散热而降低水温。

冷却塔的形式较多。按通风方式分，有自然通风和机械通风两类。按淋水装置或配水系统分，有点滴式、点滴薄膜式、薄膜式和喷水式四类。按水和空气的流动方向分，有逆流式和横流式两类。目前空调制冷系统所用的冷却塔多为逆流式和横流式，其淋水装置采用薄膜式。一般单座塔和小型塔多采用逆流圆形冷却塔，而多座塔和大型塔多采用横流式冷却塔。图11-30所示为冷却塔。

3.1.1 冷却塔的布置原则

为了保证冷却塔的正常运转，充分发挥其冷却能力，冷却塔的布置应注意以下原则：

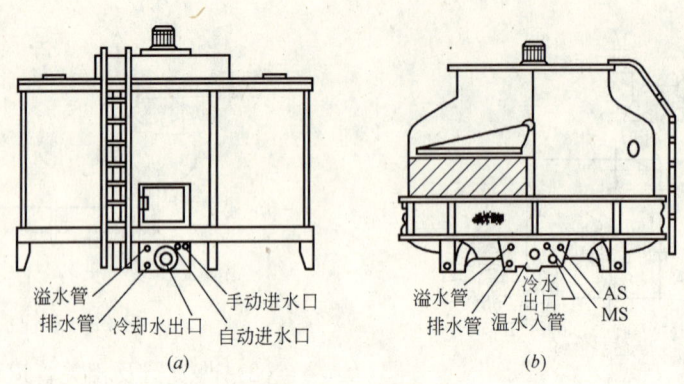

图 11-30 冷却塔
(a) 横流式；(b) 逆流式

(1) 冷却塔的安装位置应选在空气通畅的场所。冷却塔的进风口与周围的建筑物应保持一定的距离，以保证新风能进入冷却塔；冷却塔风机的出口应无障碍，以避免挡风及冷却塔运转时排出的热湿空气短路回流，降低冷却塔的冷却能力。

(2) 冷却塔应避免安装在靠近热源、煤堆及堆放化学药品的地方，并且注意不要安装在粉尘飞扬场所的下风向。

(3) 冷却塔安装在楼板和屋顶上时，应注意核算楼板的承载能力是否满足要求。一般应将冷却塔设置在混凝土梁上。

(4) 设置冷却塔时要考虑水滴落下和通风机运转的噪声，冷却塔应安装在对噪声不敏感的地点，否则应采取消声降噪措施。

(5) 几台冷却塔并列安装时，应注意水量分配均衡，否则会发生冷却塔集水池溢水现象。为此应在各进水管路上分别设置阀门，以便于调节水量。同时在各冷却塔的集水池之间还应设置与进水干管管径相同的平衡管（均压管）。此管直径大，且采用45°弯管连接，以减小出水管连接处的阻力。冷却塔并联时的管路系统如图 11-31 所示。

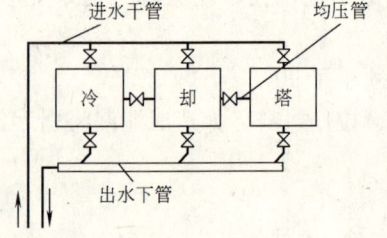

图 11-31 冷却塔并联时的管路系统

3.1.2 冷却塔的安装

冷却塔的安装有高位和低位两种形式。具体安装形式应根据冷却塔的形式及建筑物的布置而定。

冷却塔的高位安装是将其安装在冷冻站建筑物的屋顶，可减少占地面积，在冷库或高层建筑的空调制冷已被普遍采用，而且冷却塔的通风良好。冷却塔的高位安装只需要由水泵将需要处理的冷却水从蓄水池（或冷凝器）送至冷却塔，塔底集水池中冷却降温后的水在重力的作用下流入冷凝器中。一般由蓄水池或冷却塔的集水池中的浮球阀自动补水。

冷却塔的低位安装是将其安装在冷冻站附近的地面上，占地面积较大，多用于混凝土或混合结构的较大型的冷却塔。

1. 淋水装置的安装

不同种类的淋水装置，其安装方式有所不同。下面介绍几种常用的薄膜式填料的安装方法。

(1) 蜂窝填料可直接架在角钢或扁钢支架上，也可直接架于混凝土支架上。

(2) 点波填料的安装方法有框架穿针法和粘结法两种。框架穿针法是用铜丝或镀锌钢丝正反穿连点波片，组成一个整体后再装入角钢制成的框架内，并以框架为一安装单元。粘结法是将过氯乙烯清漆涂于点波片的点上，再点对点粘好，每粘结40～50片用重物压1～1.5h方可粘牢。组成的框架单元可直接架在支撑梁、架上。

(3) 斜波交错填料的安装方法与点波填料相同，其单元高度为300～400mm，安装总高度为800～1200mm。

2. 配水系统的安装

几种常见的配水装置的安装方法如下：

(1) 固定管式布水器的喷泉嘴按梅花形式方格形向下布置。具体的布置形式应符合设备技术文件或设计要求。一般喷嘴间的距离按喷水角度和安装的高度来确定，要使每个喷嘴的喷水相互交叉，做到向淋水装置均匀布水。布水器喷嘴的喷水角度见表11-2。

布水器喷嘴的喷水角度　　　　　　表11-2

喷嘴形式	出口直径(mm)	接管直径(mm)	不同压力下的喷水角度(°)		
			0.03MPa	0.05MPa	0.07MPa
瓶式	16	32	35	40	44
瓶式	25	50	30	33	36
杯式	18	40	58	63	69
杯式	20	40	59	64	70

(2) 装配开有条缝配水管的旋转管布水器时，其条缝水平布置。装配开有圆孔配水管的旋转管布水器，单排安装时孔与水平方向的夹角为60°，双排安装时，上排孔与水平方向的夹角为60°，下排孔与水平方向的夹角为45°。喷嘴布水的旋转管布水器应按设备技术文件或设计要求安装。

(3) 槽式配水装置的水槽高度一般为350～450mm，宽度为100～120mm。槽内正常水位保持在120～150mm。配水槽中管嘴布置成梅花形或正方形。对于大型冷却塔，其管嘴水平间距为800～1000mm；中小型冷却塔的管嘴水平间距为500～700mm。管嘴与塔壁间距应大于500mm。安装时管嘴应与下方的溅水碟对准。

(4) 用横流式冷却塔的池式配水装置，管嘴在配水池上做梅花形或正方形布置，管嘴顶部以上的最小水深为80～100mm。配水池的高度应大于计算最大负荷时的水深，而且应留出保护高度100～150mm。

3. 冷却塔的整体安装

对于玻璃钢中小型冷却塔一般进行整体安装，安装过程中应注意下列事项：

(1) 冷却塔的基础要按设备技术文件要求做好预留、预埋工作，基础表面要求水平，不平度不超过5‰。

(2) 吊装冷却塔时不要使玻璃钢外壳受力，吊装用钢丝绳与冷却塔接触点应垫上木板。

(3) 冷却塔就位后应对正找平并安装稳固，注意冷却塔出水管口等部件的方位正确。

(4) 布水器的孔眼不能堵塞或变形，放置部件须灵活，喷水出口应为水平方向。

(5) 在冷却塔的集水池安装操作时，安装人员应踩在其加强筋上面，以免损坏集水池。

（6）在安装冷却塔的外壳、集水池时，应先穿上螺栓，然后对称地上紧螺母，防止壳体变形。

当一切都安装就位并确认无变形后，将集水池壳体与螺栓之间的缝隙用环氧树脂密封，防止使用时漏水。

另外，由于各种类型的冷却塔填料多采用塑料制品，所以在安装施工中要切实做好防火工作。

3.2 制冷管道及阀门的安装

3.2.1 制冷系统常用管材

常用管子的材料有紫铜管和无缝钢管两种。氨制冷系统普遍采用无缝钢管。氟利昂制冷系统可采用紫铜管或无缝钢管，一般公称直径在25mm以下用紫铜管，25mm以上采用无缝钢管。为便于安装时选用，将制冷系统常用紫铜管规格列于表11-3，常用无缝钢管规格列于表11-4。

常用紫铜管规格　　　　表11-3

公称直径 DN (mm)	外径(mm)×壁厚(mm)	理论重量 (kg/m)	公称直径 DN (mm)	外径(mm)×壁厚(mm)	理论重量 (kg/m)
1.5	φ3.2×0.8	0.05	14	φ16×1	0.419
2	φ4×1	0.084	16	φ19×1.5	0.734
4	φ6×1	0.140	19	φ22×1.5	0.859
8	φ10×1	0.252	22	φ25×1.5	0.983
10	φ12×1	0.307			

常用无缝钢管规格　　　　表11-4

公称直径 DN (mm)	外径(mm)×壁厚(mm)	理论重量 (kg/m)	公称直径 DN (mm)	外径(mm)×壁厚(mm)	理论重量 (kg/m)
6	φ10×2	0.395	50	φ57×3.5	4.62
10	φ14×2	0.592	65	φ73×3.5	6.00
15	φ18×2	0.789	80	φ89×4	8.38
20	φ22×2	0.986	100	φ108×4	10.26
25	φ32×3.5	2.46	125	φ133×4	12.73
32	φ38×3.5	2.98	150	φ159×4.5	17.15
40	φ45×3.5	3.58	200	φ219×6	31.52

3.2.2 管道的连接

制冷管道的连接方式一般有三种：焊接、法兰连接和螺纹连接。

1. 焊接

焊接是制冷系统管道的主要连接方法，因其强度大、严密性好而被广泛采用。对于无缝钢管，当壁厚小于或等于4mm时采用气焊焊接；大于4mm时采用电焊焊接。焊接方式一般是对接焊，接焊前管口应加工成适当的坡口，如图11-32所示。对于紫铜管，其焊接方法主要是钎焊。为保证紫铜管焊接的强度及严密性，多采用承插式焊接，如图11-33所示。承插式焊接扩口深度不应低于管外径（一般等于管外径），且扩口方向应迎向制冷剂的流动方向。

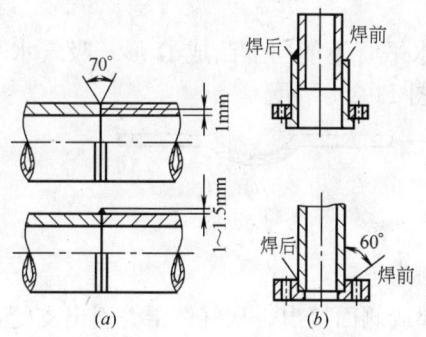
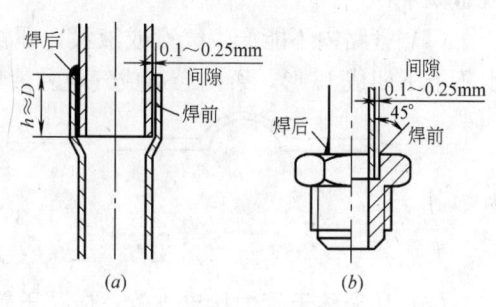

图 11-32 无缝钢管焊接形式
(a) 钢管对钢管；(b) 钢管对法兰

图 11-33 紫铜管焊接装配形式
(a) 铜管与铜管；(b) 铜管与接头

2. 法兰连接

法兰连接用于管道与设备、附件或带有法兰的阀门连接。法兰之间的垫圈采用 2～3mm 厚的高、中压耐油石棉胶板。氟利昂系统也可采用 0.5～1mm 厚的纯铜片或铜片。

3. 螺纹连接

螺纹连接主要用于氟利昂系统的紫铜管在检修时需经常拆卸部位的连接。其连接形式有全接头和半接头连接两种，如图 11-34 所示。一般半接头连接用得较多。这两种形式的螺纹连接，均可通过旋紧螺纹不用任何填料而使接头严密不漏。

当无缝钢管与设备、附件及阀门内螺纹连接时，如果无缝钢管不能直接套螺纹，则必须用一般加厚黑铁管套螺纹后才能与之连接，黑铁管与无缝钢管则采用焊接。这种连接形式需要在螺纹上涂一层一氧化铅和甘油混合搅拌而成的糊状密封剂或缠以四氟乙烯胶带才能保证接头的严密性，严禁用白厚漆和麻丝代替。

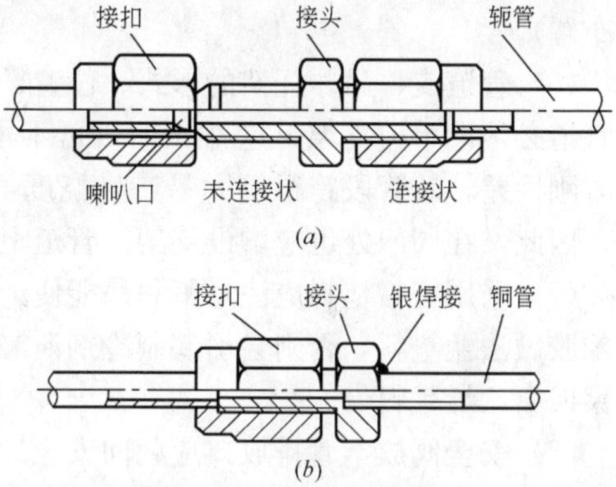

图 11-34 紫铜管螺纹连接
(a) 全接头连接；(b) 半接头连接

3.2.3 管道与阀门清洗

制冷管道内如果有细小杂物存在，会被带入压缩机的气缸内，磨损活塞和气缸壁或堵塞节流阀。所以在安装前要将管道内外壁的铁锈、污物清除干净，由于制冷机在运行过程中不允许有水分，制冷系统内应保持干燥。

由于制冷阀门出厂前涂有防锈油，为防止其污染系统内润滑油及制冷剂，影响制冷效果，故各种阀门（除安全阀外）均应在安装前用煤油或工业气油清洗，除去油污。清洗完毕后将内外壁擦干，封闭进出口，妥善保存，等待安装。

但如在技术文件规定的期限内，可不进行解体清洗及强度和严密性试验。

3.2.4 制冷管道安装

总的要求：一是工艺管道不宜长，使系统的阻力尽可能小，阻力增大则吸排气管道压力降会增加，导致压缩机制冷量下降，运转费用增加；二是保证设备运转安全可靠。具体规定如下：

（1）管路内不能产生气囊或液囊，即输液的水平管不能向上凸成 Ω 形，吸气水平管上不能下凹成 U 形，否则会造成气阻和液囊，如图 11-35 所示。

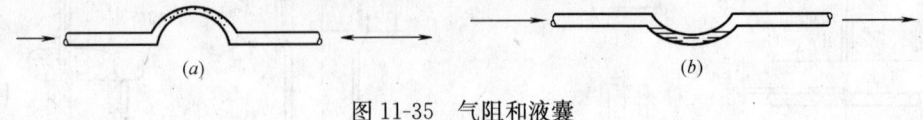

图 11-35　气阻和液囊
(a) 气阻；(b) 液囊

（2）从液体干管中接出支管，应从干管的底部或侧面接出。从气体干管引出支管，应从干管顶部或侧部接出。有两根以上的支管与干管相接，连接间距应相互错开。

（3）管道与压缩机或其他设备相接时，不得因下料尺寸不准确而强制对口，以减少附加在设备上的内应力，气管的连接应注意防止开车时有湿蒸气进入气缸；且须防止润滑油从蒸发器也跟着流进压缩机。

（4）管道穿过墙或楼板应设钢制套管，焊缝不得置于套管内。钢制套管应与墙面楼板底面平齐，但应比地面高 20mm。管道与套管的空隙应用隔热或其他不燃材料填塞，并不得作为管道的支承。

（5）各设备之间连接的管道，其倾斜度及坡向应符合设计要求（见 1.2 制冷系统管道的布置）。

（6）管道支、吊、托架的形式、位置、间距、标高应符合设计要求。接压缩机的吸排气管道必须设单独支架，这样压缩机可不承受管道重力。管径≤20mm 的铜管由于管径小、刚性差，若管段跨距较大易产生挠度，尤其在设置阀门的部分更会产生管段弯曲变形，因此，在阀门处也应增设支架。管道上下平行敷设，冷管道应在下部。

（7）采用密封垫料应注意氟利昂能使天然橡胶溶解、膨胀，所以氟利昂管道不能用天然橡胶做法兰垫料，否则会引起制冷剂泄漏，应采用氯丁橡胶等合成橡胶。丝扣部分宜采用聚四氟乙烯生料带。

（8）安全阀放空管排放口应朝向安全地带。安全阀与设备间若设关断阀门，在运转中必须处于全开状态，并应铅封。

（9）制冷管道的弯管及三通安装应符合下列规定：

1）弯管的弯曲半径宜为 $3.5D \sim 4D$，椭圆率不应大于 8%，不得使用焊接弯管及褶皱弯管。

2）制作三通、支管应按介质流向弯成 90°弧形与主管相连，不得使用弯曲半径为 $1D$ 或 $1.5D$ 的压制弯管。

（10）氟利昂系统中的紫铜管安装尚应符合下列规定：

1）铜管切口表面应平整，不得有毛刺、凹凸等缺陷，切口平面允许倾斜偏差为管子直径的 1%。

2）铜管及铜合金的弯管可用热弯或冷弯，椭圆率不应大于 8%。

3）铜管管口翻边后应保持同心，不得出现裂纹、分层、豁口及褶皱等缺陷，并应有良好的密封面。

4）几组并列安装的配管，其弯曲半径应相同，间距、坡向、倾斜度应一致。

5）压缩机缸套冷却水出水管如设漏斗，出水管口不应低于漏斗口。

3.2.5 制冷阀门的安装

（1）阀门的安装位置、方向、高度应符合设计要求，不得反装。在安装时要注意阀门上标注的指示方向应与系统的流动方向一致。阀门安装的高度应便于操作和维修。

（2）有手柄的阀门，手柄不得向下。成排安装的阀门阀杆应尽可能在同一个平面上。向上安装启闭操作，维修更换填料均较方便和安全可靠。由于氟利昂制冷渗透能力特别强，所以氟利昂专用阀门一般不用手柄，而是用扳手调节后，用阀帽将阀的顶部封住，以增强防漏效果。

（3）热力膨胀阀是制冷系统中的重要阀门之一。热力膨胀阀设于蒸发器进液口的供液管上，依靠附着于蒸发器出口端回气管上的感温包，根据蒸发器回气过热度的大小，自动调节阀门的开启度，以调节进入蒸发器的制冷流量，与此同时，使高压液态制冷剂膨胀，压力降到与蒸发压力相同的低温、低压状态。

安装时，感温包的位置应低于热力膨胀阀本体，感温包所感受的过热度饱和压力可以通过毛细管传递到膜片上方。如感温包高于膨胀阀时，会使感温包内的流体倒流入膨胀阀的薄膜上方，则薄膜上方承受的力是液体重量，而温包内液体减少，就不能正确反映回气管过热度的变化。所以热力膨胀阀的位置应高于感温包。

空调系统感温包一般是扎在蒸发器出口水平及平直的回气管段口，但要注意不能放在有集液的吸气管处，否则会引起膨胀阀的误操作，而且应尽可能接近蒸发器。另外，为了提高感温包的灵敏度，感温包用金属片固定在吸气管上以后，用不吸水的隔热材料将两管扎紧，使之与环境隔热。

（4）电磁阀是以电磁力作为动力的一种自动阀门，它安装在输液管上，通常与压缩机同步工作，配合压缩机停、开而自动切断或接通。压缩机停车时，切断液体进入蒸发器，以防再开车时，低温蒸气吸入压缩机而产生液击。要求电磁阀垂直安装在水平管上，以防止铁芯被卡住。

课题4　制冷系统的试运行

对于组装或大修后的制冷设备，在经过拆卸、清洗、检查测量、装配完毕后，必须进行系统试运行，以鉴定机器装配之后的质量和运转性能，主要分为单机试运行、系统试验及系统试运行。

活塞式压缩机为单体安装形式（即集中式配套形式）的制冷设备，一般要进行单机试运行及系统试验与试运行；分体组装形式或整体组装式制冷设备，如出厂已充注规定压力的氮气密封，且机组内压力没有变化时可仅作系统试验中的真空试验、充注制冷剂及进行系统试运转；整体组装式制冷设备，如出厂已充注制冷剂，且机组内压力无变化时，可只作系统试运转。

4.1　单机试运行

单机试运行分无负荷试运转与空气负荷试运转两个部分。

单机试运转前，应检查设备安装质量、机体各紧固件是否拧紧、仪表和电气设备是否调试合格。各项都符合要求后才能试车，并做好记录。

无负荷试运转不少于 2h；空气负荷试运转不少于 4h（排气压力为 0.25MPa）；油位正常，油压比吸气压力高 0.15～0.30MPa；气缸套的冷却水的进水温度应低于 35℃，出水温度应低于 45℃；排气温度不超过 130℃；油温及各摩擦部位温度应符合各机的规定要求。

4.2 系统试运行

系统试运行按系统吹污、密封性试验、充注制冷剂、试运行四个阶段进行。

1. 系统吹污

管路系统在安装前已经过清洗，但为避免整个系统内有残存杂质而影响运转，应对整个系统进行吹污。吹污时，所有阀门（除安全阀外）处于开启状态。氨系统吹污介质为干燥空气，氟利昂系统可用氮气。吹污压力为 0.58MPa。吹污前，先将气源与系统相连，在系统中选择最易排出污物的管接口作排污口（系统大的可分段进行吹污），在排污口上装设启闭迅速的旋塞阀或用木塞将排污口塞紧。将与大气相通的全部阀门关闭，接口堵死，然后向系统充气。在充气过程中，可用木锤在系统弯头、阀门处轻轻敲击。当充气压力升至 0.58MPa 时，迅速打开排污口旋塞阀或迅速敲掉木塞，污物便随气流一同吹出。反复数次，吹尽为止。为判断吹污的清洁程度，可用干净的白布浸水后贴于木板上，将木板置于距排污口 300～500mm 处检查，白布上应看不见污物为合格。

吹污时，排污口正前方严禁站人，以防污物吹出时伤人。

吹污合格后，应将系统中有可能积存污物的阀芯拆下清洗干净，以免影响阀门的严密性。拆洗过的阀门垫片应更换，氟利昂系统吹污合格后，还应向系统内充入氢气，以保持系统内的清洁和干燥。

2. 密封性试验

密封性试验（或称试漏）分为压力试漏、真空试漏和充液试漏三个阶段。

（1）压力试漏（气压试验）

氨系统可用干燥的压缩空气、二氧化碳气或氢气作介质；氟利昂系统应用二氧化碳或氮气作介质，试验压力见表 11-5。

密封性试验压力值（MPa） 表 11-5

试验压力 p_S(MPa)	R717	R22	R12	R11
高压段	1.8	1.8	1.6	0.2
低压段	1.2	1.2	1.0	0.2

试压时，先将充气管接系统高压段，关闭压缩机本身的吸、排气阀和系统与大气相通的所有阀门以及液位计阀门，然后向系统充气。当充气压力达到低压段的要求时，即停止充气。用肥皂水检查系统的焊口、法兰、螺纹、阀门等连接处有无漏气。如无漏气现象，关断膨胀阀使高低压段分开，继续向高压段加压到试验压力后，再用肥皂水检漏。无漏气后，全系统在试验压力下稳压 24h。前 6h 内因管道及设备散热引起气温降低，允许有 0.02～0.03MPa 的压力降（氮气试验时除外），在后 18h 内压力应无变化方为合格。如有温度变化，就应每小时记录一次室温和压力数值，但试验终了的压力应符合按式（11-1）计算的数值。

$$p_2 = p_1 \frac{273+t_2}{273+t_1} \tag{11-1}$$

式中 p_1——开始试验时的压力（MPa）；
　　p_2——试验终了时的压力（MPa）；
　　t_1——开始试验时的温度（℃）；
　　t_2——试验终了时的温度（℃）。

注意事项：

1) 冬季作压力试漏，当环境温度低于 0℃时，为防止肥皂水凝固，影响试漏效果，可在肥皂水中加入一定量的酒精或白酒以降低凝固温度，保证试漏效果。

2) 在试漏过程中，如发现有泄漏时，不得带压进行修补，可用粉笔在泄漏处画一圆圈作记号，待全系统检漏完毕，卸压后一并修补。

3) 焊口补焊次数不得超过两次，超过两次者，应将焊口锯掉或换管重焊。发现微漏，也应补焊，而不得采用敲打挤压的方法使其不漏。

(2) 真空试漏（真空气密性试验）

在压力试漏合格后进行真空试漏，其目的是为了清除系统的残余气体、水分，并试验系统在真空状态下的气密性。真空试漏也可帮助检查压缩机本身的气密性。

系统抽真空应用真空泵进行。对真空度的要求视制冷剂而定，对于氨系统，其剩余压力不应高于 8000Pa；对于氟利昂系统，其剩余压力不应高于 5333Pa。当整个系统抽到规定的真空度后，视系统的大小，使真空泵继续运行一至数小时，以彻底消除系统中的残存水分，然后静置 24h，除去因环境温度引起的压力变化之外，氨系统压力以不发生变化为合格，氟利昂系统压力以回升值不大于 533Pa 为合格。如达不到要求，应重新做压力试漏，找出渗漏处修补后，再作真空试漏，合格为止。

当因条件所限，无法得到真空泵作真空试漏时，可在系统中选定一台压缩机代替真空泵抽真空，其方法可按如下步骤进行：

1) 将冷凝器、蒸发器等存水设备中的存水排净。

2) 关闭压缩机吸、排气阀，打开排气管上放空气阀或卸下排气截止阀上的旁通孔堵头。

3) 启动压缩机，逐步缓慢地开启吸气阀对系统抽真空，真空度达到规定值时，关闭放空气阀或堵上截止阀上旁通孔，关闭压缩机吸气阀门，停止压缩机运转，静置 24h 进行检查。检查方法相同。

在抽真空过程中，应多次启动压缩机间断地进行抽真空操作，以便将系统内的气体和水分抽尽。对于有高低压继电器或油压压差继电器的设备，为防止触头动作切断电源，应将继电器的触点暂时保持断开状态。同时应注意油压的变化，油压至少要比曲轴箱内压力高 26664Pa，以防止油压失压烧毁轴承等摩擦部件。

(3) 充液试漏（灌制冷剂试验）

充制冷剂试漏的目的是进一步检查系统的密封性。具体做法是：真空试漏合格后，在真空条件下将制冷剂充入系统，当整个系统压力达 0.2～0.3MPa 时停止充液，进行检漏。对氟利昂系统用卤素灯检漏；对氨系统用酚酞试纸检漏，将酚酞试纸浸水后靠近检漏处，若有氨漏出后呈碱性，酚酞试纸会变成红色。对已发现渗漏的地方，做好标记，待制冷剂局部抽空,用压缩空气或氮气吹净,经检查无氨后才允许更换附件。

3. 充注制冷剂

当系统充液试漏合格且在管道保温后,则可正式充注制冷剂。

(1) 系统充氨 为了工作方便和安全,以及避免机房中空气被氨污染,充氨管最好接至室外。充氨前,必须准备好橡皮手套、毛巾、口罩、清水、防护眼镜、防毒面具等安全保护用品和工具。将氨瓶与水平成 30°角固定在台秤上的固定支架上(图 11-36),称出氨瓶的重量并作好记录,然后将氨瓶用钢管与系统连接起来。充氨时,操作人员应戴上口罩和防护眼镜,站在氨瓶出口的侧面然后慢慢打开氨瓶阀向系统充氨。在正常情况下,管路表面将凝结一层薄霜,管内并发生制冷剂流动的响声。当瓶内的氨接近充完时,在氨瓶底部出现结霜。当结霜有融化现象时,说明瓶内已充完,即可更换新瓶继续向系统充注。氨是靠氨瓶内的压力与系统内的压力差进入系统的,随着系统内氨量的增加,压力不断升

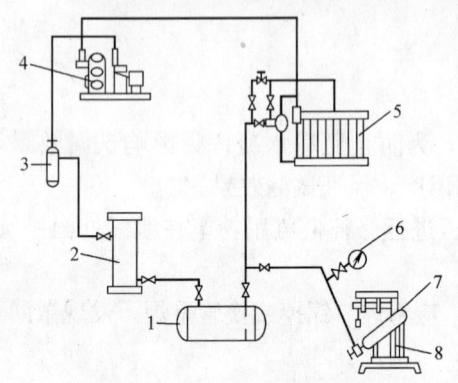

图 11-36 系统充氨
1—贮液器;2—冷凝器;3—油分离器;4—压缩机;
5—蒸发器;6—压力表;7—氨瓶;8—台秤

高,充氨亦比较困难。为使系统继续充氨,必须将系统内的压力降低。一般情况下,当系统内的压力升到 0.4MPa 时,应关闭贮液器上的出液阀,使高低压系统分开,然后打开冷凝器冷却水和蒸发器的冷冻水,开启压缩机使氨瓶内的氨液进入系统后经过蒸发、压缩、冷凝等过程送至贮液器中贮存起来。因贮液器的出液阀关闭,贮液器中的氨液不能进入蒸发器蒸发,在压缩机的抽气作用下,蒸发器内的压力必然降低,利用氨瓶中的压力与蒸发器内的压力差,便可使氨瓶中的氨进入系统。充入系统中的氨量由氨瓶充注前后的重量差得出。当充氨量达到计算充氨量的 90% 时,为避免充氨过量造成不必要的麻烦,可暂时停止充氨工作,而进行系统的试运转,以检查系统氨量是否已满足要求。如试运转一切正常,效果良好,说明充氨量已满足要求,便应停止向系统内充氨;如试运转中出现压缩机的吸气压力和排气压力都比正常运转时低,降温缓慢,开大膨胀阀后吸气压力仍上不去,且膨胀阀处产生嘶嘶的声音,低压段结霜很少甚至不结霜等现象,则说明充氨量不足,应继续充氨;如试运转中吸气压力和排气压力都比正常运转时高,电机负荷大,启动困难,压缩机吸气管出现凝结水且发出湿压缩声音,则说明充氨过量。充氨过量必须将多余的氨量取出,可直接将空氨瓶与高压贮液器供液管相连,靠高压贮液器与氨瓶间的压力差将多余的氨取出。

安全注意事项:

1) 充氨场地应有足够的通道,非工作人员禁止进入充氨场地,充氨场地及氨瓶附近严禁吸烟和从事电焊等作业。

2) 在充氨过程中,不允许在氨瓶上浇热水或用喷灯加热的方法来提高瓶内的压力,增加充氨速度。只有在气温较低,氨瓶下侧结霜,低压表压力值较低不易充注时,可用浸过温水的棉纱之类的东西覆盖在氨瓶上,水温必须低于 50℃。

3) 当系统采用卧式壳管式蒸发器时,由于充注过程中蒸发器内的压力很低,相应的

温度也很低,所以不可为了加快充氨速度而向蒸发器内送水,以免管内结冰使管道破裂。

(2) 系统充氟利昂　在大型氟利昂制冷系统中,在贮液器与膨胀阀之间的液体管道上设有向系统充氟用的充液阀,其操作方法与氨系统的充注相同。对于中小型的氟利昂制冷系统,一般不设专用充液阀,制冷剂从压缩机排气截止阀和吸气截止阀上的旁通孔充入系统(图11-37、图11-38)。从排气截止阀旁通孔充制冷剂称高压段充注;从吸气截止阀旁通孔充制冷剂称低压段充注。

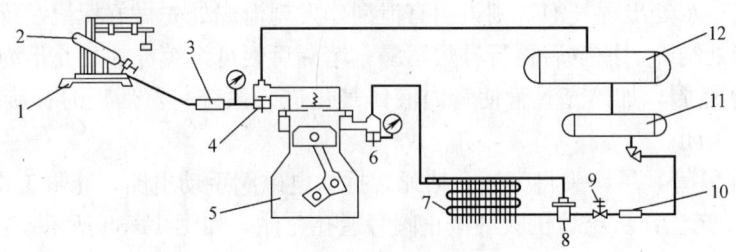

图 11-37　高压段充氟
1—台秤;2—氟瓶;3、10—干燥过滤器;4—排气截止阀;5—压缩机;6—吸气截止阀;7—蒸发器;8—膨胀阀;9—电磁阀;11—贮液器;12—冷凝器

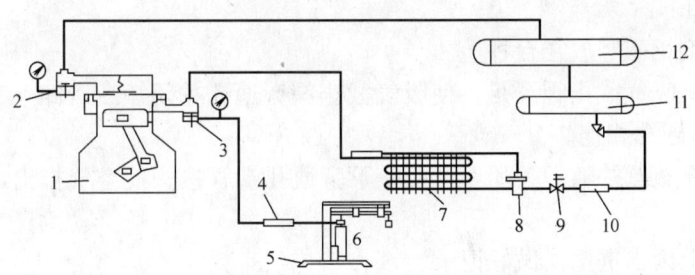

图 11-38　低压段充氟
1—压缩机;2—排气截止阀;3—吸气截止阀;4、10—干燥过滤器;5—台秤;6—氟瓶;7—蒸发器;8—膨胀阀;9—电磁阀;11—贮液器;12—冷凝器

1) 高压段充注:高压段充入系统的制冷剂为液体,故也称之为液体充注法。其优点是充注速度快,适用于第一次充注。但这种充注法如果排气阀片关闭不严密,液体制冷剂在排气阀片上下之间较高压差作用下进入气缸后,将造成严重的冲缸事故。为减少充注过程中排气阀片上下之间的压力差,应将液体管上的电磁阀暂时通电,让其开启,以防止充注过程中低压部分始终处于真空状态,形成排气阀片上下之间的较高压力差。另外,在充注过程中,切不可开启压缩机,因为此时排气腔已被液体制冷剂所充满,一旦启动压缩机,液体进入气缸后会发生冲缸事故。

充注方法如下:

① 将固定制冷剂钢瓶的倾斜架与台秤一起放置在高于系统贮液器的地方,然后将氟瓶头朝下固定在倾斜架上。

② 接通电磁阀手动电路,让其单独开启。

③ 将压缩机排气截止阀开启,使旁通孔关闭,然后卸下旁通孔堵头,用铜管将氟瓶与旁通孔连接。

④ 稍开启氟瓶阀并随即关闭,此时充氟管内已充满氟利昂气体。再将旁通孔端的管

接头松一下，利用氟利昂气体的压力排出充氟管内的空气。当有气流声时，立即将接头旋紧。

⑤ 从台秤上读出重量，做好记录。

⑥ 打开钢瓶阀，顺时针方向旋转排气截止阀阀杆，使旁通孔打开，制冷剂在压差作用下进入系统，当系统压力达到 0.2～0.3MPa 时停止充注，用卤素喷灯或卤素检漏仪、肥皂水等对系统进行全面检漏。如卤素喷灯的火焰呈绿色或绿紫色、卤素检漏仪的指针发生摆动、涂肥皂水处出现气泡，则说明有泄漏，发现泄漏处先做好标记，待系统检漏完毕后将系统泄漏处制冷剂抽空后再行补焊堵漏，堵漏后便可继续充注，充足为止。

⑦ 关闭钢瓶阀，加热充氟管使管内液体气化进入系统，然后反时针旋转排气截止阀阀杆使旁通孔关闭。

⑧ 卸下充氟管，用堵头将旁通孔堵死，拆除电磁阀手动电路，充氟工作完毕。

2) 低压段充注：从压缩机吸气截止阀旁通孔充注，如图 11-38 所示。在充注过程中，要使压缩机运转，打开排气截止阀，开启冷凝器的冷却水阀（对风冷式冷凝器则开动风机）。由于制冷剂是以气态充入系统的，所以充注速度较慢，多用于系统需增添制冷剂的场合。

充注方法如下：

① 将制冷剂钢瓶竖放在台秤上。

② 将压缩机吸气截止阀开足，使吸气截止阀旁通孔关闭，然后卸下旁通孔堵头，用钢管将氟瓶与旁通孔相连。

③ 稍开启氟瓶阀并随即关闭，再松一下旁通孔端管接头使空气排出，听到气流声时立即旋紧。

④ 从台秤上读出重量，做好记录。

⑤ 将吸气截止阀阀杆顺时针方向旋转 1～2 圈，使吸气截止阀旁通孔打开与系统相通，再检查排气截止阀是否打开，然后打开钢瓶阀，制冷剂在压差作用下进入系统。当系统压力升到 0.2～0.3MPa 时，停止充注，用检漏仪或肥皂水检漏，无漏则继续充注。当钢瓶内压力与系统内压力达到平衡，而充注量还没有达到要求时，关闭贮液器出液阀（无贮液器时关闭冷凝器出液阀），打开冷却水或风冷式冷凝器风机，反时针方向旋转吸气截止阀阀杆使旁通孔关小，开启压缩机将钢瓶的制冷剂抽入系统。

关小旁通孔的目的是为了防止压缩机产生液击。压缩机启动后可根据情况缓慢地开大一点旁通孔，但须注意不要发生液击，如有液击，应立即停机。

⑥ 充注量达到要求后，关闭钢瓶阀，开足吸气截止阀，使旁通孔关闭，拆下充氟管，堵上旁通孔，打开贮液器或冷凝器出液阀，则充氟工作完毕。

4. 制冷系统的试运行

制冷系统的试运行是对设计、施工、机组及设备性能好坏的全面检查，也是施工单位交工前必须进行的一项工作。由于制冷机组类型较多，设备及自动化程度不同，因此操作程序也不全同。各种机组必须根据具体情况及产品说明书编制适合本机组的运行操作规程。下面就空调用一般制冷机组的试运行作一简介。

(1) 启动前的检查及准备工作

1) 准备好试车所用的各种工具、记录用品及安全保护用品等。

2) 检查压缩机上所有螺母、油管接头等是否拧紧；各设备地脚螺栓是否牢固；传送带松紧度是否合适及防护装置是否牢固等。

3) 检查压缩机曲轴箱内润滑油面高度是否在观察镜的油面线上，最低不得低于观察镜的 1/3。

4) 检查制冷系统各部位的阀门开关位置是否正确。高压部分：压缩机排气阀、各设备放油阀、放空气阀、空气分离器上各阀、集油器上各阀、紧急泄氨器上各阀应关闭。上述处于关闭的阀门在启动后根据需要再进行开启。而冷凝器进出口阀、油分离器进出口阀、高压贮液器进出口阀、安全阀的关断阀、各类仪表的关断阀应开启。低压部分：压缩机吸气阀及各设备放油阀应关闭，待启动运转后根据需要进行开启。而蒸发器供液阀、回气阀、各仪表关断阀应开启。

5) 用手盘动压缩机飞轮或联轴器数转以检查运动部件是否正常，有无障碍。一切正常后即可进行试运转。

(2) 制冷机组的启动和运行

1) 启动冷却水系统的给水泵、回水泵、冷却塔通风机使冷却水系统畅通。

2) 启动冷冻水系统的回水泵、给水泵、蒸发器上搅拌器等使冷冻水系统畅通。

3) 对于新系列压缩机，先将排气阀打开，然后将手柄拨至"0"位，再启动电动机；对于老系列产品，则应先开压缩机启动阀，然后启动电动机，待运转正常后再开压缩机排气阀，并同时关闭启动阀。压缩机全速运转后，应注意曲轴箱内的压力不要低于0MPa，应缓慢开启吸气阀，对于有能量调节装置的新系列压缩机，需将调节手柄从"0"位拨至"1"位。吸气阀开启后应特别注意压缩机发生液击，如有液击声或气缸结霜现象应立即关闭吸气阀。待上述现象消除后再重新缓慢开启吸气阀，直到开足为止。

对于氟利昂压缩机，在排气阀和吸气阀开足后应往回倒1~2圈，以便使压力表或继电器与吸气腔或排气腔相通。

4) 制冷装置启动正常后，根据蒸发器的负荷逐步缓慢地开启膨胀阀的开启度，直到达到设计工况为止。稳定后连续运转时间不得少于24h，在运转过程中，应认真检查油压、油温、吸排气压力、温度、冷冻水及冷却水进出口温度变化等，将运转情况详细地做好记录。如达不到要求，应会同有关单位共同研究分析原因，确定处理意见。

5) 停止运转时，应先停压缩机，再停冷却塔风机、冷却水及冷冻水系统水泵，最后关闭冷却水及冷冻水系统。

试运转结束后，应清洗滤油器、滤网，必要时更换润滑油。对于氟利昂系统尚需更换干燥过滤器的硅胶。

清洗完毕后，将有关装置调整到准备启动状态。

课题5 制冷系统竣工验收

制冷设备经安装调试、负荷试运行合格后，方可办理工程验收。一般由主管单位组织施工、设计、监理和有关单位联合验收，并应做好验收记录，签署文件，立卷归档。

(1) 制冷系统应符合设备技术文件要求的外观检查的要求。

(2) 制冷系统负荷试运转前应完成各项设备单机试运转，符合我国现行的《压缩机、风机、泵安装工程施工及验收规范》(GB 50275—98)和《制冷设备、空气分离设备安装工程施工及验收规范》(GB 50274—98)的有关规定要求。

(3) 制冷管道及附件的安装应符合我国现行的《通风与空调工程施工质量验收规范》(GB 50243—2002)和《工业金属管道工程施工及验收规范》(GB 50235—97)的规定要求。

(4) 制冷系统工程竣工验收应具备下列文件及记录：
1) 设计修改通知单、竣工图及其他有关资料；
2) 主要材料、设备、成品、半成品和仪表的出厂合格证和检验记录或试验资料；
3) 隐蔽工程验收记录和中间验收记录；
4) 管道焊接记录；
5) 分项、分部工程质量检验评定记录；
6) 制冷系统试验记录（单机清洗、系统吹灰、严密性、充注制冷剂、检漏记录）；
7) 制冷系统联合负荷试运行记录。

实 训 课 题

结合制冷系统安装工程现场安装操作，使学生掌握设备构造、施工安装要求和工程验收程序。

思考题与习题

1. 制冷压缩机的布置有何要求？
2. 简述制冷压缩机及其他设备的安装方法。
3. 为什么设备就位要"三找"（找标高、找水平、找中心）？
4. 简述冷却塔的安装方法。
5. 管道有哪几种连接方法？
6. 制冷设备管道与阀门清洗有什么要求？安装有什么特殊要求？
7. 制冷系统为什么要进行吹污？吹污采用什么介质？
8. 制冷系统为什么要进行密封性试验？密封性试验分为几个阶段？
9. 压力试漏需要注意哪些问题？
10. 简述真空试漏的目的和方法。
11. 系统充氨时需注意哪些问题？
12. 对中小型氟利昂有哪几种充注方法？
13. 制冷机组如何启动和运行？

主要参考文献

［1］ 吴耀伟主编. 暖通施工技术. 北京：中国建筑工业出版社，2005.
［2］ 奚士光，吴味隆，蒋君衍编著. 锅炉及锅炉房设备. 北京：中国建筑工业出版社，1999.
［3］ 李之光，王昌明，王叶福编. 常压热水锅炉及其供热系统. 北京：机械工业出版社，1994.
［4］ 李国斌主编. 冷热源系统安装. 北京：中国建筑工业出版社，2006.
［5］ 刘大宇主编. 水暖通风空调安装实习. 北京：中国建筑工业出版社，2003.
［6］ 贺俊杰主编. 制冷技术. 北京：机械工业出版社，2005.
［7］ 刘庆山．刘屹立等编. 暖通空调安装工程. 北京：中国建筑工业出版社，2003.
［8］ 辛长平编著. 制冷设备. 北京：电子工业出版社，2004.
［9］ 刘成毅主编. 空调系统调试与运行. 北京：中国建筑工业出版社，2005.
［10］ 刘卫华主编. 制冷空调新技术及发展. 北京：机械工业出版社，2005.